自由自在に動画が作れる
高機能ソフト

DaVinci Resolve 入門

大藤 幹 著

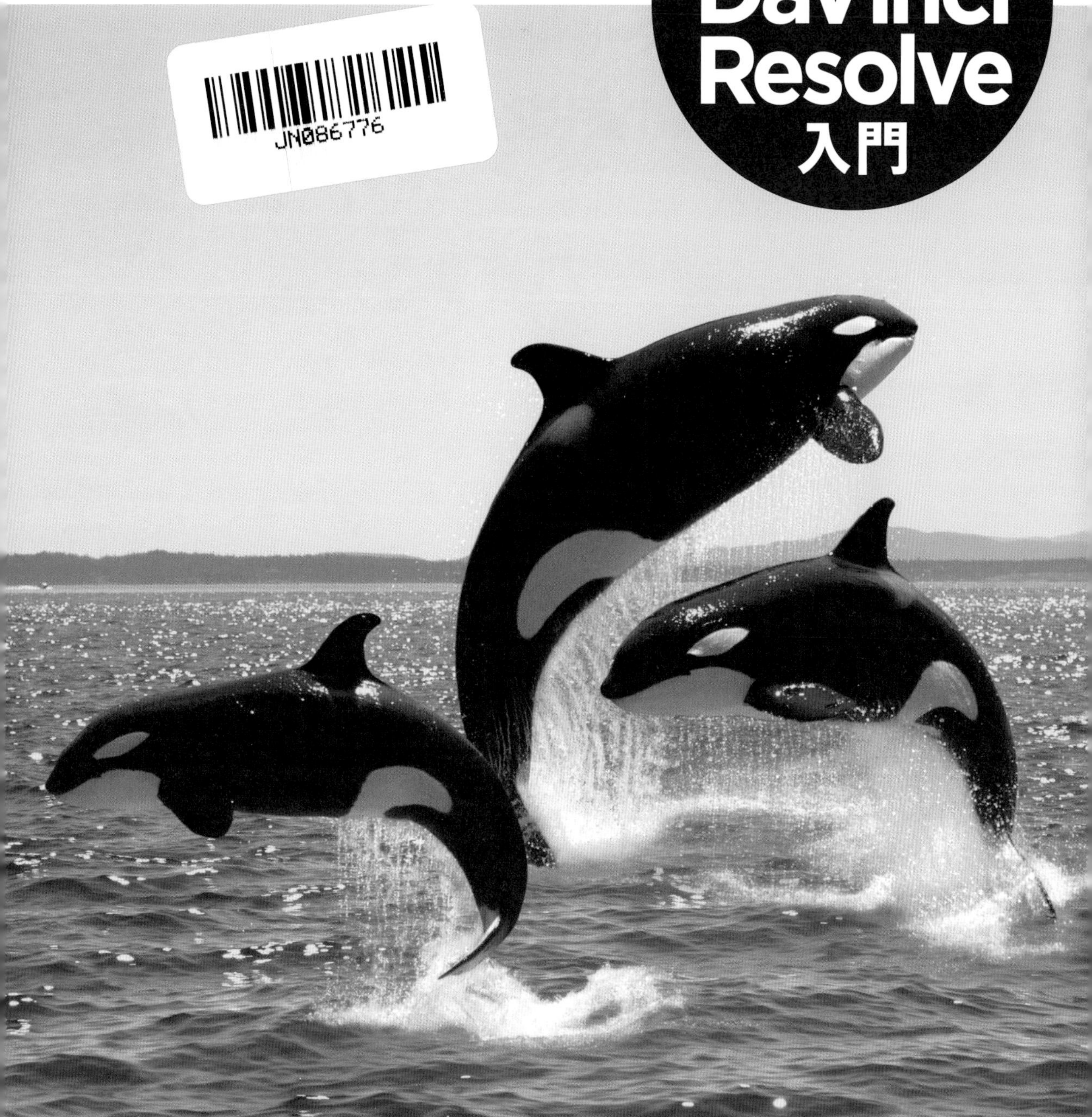

本書のサポートサイト

本書で使用されているサンプルファイルの一部を掲載しております。訂正・補足情報についてもここに掲載していきます。

https://book.mynavi.jp/supportsite/detail/9784839974305.html

- サンプルファイルのダウンロードにはインターネット環境が必要です。
- サンプルファイルはすべてお客様自身の責任においてご利用ください。
- サンプルファイルおよび動画を使用した結果で発生したいかなる損害や損失、その他いかなる事態についても、弊社および著作権者は一切その責任を負いません。
- サンプルファイルに含まれるデータやプログラム、ファイルはすべて著作物であり、著作権はそれぞれの著作者にあります。本書籍購入者が学習用として個人で閲覧する以外の使用は認められませんので、ご注意ください。営利目的・個人使用にかかわらず、データの複製や再配布を禁じます。
- 本書に掲載されているサンプルはあくまで本書学習用として作成されたもので、実際に使用することは想定しておりません。ご了承ください。

ご注意

- 本書での説明は、macOS 10.14（一部Windows 10）で行っています。環境が異なると表示が異なったり、動作しない場合がありますのでご注意ください。
- 本書の内容を実行するための使用条件は本書p.013に掲載しています。ご参照ください。
- 本書での学習にはインターネット環境が必要です。
- 本書に登場するソフトウェアやURLの情報は、2021年3月段階での情報に基づいて執筆されています。執筆以降に変更されている可能性があります。
- 本書の制作にあたっては正確な記述につとめましたが、著者や出版社のいずれも、本書の内容に関して何らかの保証をするものではなく、内容に関するいかなる運用結果についても一切の責任を負いません。あらかじめご了承ください。
-

はじめに

本書は DaVinci Resolve 17 無償版の膨大な機能のうち、広くYouTubeで見られるような一般的な動画を作成する際に必要となる機能を厳選して解説している入門書です。

DaVinci Resolve は、映画製作でも使用されているプロフェッショナル向けのソフトウェアです。そのため、専門用語が（一部は英語のままで）多用されており、また一般の人には用途すら想像できないような機能が大量に搭載されています。どれだけ機能が豊富であるかは、PDFで提供されている公式マニュアルが3,000ページを超えていることからもうかがい知ることができるでしょう。そのようなプロ向けの膨大な機能が1つのソフトウェア内にびっしりと詰め込まれているせいもあって、DaVinci Resolve には一般の人が直感的に使えるようなユーザーインターフェイスになっていない部分が少なからずあります。

そこで本書ではまず、解説する機能を「一般の人が一般的な動画を作成する際に必要となるもの」に限定して絞り込みました。そしてさらに「用語解説」「ヒント」「補足情報」「コラム」といった補足説明をふんだんに組み入れることにより、一般の人でも意味を理解しながらスムーズに操作できるようにしてあります。また、DaVinci Resolve を使いはじめたときにありがちな疑問やトラブルとその解消方法をまとめた「こんなときは」というトラブルシューティングのページも用意しました。本書を参照しながら作業すれば、動画編集が初めての方でも迷うことなく動画を完成させられるはずです（ただし使用するパソコンにはある程度のスペックが要求されます）。

DaVinci Resolve の学習コストを大幅に削減する入門書として、本書を存分にご活用いただけましたら幸いです。

2021年3月
大藤 幹

Contents

はじめに ---------- 003

Chapter 1 DaVinci Resolveの概要

01 **DaVinci Resolveのインストール** ---------- 012
DaVinci Resolveについて ---------- 012
OS別の動作環境 ---------- 013
ダウンロードの手順 ---------- 013
インストールの流れ（macOS） ---------- 015
インストールの流れ（Windows） ---------- 019
02 **DaVinci Resolveの画面構成** ---------- 021
基本となる画面の構成と切り替え方 ---------- 021
プロジェクトの管理・設定ウィンドウ ---------- 022
用途別の7つの専用ページ ---------- 024
03 **素材の準備と編集作業の流れ** ---------- 027
DaVinci Resolveで扱うデータについて ---------- 027
素材データの準備 ---------- 028
動画編集の主な作業とその順序 ---------- 029
メディアプールとタイムライン ---------- 031

Chapter 2 編集前後の作業

01 **プロジェクトの操作** ---------- 034
新規プロジェクトの作り方 ---------- 034
プロジェクトの開き方と切り替え方 ---------- 035
プロジェクト間でのコピー＆ペースト ---------- 036
プロジェクトの削除 ---------- 037
02 **プロジェクト設定と環境設定** ---------- 038
解像度とフレームレートの設定 ---------- 038
コラム 「29.97fps」というフレームレートについて ---------- 039
新規プロジェクトの初期値の変更 ---------- 040
編集データが自動的に保存されるようにする ---------- 042
03 **素材データの読み込み方** ---------- 044
「Change Project Frame Rate?」と表示されたら ---------- 044
カットページでドラッグして読み込む ---------- 045
コラム 何かを複数選択する際の共通操作 ---------- 046
カットページの2つの専用アイコンで読み込む ---------- 046
メディアページでフォルダーごとドラッグして読み込む ---------- 047
メディアページでメディアストレージブラウザーを使う ---------- 047
コラム Macの「写真」アプリのデータは直接メディアプールに入れられる ---------- 049
04 **メディアプール内でのクリップの操作** ---------- 050
クリップの表示方法を切り替える ---------- 050

クリップを並べ替える ---- 052
クリップの情報を見る ---- 053
クリップを回転させる ---- 053
クリップカラーを指定する ---- 055
クリップの名前をわかりやすいものに変更する ---- 056
クリップをインスペクタで操作する ---- 057
クリップのサムネイルを自分で選ぶ ---- 059
クリップを再リンクする ---- 060

05 完成した動画の書き出し方 ---- 062
クイックエクスポートで簡単に書き出す ---- 062
デリバーページで細かく設定して書き出す ---- 063
コラム なぜ一旦レンダーキューに入れてから書き出すのか？ ---- 065

06 編集データの書き出し方と読み込み方 ---- 066
素材データを含んだアーカイブを書き出す ---- 066
素材データを含んだアーカイブを読み込む ---- 067
素材データを含めずに編集データだけを書き出す ---- 069
素材データを含まない編集データだけを読み込む ---- 070
コラム DaVinci Resolveの編集データはデータベースに保存されている ---- 071

07 編集データのバックアップ ---- 072
プロジェクトのバックアップ ---- 072
プロジェクトのバックアップの復元方法 ---- 074
データベースのバックアップ ---- 075
データベースのバックアップの復元方法 ---- 077

Chapter 3 カットページでの編集作業

01 タイムラインについて ---- 080
エディットページのタイムライン ---- 080
カットページのデュアルタイムライン ---- 081
タイムラインの目盛りとタイムコード ---- 082
コラム なぜ開始タイムコードは「01:00:00:00」になっているのか？ ---- 082
新規タイムラインの作成方法と切り替え方 ---- 083
タイムラインのトラックとは？ ---- 084
カットページのビデオトラック1は常にリップルモード ---- 085

02 クリップをタイムラインに配置する ---- 086
配置前にイン点とアウト点を指定する ---- 086
ドラッグして配置する ---- 087
配置ボタンで配置する ---- 087
映像または音声だけを配置する ---- 089

03 タイムラインでのトラックの操作 ---- 090
トラックヘッダーのアイコンの意味と役割 ---- 090

Contents

新規トラックの追加方法 091
トラックの削除 093
トラックカラーを指定する 093
04 タイムラインでのクリップの操作 094
クリップのトリミング 094
クリップのロール 095
クリップのスリップ 095
ビューアのトリムエディターを使用する 096
クリップの分割 097
クリップの移動 099
クリップの長さを数値で指定する 100
スナップ機能のオンとオフ 100
オーディオトリムビューのオンとオフ 101
クリップの削除 101
クリップの無効化 102
クリップのミュート 102
クリップカラーを指定する 103
映像と音声を個別に編集する 103
05 再生ヘッドの移動の操作 105
再生ヘッドの位置の固定と解除 105
目盛をクリックして移動させる 105
再生ヘッドをドラッグして移動させる 106
ジョグホイールをドラッグして移動させる 106
矢印キーで移動させる 106
[V] キーで一番近い編集点に移動させる 107
秒数やフレーム数を入力して移動させる 107
06 ビューアでの再生方法 109
ビューアの3つのモード 109
ビューアをフルスクリーンにする 110
繰り返し再生させる 111
イン点からアウト点までを再生させる 111
○○の2秒前から2秒後までを再生させる 112
JKLキーで再生させる 112
ビューア内の映像の拡大縮小 113
07 トランジションの適用 114
トランジションとは? 114
トランジションの適用条件 114
トランジションの適用(メディアプール) 115
トランジションの適用(トランジション) 117
標準トランジションの適用(メニュー) 118
フェードインとフェードアウトの適用 119

トランジションの適用時間の変更 ---- 120
トランジションをお気に入りに追加する ---- 121

08 クリップエフェクトの使い方 ---- 122
クリップエフェクトについて ---- 122
クリップエフェクトを表示させる ---- 123
クリップエフェクトの共通操作 ---- 124
変形（拡大縮小・移動・回転・反転） ---- 125
クロップ（切り抜き） ---- 127
ダイナミックズーム（ズーム・パン・チルト） ---- 128
合成（合成モードと透明度） ---- 130
速度（再生速度の変更） ---- 131
スタビライゼーション（手ぶれ補正） ---- 131
自動カラー（色補正） ---- 133
オーディオ（音量の調整） ---- 133

09 インスペクタの使い方 ---- 134
インスペクタについて ---- 134
インスペクタを表示させる ---- 135
インスペクタの共通操作 ---- 136
変形（拡大縮小・移動・回転・反転） ---- 137
クロップ（切り抜き） ---- 138
ダイナミックズーム（ズーム・パン・チルト） ---- 139
合成（合成モードと透明度） ---- 140
Speed Change（速度を変更） ---- 140
スタビライゼーション（手ぶれ補正） ---- 141
オーディオ（ボリューム・パン・ピッチ） ---- 143
ファイル（クリップ情報） ---- 144

10 マーカーの使い方 ---- 145
マーカーとは？ ---- 145
マーカーの追加と編集 ---- 146

Chapter 4 テロップの入れ方

01 テロップの種類 ---- 148
動画編集ソフトにおける用語について ---- 148
テキスト+ ---- 148
テキスト ---- 149
スクロール ---- 149
字幕 ---- 150
その他 ---- 151

02 タイトルの基本的な使い方 ---- 152
タイムラインへの配置（カットページ） ---- 152

Contents

タイムラインへの配置（エディットページ）---------- 153
インスペクタの開き方 ---------- 155
タイトルをお気に入りに追加する ---------- 156
03 テキスト+の使い方 ---------- 157
テキスト+の基本操作 ---------- 157
テキスト+のレイアウトの種類 ---------- 158
テキスト+での行揃え ---------- 160
Shadingタブの役割 ---------- 162
Shadingタブの3種類のプリセット ---------- 163
文字に縁取りを付ける（階層2の使い方）---------- 164
文字に影を表示させる（階層3の使い方）---------- 166
文字に背景を表示させる（階層4の使い方）---------- 168
文字の縁取りを追加する ---------- 170
文字の背景に縁取りをつける ---------- 173
文字の色をグラデーションにする ---------- 176
縦書きにする ---------- 179
部分的に文字間隔を調整する（カーニング）---------- 181
部分的に色やサイズなどを変える ---------- 183

Chapter 5 音に関連する作業

01 音量の調整 ---------- 186
クリップエフェクトでの音量調整 ---------- 186
インスペクタでの音量調整 ---------- 186
キーボードでの音量調整 ---------- 187
コラム　エディットページのタイムラインでオーディオ波形が表示されていない場合 ---------- 188
コラム　波形が見やすいようにトラックの高さを変更する方法 ---------- 188
タイムラインでの音量調整 ---------- 189
キーフレームによる音量調整 ---------- 189
カーブエディターによる音量調整 ---------- 190
フェードインとフェードアウト ---------- 191
02 音声関連のその他の操作 ---------- 192
左からしか聞こえない音を両方から出す（トラック）---------- 192
左からしか聞こえない音を両方から出す（クリップ）---------- 193
ノイズを減らす（ノイズリダクション）---------- 195
コラム　エフェクトの削除の仕方と設定ダイアログの開き方 ---------- 198
声を聞きやすくする（ボーカルチャンネル）---------- 198
ナレーションの録音（アフレコ）---------- 201
コラム　録音したすべてのテイクを表示させるには？ ---------- 206

Chapter 6

色の調整

01 カラーページの基本操作 ---- 208
カラーページの画面構成 ---- 208
画面を初期状態に戻す方法 ---- 210
カラーホイール、カーブ、スコープを表示させる ---- 211
ビューアの大きさの切り替え方 ---- 211
コラム　カラーコレクションとカラーグレーディング ---- 212
ノードの役割と使い方 ---- 213
02 カラーホイールでの色調整 ---- 215
4つのカラーホイールの役割 ---- 215
カラーバランスコントロールの操作方法 ---- 216
マスターホイールを使った明るさの調整 ---- 216
自動で色補正をする ---- 217
コントラストの調整 ---- 218
彩度の調整 ---- 219
カラーブーストの使い方 ---- 219
ホワイトバランスの調整 ---- 219
ポインタの位置のRGB値を表示させる ---- 220
03 カラーページのその他の機能 ---- 221
ぼかしとシャープ ---- 221
ノードの内容のコピー＆ペースト ---- 222
前のノードの色調整をまるごと適用させる ---- 223
色調整をまるごと他のクリップに適用させる ---- 224
特定の色の彩度と色相を変える（カラーワーパー） ---- 224
LUTを追加する ---- 226
LUTを適用する ---- 228
LUT適用の度合いを弱める ---- 229

Chapter 7

少し高度な機能

01 リタイムコントロール ---- 232
リタイムコントロールの基本操作 ---- 232
クリップ内で部分的に速度を変える ---- 233
フリーズフレーム ---- 235
コラム　4種類のフリーズフレームの特徴 ---- 236
逆再生 ---- 238
巻き戻し ---- 239
リタイムカーブの使い方 ---- 240
02 画像の書き出し ---- 244
カラーページで画像を書き出す ---- 244
デリバーページで画像を書き出す ---- 246

Contents

03　**特別なクリップ** ---- 249

単色のクリップの使い方 ---- 249

複合クリップを作成する ---- 250

複合クリップ内のクリップを編集する ---- 252

複合クリップを元に戻す ---- 253

調整クリップを活用する ---- 253

04　**エフェクトの活用** ---- 255

クリップをワイプにする（DVE） ---- 255

コラム　ワイプの枠線の太さを変える方法 ---- 257

映像やテロップを揺らす（カメラシェイク） ---- 257

モザイクのかけ方1（固定位置） ---- 259

モザイクのかけ方2（被写体を追尾） ---- 264

05　**スムーズに再生させる5つの方法** ---- 270

タイムラインプロキシモード ---- 270

最適化メディア ---- 270

プロキシメディア ---- 272

レンダーキャッシュ ---- 273

Render in Place ---- 275

06　**その他** ---- 277

キーフレームでインスペクタの値を変化させる ---- 277

キーフレームをタイムラインで調整する ---- 280

パワービンで調整済みのクリップを共有する ---- 282

タイムラインの複数のクリップをリンクする ---- 283

映像の上下を黒くして横長に表示させる ---- 284

グリーンバック（クロマキー）合成の仕方 ---- 285

他の動画編集ソフトのショートカットに変更する ---- 289

ショートカットキーのカスタマイズ ---- 290

Appendix

こんなときは

編集時のトラブルと操作方法 ---- 296

保存・読み込み・書き出し ---- 298

音声関連のトラブルと操作方法 ---- 299

素材が欲しい ---- 300

索引 ---- 301

Chapter

1

DaVinci Resolveの概要

この章では、DaVinci Resolveのダウンロードとインストールの方法、アプリケーション全体の画面構成とそれぞれの画面の役割、DaVinci Resolveを使った編集作業のおおまかな流れについて説明します。

DaVinci Resolveのインストール

DaVinci Resolveには無料版と有料版があり、どちらもBlackmagic Design社の公式サイトからダウンロードできます。macOS版・Windows版・Linux版の3種類が用意されていますので多くの環境で利用可能です。なお、公式サイトからダウンロードする際には、名前やメールアドレスなどの情報を登録する必要があります。

DaVinci Resolveについて

DaVinci Resolveには無料版の「DaVinci Resolve 17」と有料版の「DaVinci Resolve Studio 17」の2種類があります。2021年3月の時点では、有料版の価格は¥39,578（税込価格）となっています。

無料版では、有料版で使用可能な一部の機能が利用できません（機能自体が表示されなかったり、使用すると映像にロゴや製品名などが表示されたりします）。しかし利用できないのは、初心者ならまず使うこともないような高度な機能の一部だけです。それ以外には特に制限（使用できる期間や書き出せる動画の長さなど）はなく、書き出した動画に常に透かしが入るわけでもありません。

DaVinci Resolveには、無料版でさえも初めて使うユーザーの想像を超えたレベルで豊富な機能が搭載されています。どれだけ機能が豊富であるかは、付属のPDFのマニュアルのページ数が3000ページを超えていることからもうかがい知ることができます。

DaVinci Resolveには一冊の書籍ではすべてを解説できないほどの膨大な量の機能が搭載されていますので、本書では無料版で利用可能な機能のうち、一般的な動画編集で必要になる機能を中心に厳選して解説しています。

一部の高度な機能を利用した場合に限り、映像にロゴや製品名などが入ります

補足情報

有料版でしか使用できない高度な機能（エフェクト）の具体例としては、「マジックマスク」「Super Scale」「フィルムグレイン」「スピードワープ」「フリッカー除去」「ブラー（ティルトシフト）」「フェイス修正」「ビューティー」などが挙げられます。

OS別の動作環境

DaVinci Resolve 17には、無料版・有料版ともにmacOS版・Windows版・Linux版の3種類があり、公式サイトによる動作環境は次のようになっています。

macOS版

OSのバージョン：macOS Catalina 10.15 以上
システムメモリ：8GB以上（Fusionを使用する場合は16GB）

Windows版

OSのバージョン：Windows 10 Creators Update 以上
システムメモリ：16GB以上（Fusionを使用する場合は32GB）

Linux版

OSのバージョン：CentOS 7.3 以上
システムメモリ：32GB以上

ダウンロードの手順

Blackmagic Design社の公式サイトから「DaVinci Resolve 17」をダウンロードする際には、名前やメールアドレスなどの情報を入力する必要があります。ここではその手順を紹介します。

1 公式サイトの「DaVinci Resolve 17」のページを開く

ウェブブラウザで次のページを開き、「今すぐダウンロード」と書かれた部分をクリックします。
https://www.blackmagicdesign.com/jp/products/davinciresolve/

2 プラットフォームを選択する

画面が切り替わって4種類のDaVinci Resolveが表示されます。左側が無料版で右側が有料版、上がバージョン17で下がバージョン16となっています。無料版のDaVinci Resolve 17をダウンロードするのであれば、左上の3つのプラットフォームの中からインストールするOSのボタンをクリックしてください。

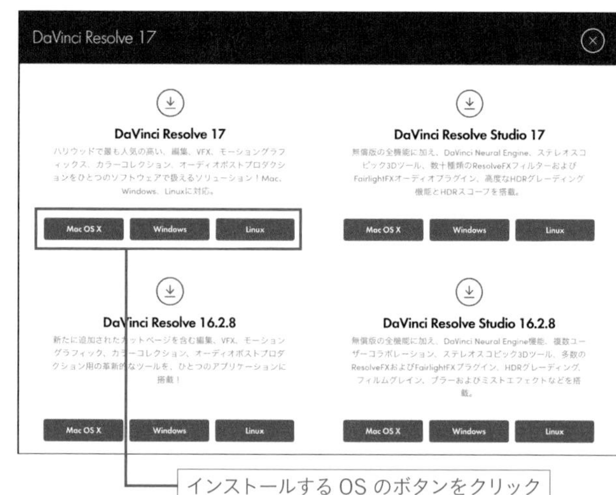

3 個人情報を入力する

個人情報を登録する画面が表示されます。名前やメールアドレスなどの必要事項を入力して、右下の「登録＆ダウンロード」ボタンをクリックしてください。

DaVinci Resolve 17.0

必要事項を入力後、クリック

> **ヒント**
>
> 項目名のあとに「*」が付いているのが必須項目です。それ以外は入力しなくてもかまいません。

4 ダウンロードが開始される

「登録＆ダウンロード」ボタンをクリックすると自動的にダウンロードが開始されます。

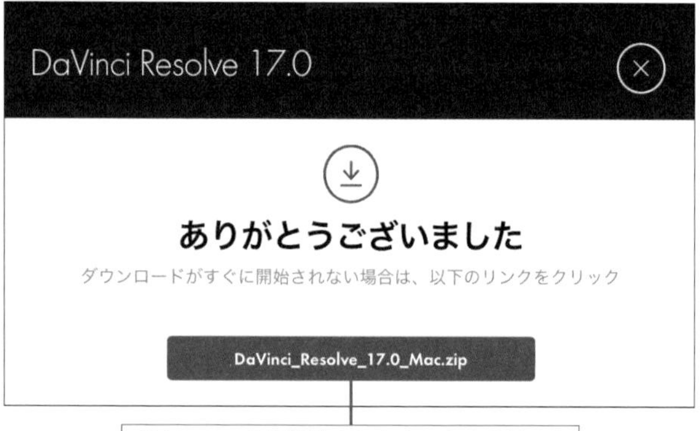

> **ヒント**
>
> ダウンロードが開始されない場合は、画面中央下部の赤いボタンをクリックしてください。

5 インストール用のファイルがダウンロードされた

「DaVinci Resolve 17」をインストールするファイルがダウンロードされます。

インストールの流れ（macOS）

DaVinci Resolveをインストールするには、インストーラを起動し、インストールガイドに従って操作してください。基本的には、各プラットフォームの一般的なアプリケーションのインストール手順と同様の操作でインストールできます。ここでは、DaVinci ResolveをmacOSにインストールする際の作業の流れを紹介しておきます。

1 ダウンロードしたZIPファイルを展開する

ダウンロードしたZIPファイルをダブルクリックして展開します。

2 展開されたファイルを開く

拡張子が「.dmg」のファイルが現れますので、ダブルクリックして開きます。

3 dmgファイルがマウントされ中身が表示される

ディスクイメージがマウントされ、その内容が表示されます。

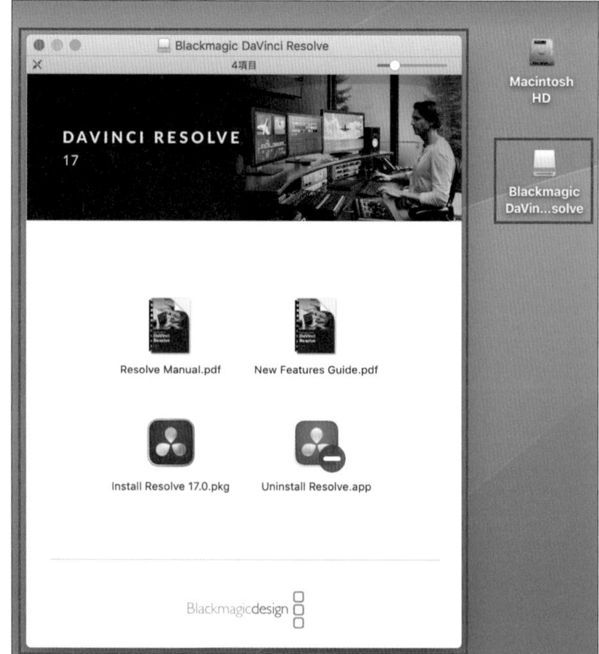

4 インストーラを起動する

拡張子が「.pkg」のファイルをダブルクリックして開きます。

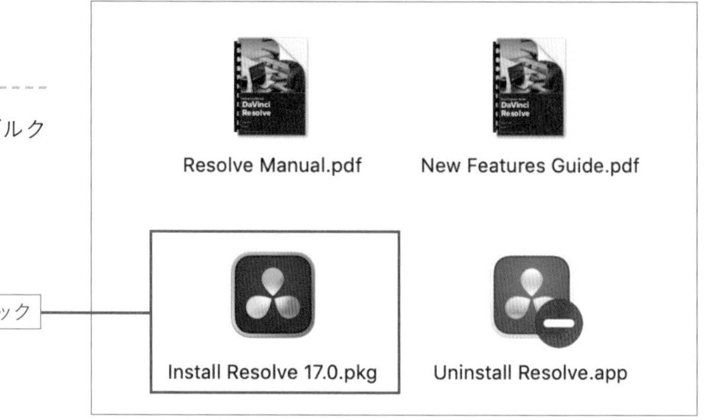

5 「続ける」をクリックする

インストーラが起動されます。インストールを開始するには、画面右下の「続ける」をクリックします。

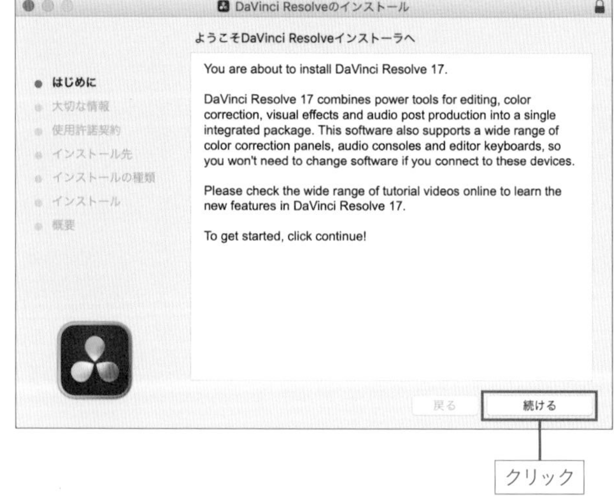

6 表示された情報を確認し「続ける」をクリックする

インストールする「DaVinci Resolve 17」に関する情報が表示されます。画面右下の「続ける」をクリックします。

7 使用許諾契約を確認し「続ける」をクリックする

使用許諾契約の文章が英語で表示されます。インストールを続けるには、画面右下の「続ける」をクリックします。

8 「同意する」をクリックする

使用許諾契約の条件に同意するかどうかを確認するダイアログが表示されます。インストールを続けるには「同意する」をクリックします。

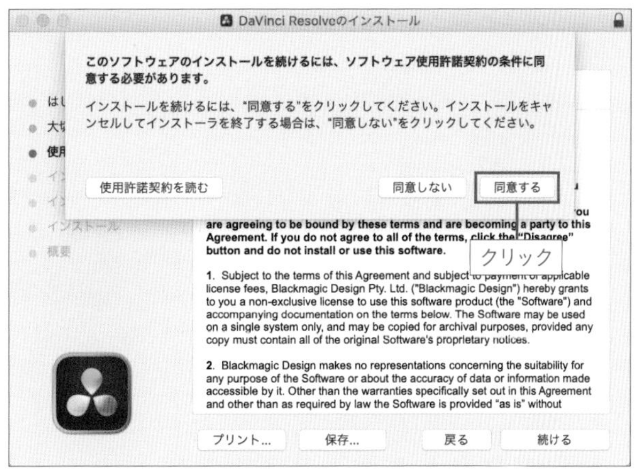

9 「インストール」をクリックする

標準インストールで問題なければ、画面右下の「インストール」をクリックします。

補足情報

「カスタマイズ」をクリックすることで、標準でインストールされる「DaVinci Resolve」「DaVinci Resolve Panels」「Blackmagic RAW Player」に加えて、「Fairlight Audio Accelerator」をインストールできます。

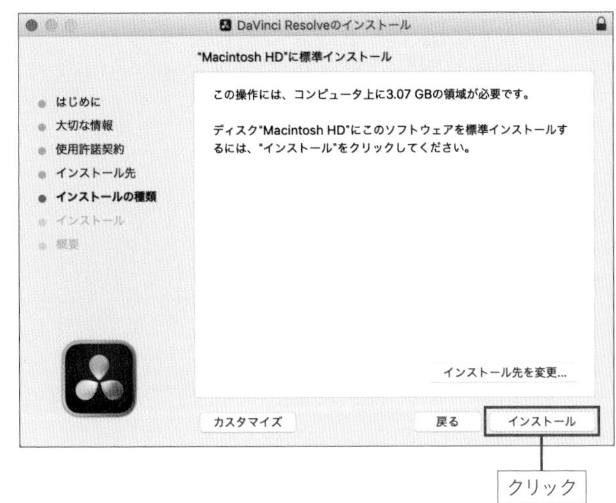

10 パスワードを入力する

Macに現在ログインしているユーザーのパスワードを入力します。「ソフトウェアをインストール」をクリックすると実際のインストール作業が開始されます。

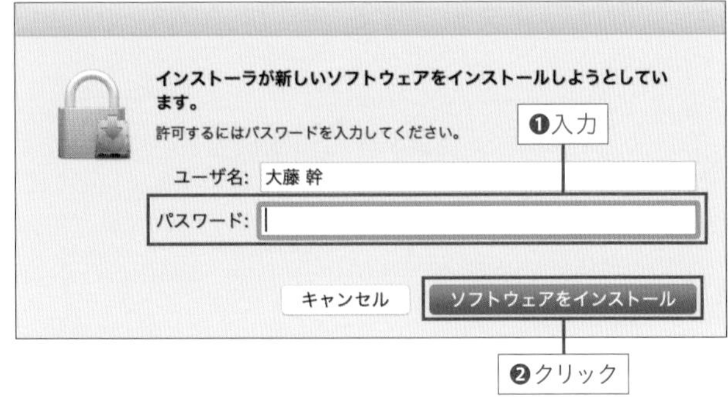

11 「閉じる」をクリックする

インストールが完了すると、右の画面に切り替わります。「閉じる」をクリックすると、インストールが完了します。

インストールの流れ（Windows）

続いて、Windows 10にインストールする際の作業の流れを紹介しておきます。

1 ダウンロードしたZIPファイルを展開する

ダウンロードしたZIPファイルを右クリックして［すべて展開］を選んで展開します。次に表示された画面で［展開］をクリックします。

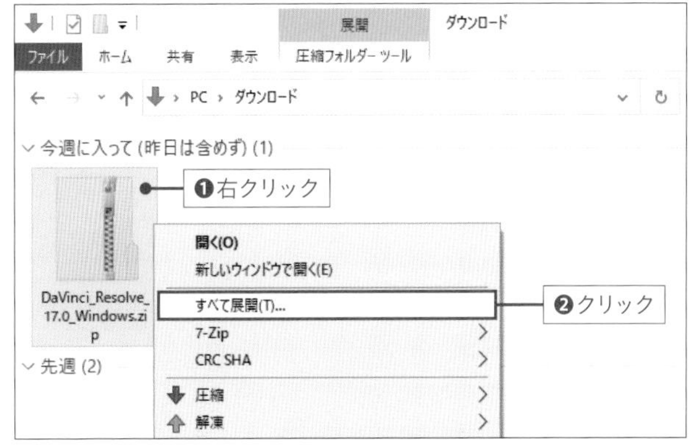

2 インストーラーを起動する

拡張子が「.exe」のファイルが現れますので、ダブルクリックして開きます。ユーザーアカウント制御のダイアログが表示されたら、［OK］をクリックします。

3 「DaVinci Resolve 17」にチェックを入れる

インストーラーが起動されます。「DaVinci Control Panels」と「DaVinci Resolve 17」にチェックが入っていることを確認して、［Install］をクリックします。さらに次の画面で［Next］をクリックします。

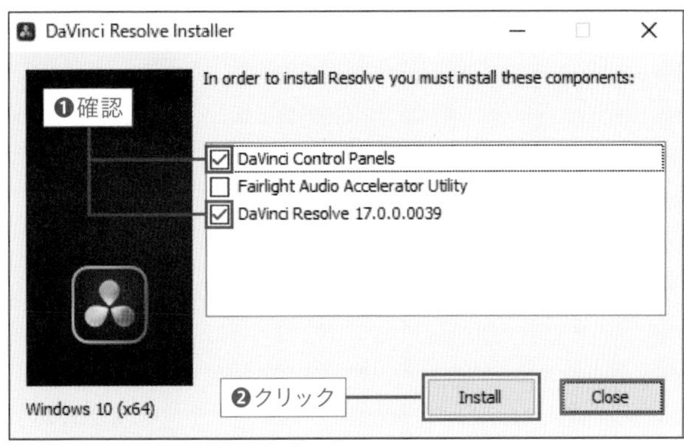

4 使用許諾契約を確認し「Next」をクリックする

使用許諾契約の文章が英語で表示されます。インストールを続けるには「I accept the terms in the License Agreement」にチェックを入れて［Next］をクリックします。

5 インストール場所を確認する

インストールする場所が表示されます。問題なければ［Next］をクリックします。次の画面で［Install］をクリックします。

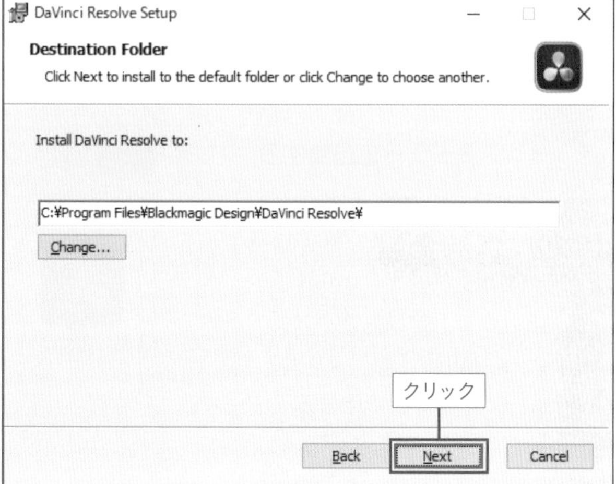

6 「Finish」をクリックする

インストールが完了すると、右の画面に切り替わります。「Finish」をクリックすると、インストールが完了します。

02

DaVinci Resolveの画面構成

DaVinci Resolveのメイン画面には、それぞれ役割の異なる7つのページがあります。また、制作する動画のプロジェクトを管理したり設定するために、2種類の専用ウィンドウが用意されています。これらはすべて、メイン画面のいちばん下の領域のアイコンをクリックすることで簡単に表示させられるようになっています。

基本となる画面の構成と切り替え方

DaVinci Resolveで頻繁に使用する画面は、画面のいちばん下の領域にあるアイコンで切り替えられます。中央寄りに表示されている7つのアイコンはメイン画面を切り替えるためのもので、右側の2つのアイコンはプロジェクトの管理・設定ウィンドウを表示させる際に使用します。

画面最下部の領域内にあるアイコンでページを切り替えたり、ウィンドウを表示させたりする

用語解説：プロジェクト

ここでいうプロジェクトとは、動画を作りあげるためのプロジェクトのことを指しています。DaVinci Resolveを使って新しく動画を作る際には、はじめに1つのプロジェクトを作らなければなりません。動画の編集データはプロジェクト単位で管理され、動画のサイズやフレームレートなどはプロジェクトごとに設定できます。

ヒント：画面の文字がすべて英語になっている場合

画面が日本語化されていない場合は、環境設定（Preferences）の画面で日本語化できます。はじめに「DaVinci Resolve」メニューから「Preferences...」を選択して、環境設定の画面を開きます。次に上中央付近にある「User」タブをクリックし、表示される「Language」メニューで「日本語」を選んでください。右下にある「Save」ボタンをクリックし、さらに「OK」ボタンをクリックすると設定の完了です。DaVinci Resolveを一度終了して起動しなおすと日本語の表示に切り替わります。ただし、DaVinci Resolveを日本語化しても、すべてのテキストが完全に日本語になるわけではありません（一部ですが日本語化されていない部分があります）。

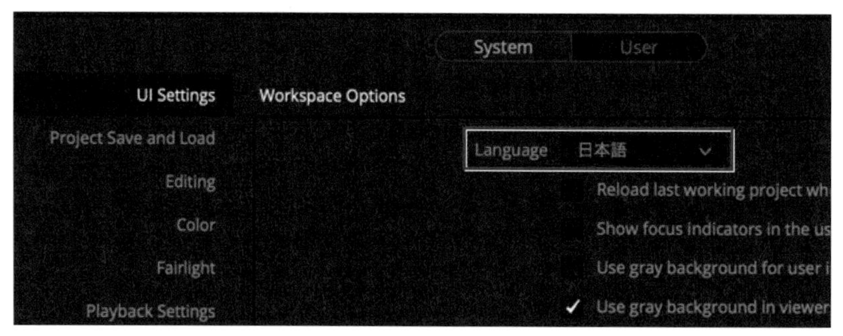

ヒント：画面最下部のアイコンの下に文字が表示されていない場合

前ページの図の赤で囲った領域内を右クリック（Macの場合は［control］キーを押しながらクリック）し、表示されるメニューから「Show Icons and Labels（アイコンとラベルを表示）」を選択するとアイコンの下に文字が表示されます。ただしメイン画面を表示する領域が狭い（十分な幅または高さが確保できていない）場合は、「Show Icons Only（アイコンのみ表示）」しか選択できなくなります。

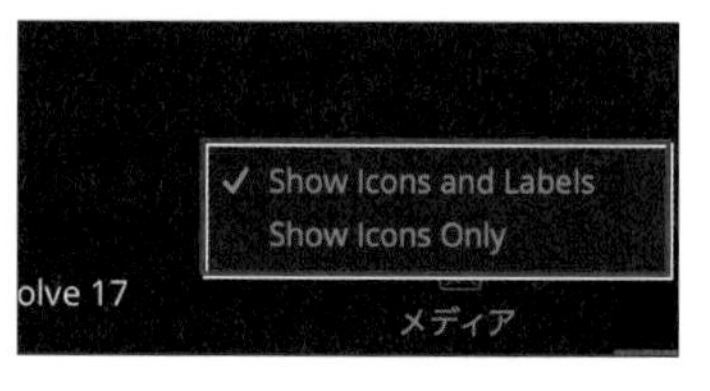

プロジェクトの管理・設定ウィンドウ

プロジェクトに関する操作は、画面右下のアイコンで表示させられる2つのウィンドウで行います。

家のアイコンで表示されるのは「プロジェクトマネージャー」のウィンドウで、この画面では新規にプロジェクトを作成したり、作成済みのプロジェクトを開くことなどができます。このウィンドウは、DaVinci Resolveを起動するたびに最初に表示されます。

歯車のアイコンをクリックすると、「プロジェクト設定」のウィンドウが表示されます。この画面では、現在開いているプロジェクトで作成する動画のサイズ（解像度）やフレームレート（fps）などが設定できます。

プロジェクトマネージャー

プロジェクト設定

用語解説：解像度

プロジェクト設定内の項目にある解像度（タイムライン解像度）とは、現在開いているプロジェクトで作成する**動画の幅と高さのピクセル数**のことです。「1280 × 720 HD 720P」「1920 × 1080 HD」「3840 × 2160 Ultra HD」などが選択できます（p.038参照）。

用語解説：フレームレート

フレームレート（タイムラインフレームレート／再生フレームレート）とは、現在開いているプロジェクトで作成する動画の**1秒あたりのコマ数**のことです。一般にfps（frames per second = フレーム/秒）という単位であらわされるもので、初期状態では24fpsになっています。普段目にする動画の多くは、24fps（映画と同じ）または30fps（テレビと同じ）で制作されています。

補足情報：メニューから開くことも可能

「ファイル」メニューの「プロジェクトマネージャー ...」と「プロジェクト設定...」を選択しても、それぞれのウィンドウが表示できます。

補足情報：データベースの管理もできる

「プロジェクトマネージャー」の左上のアイコンをクリックするとデータベースサイドバーが表示されます。DaVinci Resolveのデータはデータベースにまとめて保存されているのですが、ここでその管理を行うこともできます。データがどこに保存されているのか知りたい場合は、このサイドバーで「詳細情報の表示」アイコンをクリックしてデータのパスを確認してください。データベースを右クリックすることで、保存されているデータをFinderやエクスプローラーで開くこともできます。

用途別の7つの専用ページ

DaVinci Resolveのメイン画面は、画面下中央のアイコンで切り替えられます。このアイコンは基本的には「動画制作の作業の流れ」の順に左から並べられています。とはいっても、必ずしもその順にページを移動して作業する必要はありません。特に初心者であれば「カットページ」を中心に使用して、必要がある場合にのみ別のページに移動して作業するのが効率的です。

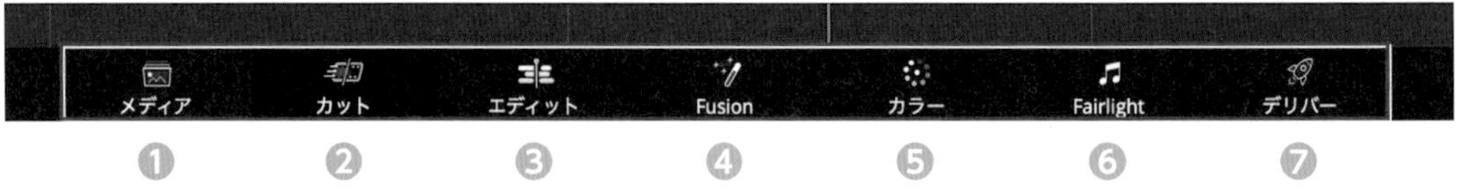

❶ ❷ ❸ ❹ ❺ ❻ ❼

❶**メディアページ**（読み込み専用ページ）

❷**カットページ**（高速編集ページ）

❸エディットページ（詳細編集ページ）

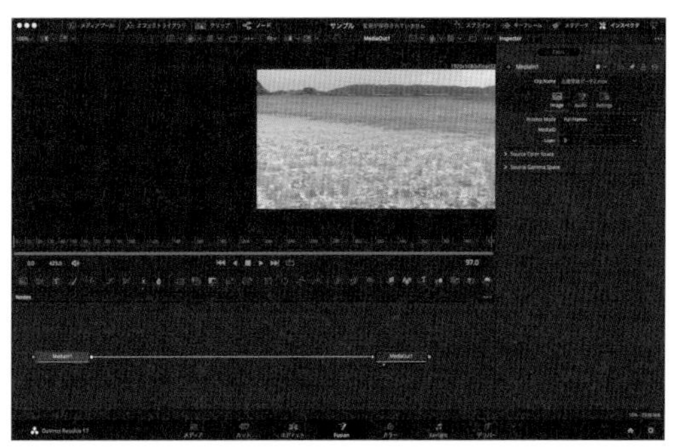
❹Fusionページ（視覚効果専用ページ）

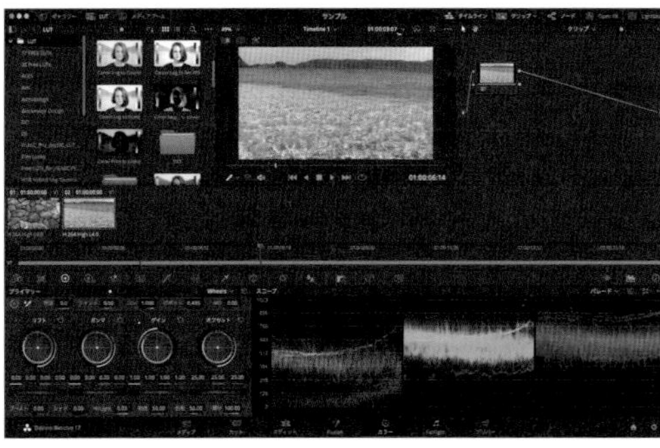
❺カラーページ（色専用ページ）

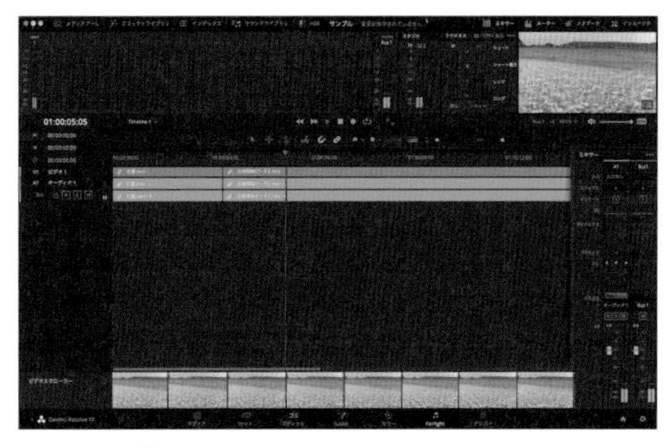
❻Fairlightページ（音専用ページ）

❼デリバーページ（書き出し専用ページ）

補足情報：メニューから開くことも可能

「ワークスペース」メニューの「ページの切り替え」でページを切り替えることも可能です。その下の項目の「ページの表示」で7つのアイコンそれぞれの表示／非表示を切り替えることができます。さらにその下の「ページナビゲーションを表示」のチェックをはずすと、画面最下部の領域全体を非表示にできます。

❶ メディアページ

これから作成する動画の素材として使用するファイル（動画のほかに画像やBGMなどのファイルも含む）を読み込み、分類・整理して管理するための専用ページです。実際には素材を読み込むのではなく、すでに保存されている素材ファイルへのリンクを作成し、使用するファイルとプロジェクトを関連付けているだけです。単純な読み込み作業であれば、このページ以外でも行えます（デリバーページを除く）。

❷ カットページ

DaVinci Resolve 16で新しく追加された動画編集のためのメインページです。可能な限り短時間で編集作業を終えられるようにすることを目的としたページで、素材の読み込みから編集して書き出すまでに必要となる基本的な作業はすべてこのページで行えるようになっています。初心者の方はこのページを中心に使用して、このページではできない、またはやりにくい作業をするときにのみ他の専用ページに移動するのが良いでしょう。

❸ エディットページ

カットページが追加される前からあった動画編集のためのメインページです。スピードと効率を重視して様々な面で簡略化されているカットページとは異なり、エディットページでは豊富な編集機能が利用できます。また、エディットページでは音声の波形を大きく表示できるので、カットページと比較すると音声やBGMのボリュームの調整がやりやすくなっています。

❹ Fusionページ

動画に視覚効果を加えたり、モーショングラフィックスを追加するための専用ページです。カーニング（文字間隔の部分的な調整）など、文字に関する細かい調整が必要となる場合にもこのページが使用されます。

❺ カラーページ

動画の色を調整するための専用ページです。明るさやコントラスト、彩度、色相、色温度などが細かく調整できます。カラーコレクションやカラーグレーディングと呼ばれる作業をする際には、このページを使用します。

❻ Fairlightページ

動画の音を調整するための専用ページです。総合的なオーディオ編集環境が用意されているため、バランスのとれたミキシングを行うことが可能です。単純な素材ファイル単位のボリューム調整であればカットページでも可能ですし、それよりも多少高度なボリューム調整はエディットページで行えます。

❼ デリバーページ

編集した動画を書き出すための専用ページです。動画の音だけを書き出すことも可能です。書き出しについて細かく指定したい場合や、自分専用の書き出しパターンを登録して簡単に書き出しを行えるようにする際などに使用します。

03

素材の準備と編集作業の流れ

DaVinci Resolveで動画編集を行う際に素材として使用する動画ファイルは、アクセス可能なディスク上にあらかじめ保存しておく必要があります。編集した動画のデータはDaVinci Resolveが管理しますが、素材として使用する動画などのファイルは自分で管理します。編集作業は、はじめにプロジェクトを新規作成し、そこに素材を読み込んでから開始します。

DaVinci Resolveで扱うデータについて

DaVinci Resolveで扱うデータは、素材データと編集データの2種類に大きく分けられます。素材データとは、素材として使用する動画や音声、画像などのファイルのことで、これらは編集作業を開始する前にディスク上の任意の位置に自分で場所を決めて保存しておく必要があります。編集データとは、DaVinci Resolveで行った編集内容が保存されるデータのことで、それらはデータベースによって管理・保存されます。DaVinci Resolveの「ファイル」メニューにある「プロジェクトを保存」を選択して保存されるのは、この編集データだけです。

用語解説：フッテージ

撮影したままの未加工・未編集の動画素材のことをフッテージと言います。Blackmagic Design社の公式サイトやネット上の解説記事などでもよく使われている用語ですので覚えておきましょう。

DaVinci Resolveで編集作業を行っても、素材データは一切変更されません。元の素材を参照し、その素材のどこからどこまでを使って、それをどう加工して表示させるか、といった情報が編集データ側に保存されるだけです。このような素材データに一切手を加えない編集方式は「非破壊編集」と呼ばれています。

DaVinci Resolveには素材データを読み込んでいるかのような作業工程がありますが、それは実際に素材ファイルを読み込んでいるのではなく、素材ファイルの場所を確認して関連付けているだけです。したがって、DaVinci Resolveのメディアプールと呼ばれる場所に表示されているファイルは、実際には読み込まれたファイルではなく、関連付けられたファイルがわかるようにアイコンが表示されているだけです。素材データは編集データの中には入っていません。このような仕様となっているため、一旦読み込んだ（関連付けた）ファイルの場所をあとから移動させたり、フォルダーやファイルの名前を変更したりするとリンクが切れてしまい、その素材データは使用できなくなります。再び使用できるようにするためには、そのファイルを手動でリンクさせる必要がありますので注意してください。

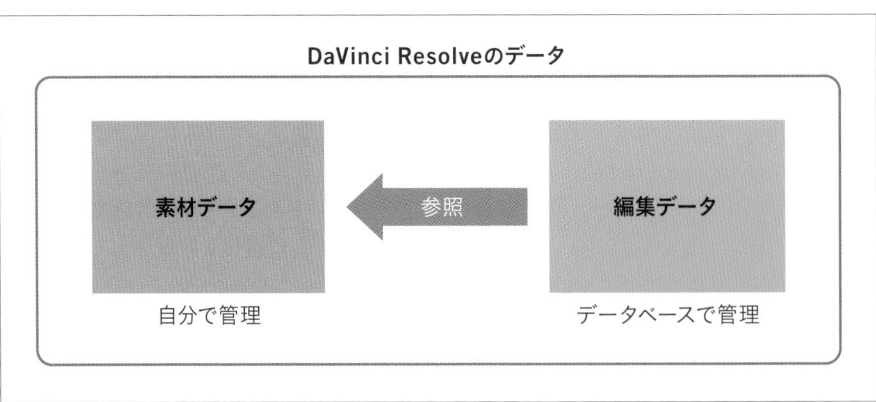

DaVinci Resolveで扱うデータは2種類ある

DaVinci Resolveでは動画をプロジェクト単位で作成しますが、一般的な動画編集ソフトのようにプロジェクトごとに個別のデータが保存されるわけではありません。同じデータベース内のすべてのプロジェクトはまとめて管理されます。

補足情報：データベースは複数作成できる

データベースは新規に作成して追加することも可能です。データベースを複数作成することで、プロジェクトのデータをデータベース単位で分けて保存することができます。このようにした場合、編集データのバックアップと復元はデータベース単位で別々に行えるようになります。

ただし、ある環境で作成していたプロジェクトの作業を別の環境で継続することが可能となるように、**プロジェクトの編集データを個別に書き出す**ことは可能です。書き出す際には、素材データを含めて（1つのフォルダーにまとめて）書き出すこともできますし、素材データを含めずに編集データだけを書き出すこともできます。素材データを含めずに書き出した場合は、素材データは自分で移行し、必要に応じて再リンクを行う必要があります。

ヒント：編集データと素材データのデータ量

数分程度の長さの動画であれば、1つのプロジェクトの編集データを書き出した容量は一般に数MBです。編集データには素材として使用している動画のデータは含まれていないからです。それに対して素材データの容量は、数分程度の長さの動画であっても数百MB～数GBとなります。

素材データの準備

DaVinci Resolveの素材データの保存場所は、DaVinci Resolveからアクセス可能なディスク上であれば基本的にはどこでもかまいません。しかし、編集作業を開始したあとに素材ファイルを移動させると、素材へのリンクが切れてしまい**再リンク**する必要が生じます。そのため、新しいプロジェクトで使用する動画などの素材ファイルを入れる場所は、**編集作業を開始する前に確定**しておく必要があります。はじめに固定的に場所さえ決めてしまえば、あとから素材を追加して使用してもまったく問題はありません。

一般的には、1つのプロジェクトに対して1つのフォルダーを作成して、「年月日＋題名」のようなパターンで名前をつけて管理している人が多いようです。毎日のように新しいプロジェクトを作成する人であれば、たとえば「2021」のような「年」のフォルダーを作り、さらにその中に「01」のような「月」のフォルダーを作って、「日＋題名」のように整理してフォルダー分けするのもいいかもしれません。

また、他のプロジェクトでも使用する可能性の高いBGMや効果音などの音声データは、個別のプロジェクトのフォルダーではなく共有するデータ専用のフォルダーに入れておくと、データを重複して保管する必要がなくなります。

ヒント：素材データのフォルダー分けの具体例

筆者はiMacで動画編集を行っているのですが、プロジェクトの素材データは「ムービー」フォルダー内に「DaVinci Resolve Data」というフォルダーを作ってその中に保存してあります。「ムービー」フォルダー内にはiMovie（macOSに付属の動画編集ソフト）のデータもありますので、それと分ける必要があるからです。そして「DaVinci Resolve Data」フォルダーの中にさらに「2021」のような年のフォルダーを作り、その中に「0815-名古屋港水族館」のような名前のフォルダーを作成してその中に素材データを入れています（「0815」は月日です）。

ヒント：文字化けしない名前にするには？

様々な環境でデータの受け渡しをすることが想定される場合は、フォルダー名やファイル名が文字化けすることのないように注意して名前を付けてください。もし文字化けが発生してしまうと、再リンクが必要になったり、最悪の場合は素材を再度読み込んで編集し直す必要が生じるからです。文字化けが発生しないようにするには、全角文字は使用せずに半角の英数字のみ使用し、記号を使う必要がある場合はアンダースコア（ _ ）だけを使うといいでしょう。

動画編集の主な作業とその順序

一口に動画編集といっても、制作する動画の種類や制作者の意図などによって具体的な作業内容は変わってきます。あくまで「ありがちな例のひとつ」ということになりますが、DaVinci Resolveを使って動画編集を行う際には次のような作業を順に行っていくことになります（「4. 編集作業」内の各項目については順不同となります）。

作業の順序と内容	使用する主なページ
1. DaVinci Resolveを起動する	
2. プロジェクトを作成する	
3. 素材データを読み込む	デリバー以外の任意のページ
4. 編集作業	
・素材の使う部分を時間軸に沿って並べる	カットページ／エディットページ
・動画に含まれている音声の調整	カットページ／エディットページ／ Fairlightページ
・BGMや効果音の追加	カットページ／エディットページ／ Fairlightページ
・テロップを入れる	カットページ／エディットページ
・トランジションや視覚効果の追加	カットページ／エディットページ／ Fusionページ
・色の調整	カラーページ
・必要に応じてその他の作業を行う	作業内容に応じたページ
5. 完成した動画を書き出す	カットページ／エディットページ／デリバーページ

DaVinci Resolveによる動画編集の主な作業とその順序

DaVinci Resolveを起動すると、まずは「プロジェクトマネージャー」のウィンドウが表示されますので、そこで新規にプロジェクトを作成するか、すでに作成済みのプロジェクトを選択します。

「プロジェクトマネージャー」ウィンドウ

前ページの表では各作業工程で使用する主なページを示していますが、複数のページが示してあるものについてはその中の任意のページを使うことになります。もちろんどのページでもまったく同じ内容の作業ができるということではなく、専用のページを使った方がより詳細な調整が可能となります。しかし詳細な調整を行うのでなければカットページとエディットページでほとんどのことができてしまうことがわかると思います。

カットページ

エディットページ

DaVinci Resolveを初めて使う方は、操作も画面もシンプルでわかりやすいカットページの使い方を最初に覚えることをオススメします。そうすることで、短期間で全体的な作業を行えるようになるからです。そしてカットページではできない、もしくはやりにくい作業を別のページで行う方法を徐々に覚えていくことで、自分が必要とする操作方法を効率よく学んでいくことができるでしょう。

メディアプールとタイムライン

第２章以降の解説をしっかり理解できるようにするために、ここでDaVinci Resolveの「メディアプール」と「タイムライン」について説明しておきます。両方ともDaVinci Resolveでの動画編集においては頻繁に使用する作業領域で、さまざまな機能と深く関わっています。「メディアプール」と「タイムライン」は、カットページとエディットページをはじめとするいくつかのページで利用可能ですが、ここではカットページを例にしてその領域と役割について説明します。

カットページのメディアプールとタイムライン

「メディアプール」は、新しくプロジェクトを作成してカットページを開いたときに画面の左上に表示される領域です。この領域に表示される内容はタブで切り替えられるようになっていますが、初期状態では「メディアプール」が表示されています。

「メディアプール」はわかりやすく言えば、素材データを読み込むための領域です。正確に言えば、プロジェクトで素材として使用するファイルを関連付け、そのファイルを参照して使用できるようにサムネイルで表示している領域です。ファイルを関連付ける方法はいくつか用意されていますが、単純に素材をこの領域にドラッグするだけでも関連付けを行うことができます。

用語解説：サムネイル

DaVinci Resolveのメディアプールの場合は、関連付けた動画ファイルの内容がわかるように動画内の1フレームを画像にして縮小しアイコンとして表示させたものを指します。画像ファイルの場合は画像を縮小したもの、音声ファイルの場合はその波形がアイコンとして表示されます。

「タイムライン」は画面のほぼ下半分を占める領域で、ここに素材を並べていくことで動画を作成します。動画の編集作業を行う際の中心となる領域です。この領域は左端が動画の開始位置になっており、右側に行けば行くほど時間が経過する時間軸のようになっています。基本的には、前後の不要な部分をカットした動画の素材を見せたい順にここに並べていくことで動画を作成していきます。

「メディアプール」にある素材をドラッグ＆ドロップなどの操作で「タイムライン」に最初に配置したときに、新しいタイムラインのファイル（タイムライン内で編集した内容がすべて保存されるファイル）が自動的に作成されます。このファイルは初期状態では「Timeline 1」という名前で、「メディアプール」の中に表示されます。

用語解説：クリップ

メディアプールやタイムラインに表示される各素材ファイルのことを「クリップ」と言います。クリップには動画だけでなく音声や画像のファイルも含まれます。動画のクリップをビデオクリップ、音声のクリップをサウンドクリップまたはオーディオクリップと呼ぶ場合もあります。

ヒント：空のタイムラインの作成方法

タイムラインのファイルは、「ファイル」メニューの「新規タイムライン...」を選択することでも作成できます。また、メディアプール内の何もないところを右クリックして「新規タイムラインを作成...」を選択しても空のタイムラインが作成できます。

自動的に生成されるタイムラインのファイル

この「Timeline 1」というファイルは、複製することもできますし、別のプロジェクトからコピーしてきて使うこともできます（プロジェクトには複数のタイムラインを持たせることができ、それらを切り替えて使用できます）。また、不要なタイムラインは削除することも可能です。

Chapter

2

編集前後の作業

この章では、動画編集を開始する前に行う作業と、編集完了後に行う作業についてあらかじめ説明しておきます。具体的には、プロジェクトの新規作成と設定の方法、素材データの読み込み方と管理方法、完成した動画の書き出し方とバックアップ方法について解説します。

プロジェクトの操作

DaVinci Resolveを起動すると、毎回はじめに表示されるのが「プロジェクトマネージャー」です。ユーザーがそこでプロジェクトを新規に作成するか、作成済みのプロジェクトを選択して開くと編集画面が表示されます。ここでは、そのプロジェクトマネージャーを使って行う新規プロジェクトの作り方と削除の方法、編集作業中に他のプロジェクトに切り替えてその一部をコピーしてくる方法などについて説明します。

新規プロジェクトの作り方

新しく制作する動画の素材が用意できたら、DaVinci Resolveを起動してプロジェクトを作成します。DaVinci Resolveを起動すると最初に以下の「プロジェクトマネージャー」のウィンドウが表示されますので、そこで次のいずれかの操作を行うことで新規プロジェクトを作成できます。

- Ⓐ 右下の「新規プロジェクト」ボタンをクリックする
- Ⓑ プロジェクトの表示されていない領域を右クリックして「新規プロジェクト...」を選択する
- Ⓒ 左上の「名称未設定のプロジェクト」をダブルクリックする

ヒント：Macで右クリックする方法

Macを使っていて右クリックができない場合は、[control] キーを押しながらクリックしてください。

新規プロジェクトを作成する3つの方法

補足情報：すでにプロジェクトを開いている場合

メイン画面の右下にある家のアイコン をクリックすることで「プロジェクトマネージャー」のウィンドウを開き、新規プロジェクトを作成できます（この場合は「名称未設定のプロジェクト」は表示されません）。また、「ファイル」メニューの「新規プロジェクト...」を選択することで、「プロジェクトマネージャー」のウィンドウを開くことなく新規プロジェクトを作成することもできます。

ただし、Ⓐ〜Ⓒの3つの方法のうちどの方法で新規プロジェクトを作成したかによって、プロジェクトの名前をつけるタイミングが違ってきます。「新規プロジェクト」ボタンまたは右クリックして「新規プロジェクト...」を選択した場合はその直後に名前をつけられるのですが、「名称未設定のプロジェクト」を使用した場合は名称未設定のままで編集作業を開始し、プロジェクトを保存する段階（「ファイル」メニューから「プロジェクトを保存」を選択したときやDaVinci Resolveを終了しようとしたときなど）になってはじめて名前をつけることができます。

ヒント：オススメは「新規プロジェクト...」

「新規プロジェクト」ボタンまたは右クリックで「新規プロジェクト...」を選択した場合は、「プロジェクトマネージャー」のウィンドウが表示された状態のままで名前がつけられます。そのため、名前をつける際に他のプロジェクトの名前を参照できますので、決まった書式で名前をつけることにしている場合には便利です。とはいえ、名前を間違ってつけてしまった場合は、プロジェクトのサムネイルまたは名前を右クリックすれば名前はいつでも変更できます。

プロジェクトの開き方と切り替え方

プロジェクトを開いたり切り替えたりするには「プロジェクトマネージャー」のウィンドウが表示されている必要があります。表示されていない場合は、メイン画面右下の家のアイコン をクリックして表示させてください。

「プロジェクトマネージャー」で既に作成済みのプロジェクトを開くには、プロジェクトのサムネイルまたは名前をダブルクリックします。プロジェクトを開くと、それまで開いていたプロジェクトは自動的に閉じられます。プロジェクトの切り替えは、このように新しくプロジェクトを開くことによって行います。

ヒント：右クリックでも開ける

プロジェクトは「右クリック」して「開く」を選択しても開けます。

プロジェクトマネージャー上のプロジェクトをダブルクリックすると開く

プロジェクト間でのコピー＆ペースト

プロジェクトを切り替えることで、任意のプロジェクトのデータを別のプロジェクトにコピー＆ペーストすることができます。たとえばメディアプール内にあるクリップやタイムラインのデータ、タイムラインの領域に配置した編集済みのクリップやテロップなどを別のプロジェクトからコピーして再利用できます。

ヒント：タイムラインのクリップには素材もついてくる

タイムラインの領域に配置してあるクリップや音声データなどをコピー＆ペーストすると、その素材であるクリップもメディアプール内に自動的にコピーされます。

ヒント：プロジェクトの編集データをまるごとコピーしたい場合

タイムライン上の編集データをすべてコピーしたい場合は、タイムラインの領域内にある全データを選択してコピーするよりも、メディアプールの領域内にある「Timeline 1」のような名称のタイムラインのデータをコピー＆ペーストする方が簡単です。このファイル1つをコピー＆ペーストするだけで、そこで使用されているすべての素材クリップもメディアプール内に自動的にコピーされます。

通常は新しいプロジェクトを開くと、それまで開いていたプロジェクトは自動的に閉じられますが、閉じずに新しいプロジェクトを追加して開く（内部的に両方を同時に開いている状態にする）機能もあります。それがプロジェクトマネージャーを右クリックして選択できる「ダイナミック プロジェクト スイッチング」です。DaVinci Resolveのメイン画面には1つのプロジェクトしか表示できませんが、この項目にチェックを入れておくことで、メイン画面最上部の中央に表示されているプロジェクト名をクリックするだけで別のプロジェクトに切り替えられるようになります。

ただし複数のプロジェクトを同時に開くとそれだけメモリを多く消費します。必要な処理が済んだら「ダイナミック プロジェクト スイッチング」のチェックを外してオフにしておきましょう。

ヒント：ダイナミック プロジェクト スイッチングの役割

ダイナミック プロジェクト スイッチングは、メモリを大量に消費するのと引き換えに、プロジェクトを切り替える際の手間と時間を節約するための機能です。したがって、複数のプロジェクト間を何度も行ったり来たりする必要がある場合には大変役立ちますが、何か1つのものをコピーするだけであれば特に使用する必要はありません。

この項目をチェックすることで複数のプロジェクトを同時に開けるようになる

プロジェクトの削除

プロジェクトを削除するには、「プロジェクトマネージャー」のウィンドウ上にあるプロジェクトのサムネイルまたは名前を右クリックしてください。「削除...」という項目がありますので、それを選択することで削除できます。

1 「プロジェクトマネージャー」を開く

「プロジェクトマネージャー」のウィンドウが開いていない場合は、画面右下の家のアイコンをクリックして開きます。

2 削除するプロジェクトを右クリックして「削除...」を選択する

削除するプロジェクトの名前またはサムネイルを右クリックして「削除...」を選択してください。

> **ヒント：[delete] キーでもOK**
>
> プロジェクトを選択して [delete] キーを押しても削除できます。

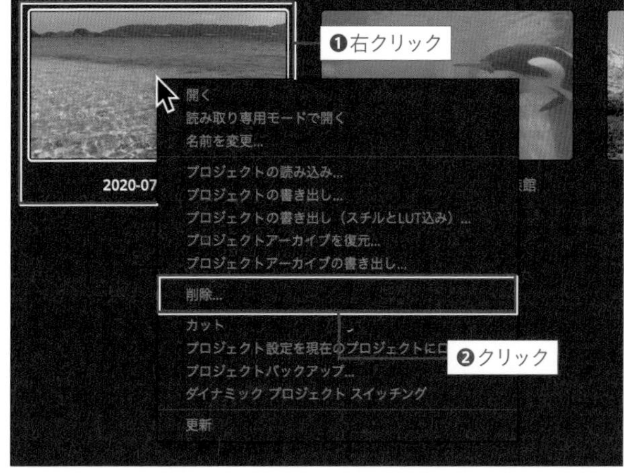

3 「削除」ボタンをクリックする

「"○○○" を削除しますか？」という意味の英語のメッセージが表示されます。ここで「削除」ボタンをクリックするとプロジェクトは削除されます。「キャンセル」をクリックすると処理は中止されます。

プロジェクト設定と環境設定

自分の制作スタイルに合わせて早い段階で設定を変更しておくことで、毎回の編集作業を効率化できます。また設定項目の中には、タイムラインフレームレートのように最初に設定しておかないと、あとからでは変更できなくなるものもあります。ここでは、動画編集を開始する前に確認または設定しておくべき項目について説明しておきます。

解像度とフレームレートの設定

新しくプロジェクトを作成して動画編集を開始する前に、プロジェクト設定のウィンドウを開いて現在のプロジェクトの「解像度」と「フレームレート」を確認しておきましょう。

重要

「タイムラインフレームレート」は、タイムラインのファイルが作成されてしまうと（タイムラインに1つでも素材を配置すると）変更できなくなりますので注意してください。

ヒント：「プロジェクト設定」のウィンドウを開くには？

メイン画面の右下にある歯車のアイコンをクリックすると「プロジェクト設定」のウィンドウが開きます。

初期状態では、プロジェクト設定の解像度とフレームレートは右のようになっています。

タイムライン解像度	1920 × 1080 HD
タイムラインフレームレート	24フレーム/秒
再生フレームレート	24フレーム/秒

もしこれ以外の解像度またはフレームレートで動画を制作したい場合は、値を変更してください。

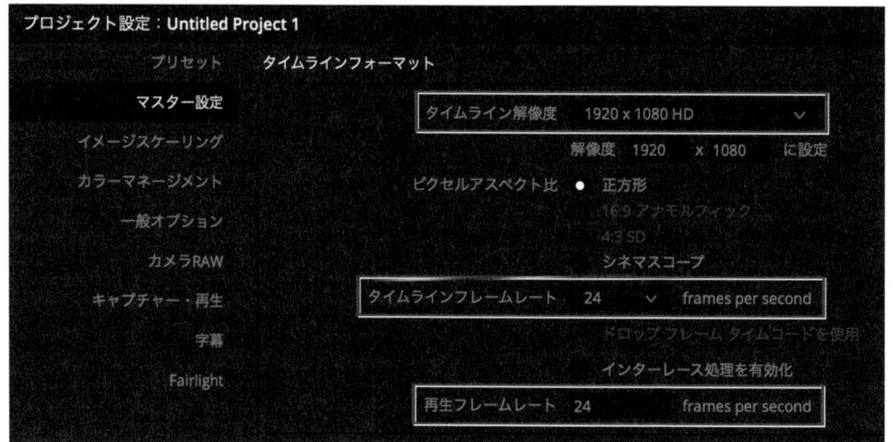

プロジェクト設定のウィンドウ

補足情報：設定可能な解像度とフレームレートの範囲

「タイムライン解像度」と「タイムラインフレームレート」は、プルダウンメニューに表示される値の中から選択する形式になっています。「タイムライン解像度」は、「720 × 480」～「3840 × 2160 Ultra HD（メニュー項目の最後ではなく途中の区切り線の上にあります）」の範囲の大きさが選択できます。一番上の「Custom」という項目を選択することで幅と高さを数値で入力できるようにはなりますが、「4096 × 2160」のような大きな数値は入力できません。「タイムラインフレームレート」には「16」～「60」の範囲でフレームレートが選択できます。

「タイムライン解像度」と「タイムラインフレームレート」とは、そのタイムラインで作成する動画の「解像度」と「フレームレート」です。それに対して「再生フレームレート」とは、そのプロジェクトの動画を再生する際のフレームレートです。「タイムラインフレームレート」と「再生フレームレート」に異なる数値を指定すると、編集中は最終的に作成される動画とは異なる速度で再生されることになりますので、通常は両方に同じ値を指定します。

補足情報：なぜ2種類のフレームレートがあるのか？

ひとことで言えば、プロの制作現場で必要になることがあるからです。たとえば、業務用の外部モニターでの再生時のコマ落ちを防ぐために、再生フレームレートを異なる数値にすることがあります。

ヒント：タイムラインフレームレートをあとから変更する方法

タイムラインフレームレートは、タイムラインのファイルが作成されたあとでは変更できません。どうしてもフレームレートを変更したい場合は、メディアプール内にあるタイムラインのファイル（「Timeline 1」というような名前のファイル）を削除して、新しいタイムラインのファイルが作成される前にフレームレートを変更してください。また、詳細は第3章で解説しますが、同じプロジェクト内で追加で新しく作成するタイムラインについては、プロジェクト設定とは異なるフレームレートが指定可能です。

コラム　「29.97fps」というフレームレートについて

実は現在の日本のテレビ（地上デジタル放送）のフレームレートは、正確に言えば「29.97fps」です。テレビがアナログで白黒だった時代には「30fps」だったのですが、それがカラーになるときに事情があって「29.97fps」に変更され、そのまま現在に至っています。そのため、カメラによってはそのフレームレートに合わせてあり、表面上はわかりやすく30fpsと書かれていても、実際には29.97fpsであるものもあるようです。

しかしこの微妙な数値の違いは、テレビで放送するための長めの動画を制作しているのであれば意識する必要がありますが、パソコンで見るための動画を作るのであればあまり気にする必要はありません。フレームレートは基本的には素材として使用する動画に合わせておけばＯＫです。ただし、意図的に60fpsや120fpsで撮影を行い、タイムラインフレームレートを24fpsにするなどしてもまったく問題はありません。

新規プロジェクトの初期値の変更

新規にプロジェクトを作成した際（「名称未設定のプロジェクト」を使用した場合も含む）の「プロジェクト設定」の初期値は変更できます。普段自分が作成する動画の解像度やフレームレートがDaVinci Resolveの初期値とは異なっているのであれば、初期値を変更することで値を毎回変更する手間を省くことができます。変更の手順は次のとおりです。

重要

メディアプール内に「Timeline 1」のようなタイムラインのファイルが既に生成されている状態では、タイムラインフレームレートの初期値を変更することはできません。その状態でタイムラインフレームレートの初期値を変更するのであれば、次のいずれかの操作をしてから作業してください。

- 新規プロジェクトを作成して開く
- DaVinci Resolveを再起動して「名称未設定のプロジェクト」を開く
- 「Timeline 1」のようなタイムラインのファイルを削除する

1 プロジェクト設定のウィンドウを開く

メイン画面の右下にある歯車のアイコンをクリックして「プロジェクト設定」のウィンドウを開いてください。

2 左側の「プリセット」のタブをクリックする

初期状態では、プロジェクト設定の左側の項目のうち「マスター設定」が選択された状態となっていますので、その上の「プリセット」をクリックしてください。

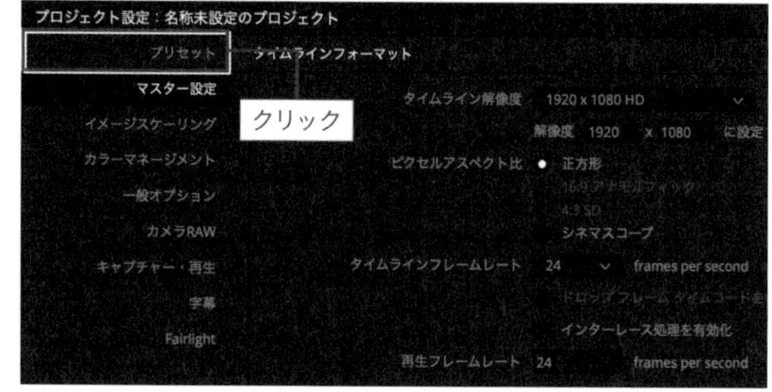

3 「guestデフォルト設定」をクリックする

「プロジェクト設定」のウィンドウの表示内容が、「プリセット」のものに切り替わります。ここで3項目あるうちの「guestデフォルト設定」をクリックして選択します。

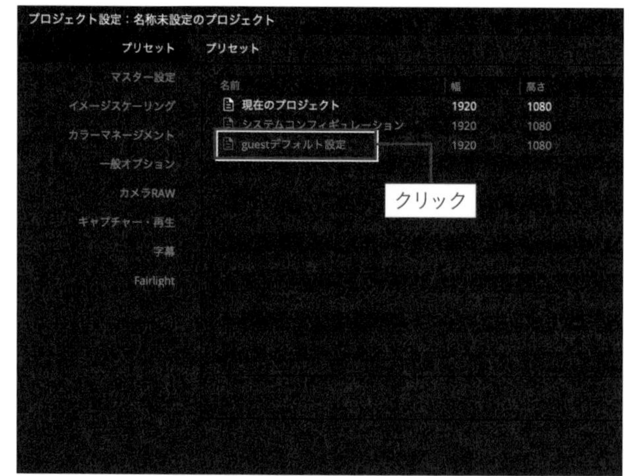

ヒント:「プリセット」の3項目の意味

初期状態では、3項目あるプリセットのうちの「現在のプロジェクト」が選択された状態になっています。これは「プロジェクト設定」で設定した項目が「現在のプロジェクト」に反映されることを意味しています。
「システム構成」を選択すると、「プロジェクト設定」の全項目がDaVinci Resolveの出荷時の初期値に切り替わります。この値は変更できませんが、初期値を参照したり、複製して新しいプリセットを作る場合などに使用できます。
「guestデフォルト設定」を選択すると、「プロジェクト設定」の全項目が「新しくプロジェクトを作ったときの初期値」に切り替わります。
「名称未設定のプロジェクト」を使用した場合にも同じ初期値が使用されます。この状態で各項目の値を変更して保存することで、新規プロジェクトの初期値を変更できます。

4 左側の「マスター設定」をクリックする

表示内容を切り替えて解像度やフレームレートの項目を表示させるために、左側の「マスター設定」をクリックします。

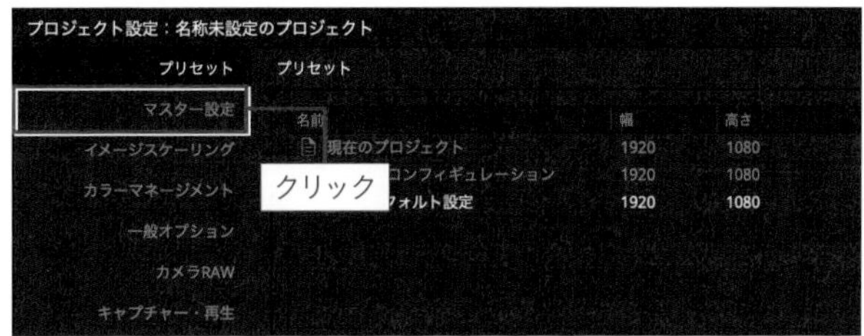

5 初期値を変更したい項目の値を変更する

解像度の初期値を変更したい場合は「タイムライン解像度」、フレームレートの初期値を変更したい場合は「タイムラインフレームレート」と「再生フレームレート」の両方を変更してください。

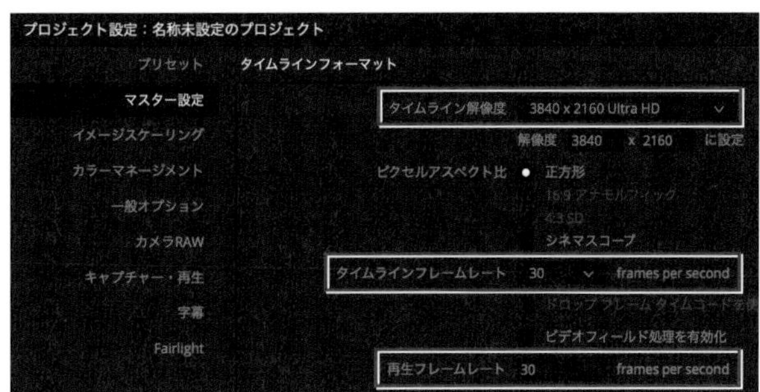

解像度とフレームレート以外の初期値も変更できます。必要があれば左側のタブで画面を切り替えて値を変更してください。

6 左側の「プリセット」のタブをクリックする

変更したい項目をすべて変更したら、左側の「プリセット」をクリックします。

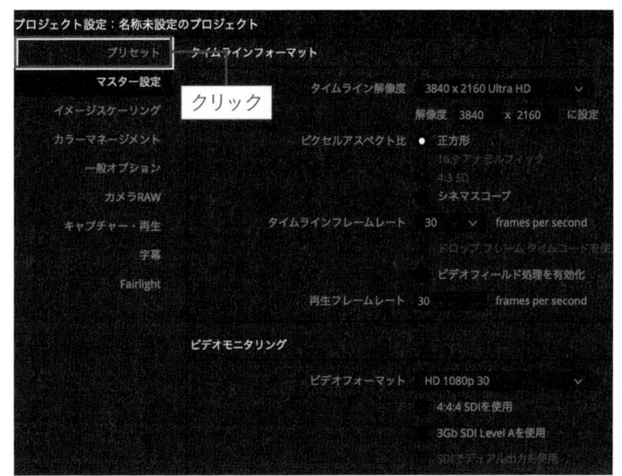

7 「保存」ボタンをクリックする

画面の右側にある「保存」ボタンをクリックしてください。これによって変更した値が保存され、次に新しくプロジェクトを作ったり、「名称未設定のプロジェクト」を開いたときには、今変更した値が初期値になります。

ヒント：新規に作成したプロジェクトや「名称未設定のプロジェクト」は保存しなくてOK

ここまでの作業を新しく作成したプロジェクトや「名称未設定のプロジェクト」で行っていた場合は、そのプロジェクトは保存しなくてもかまいません。

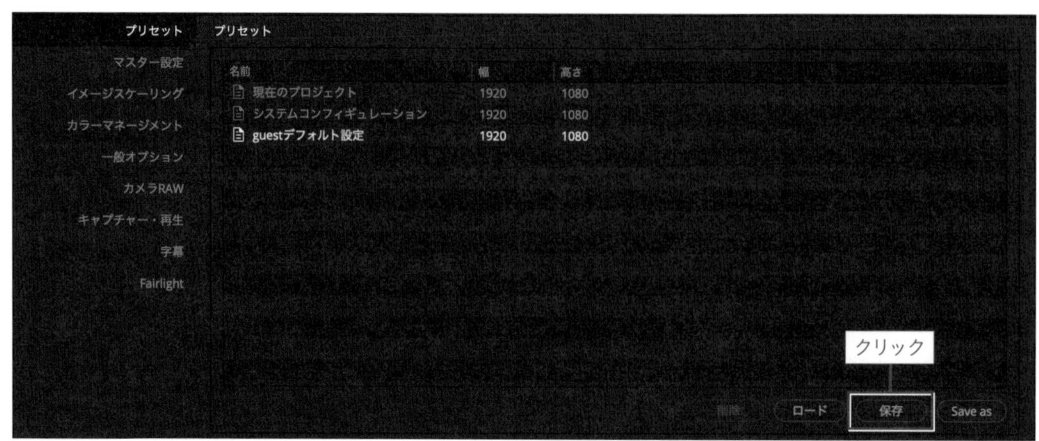

編集データが自動的に保存されるようにする

DaVinci Resolveの編集データは、初期状態では自動的に保存されるようにはなっていません。DaVinci Resolveが異常終了してしまった場合などにそれまでの作業内容を失ってしまうことのないように、データが自動的に保存されるように設定しておきましょう。

1 「DaVinci Resolve」メニューから「環境設定...」を選択する

この設定は「プロジェクト設定」ではなく「環境設定」のウィンドウで行います。「DaVinci Resolve」メニューから「環境設定...」を選択してください。

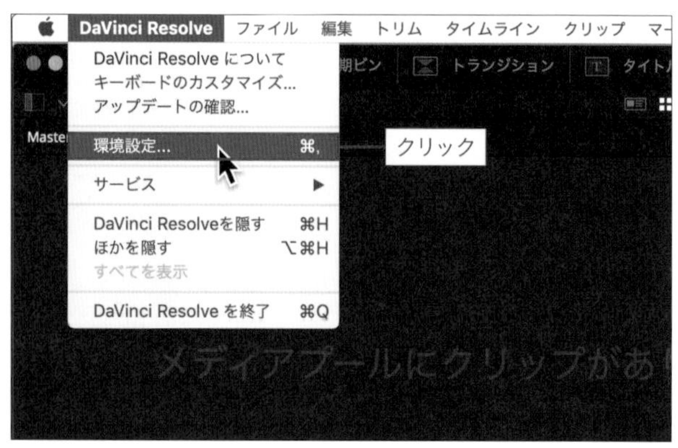

2 上部中央の「ユーザー」をクリックする

「環境設定」のウィンドウが表示されたら、画面の上の方にある「ユーザー」タブをクリックします。

3 左側の「プロジェクトの保存とロード」をクリックする

「ユーザー」の画面に切り替わったら、左側で縦に並んでいる項目の中から「プロジェクトの保存とロード」を選択します。

4 「Live save」にチェックを入れる

「Live save」という項目が表示されます。この項目をクリックして、チェックマークが表示されている状態にしてください。

> **ヒント：プロジェクトのバックアップ**
>
> 「Live save」のすぐ下に「Project backups」という項目もあります。バックアップ（万一に備えた復旧用データ）も自動でとっておきたければ、この項目もチェックしておくと良いでしょう。プロジェクトのバックアップ方法については「2-07 プロジェクトのバックアップ（p.072）」で解説しています。

5 「保存」ボタンをクリックする

右下の「保存」ボタンをクリックすると設定の完了です。以降は自分で保存しなくても、編集データは自動的に保存されます。

03 素材データの読み込み方

DaVinci Resolveでは、素材データをメディアプールにドラッグするだけで読み込みは完了します。一度に複数の素材データをドラッグすることも可能です。素材データをフォルダーごと読み込ませることも可能ですが、その結果がどうなるかは読み込ませ方によって異なります。ここでは、そのようないくつかの読み込ませ方について説明していきます。

「Change Project Frame Rate?」と表示されたら

プロジェクトに最初の素材データを読み込ませた直後に、次のようなメッセージが表示されることがあります。

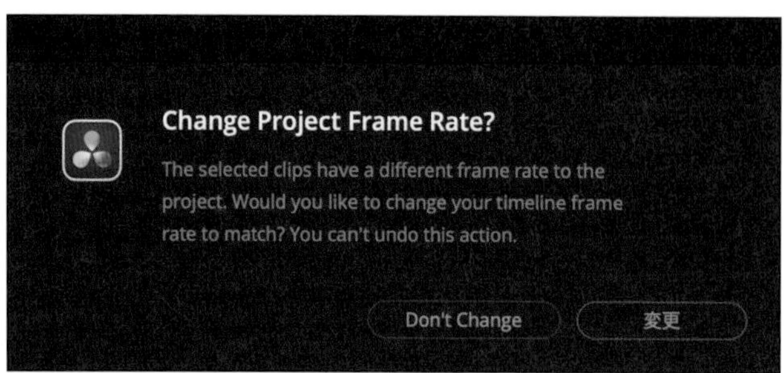

最初の素材データを読み込ませたときに表示されることのあるメッセージ

このメッセージは、「読み込んだ素材データ（動画ファイル）のフレームレート」と「現在のプロジェクト設定のフレームレート」が異なっている場合に表示されるもので、日本語でわかりやすく書くと次のような意味になります。

今読み込んだ素材データのフレームレートと現在のプロジェクト設定のフレームレートが一致していません。

今読み込んだ素材データのフレームレートに合わせて、プロジェクト設定にある「タイムラインフレームレート」と「再生フレームレート」の設定値を変更しますか？

したがって、素材データのフレームレートに合わせて（プロジェクト設定を変更して）動画を作成するのであれば「変更」をクリックすることになります。逆に現在のプロジェクト設定のフレームレートのままで動画を作成するのであれば「Don't Change」を選択してください。

カットページでドラッグして読み込む

素材ファイルは、メディアプールの領域にドラッグ＆ドロップするだけで読み込ませることができます。この方法はカットページ以外のページでも共通して行えます（デリバーページは除く）。ただし、メディアプールの領域はタブで表示を切り替えられるようになっていますので、必ずメディアプールを表示させてからドラッグ＆ドロップしてください。

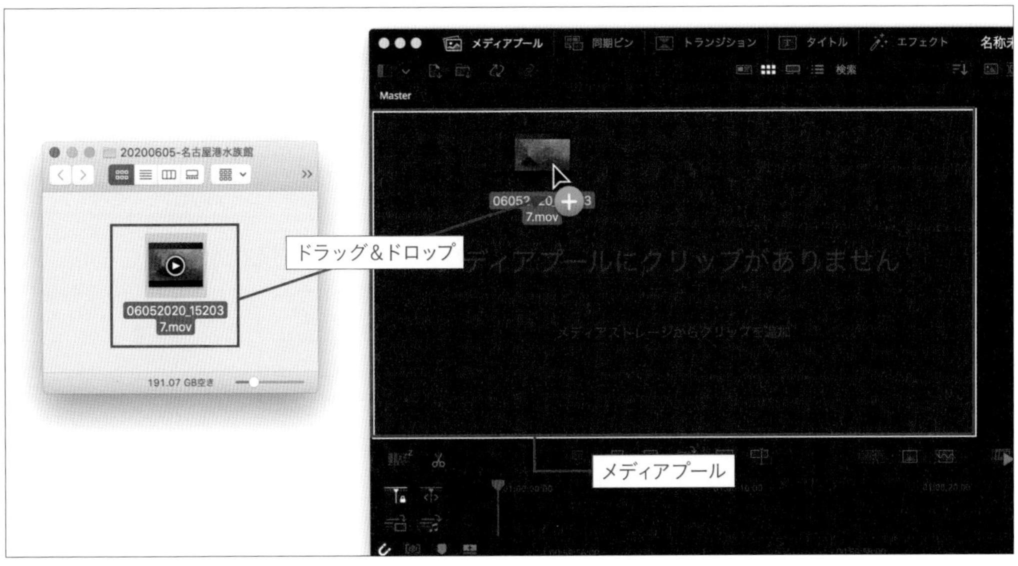

素材ファイルはドラッグ&ドロップで読み込ませることができる

素材ファイルは複数まとめてドラッグ＆ドロップできます。また、素材ファイルの入ったフォルダーをそのままドラッグ＆ドロップすることもできますが、その場合はフォルダー内のファイルだけが読み込まれます。フォルダーごと読み込ませたい（フォルダーをそのままメディアプール内のビンにしたい）場合は、これ以降に説明する別の方法で読み込ませてください。

用語解説：ビン

メディアプール内に表示されている各種クリップのサムネイルは、フォルダーを作って整理できます。DaVinci Resolveでは、このメディアプール内のフォルダーのことを「ビン」と呼んでいます。メディアプール内では、クリップはいつでも自由に移動させることができます。クリップをビンの中に入れたからといって、元の素材へのリンクが切れることはありません。メディアプールには「マスター（Master）」というビンがありますが、これがメディアプールの最上位の階層（ルート）となっています。新しく「ビン」を作成するには、メディアプール内を右クリックして「ビンを追加」を選択してください。

補足情報：フォルダー内にさらにフォルダーがある場合

メディアプールにドラッグ&ドロップしたフォルダーの中にさらに別のフォルダーがあった場合、その中にある素材ファイルも含めてすべてのファイルがメディアプールの同じ階層に読み込まれます。

ヒント：直接タイムラインにもドラッグできる

素材ファイルはメディアプールだけでなく、タイムラインにもドラッグ&ドロップできます。タイムラインに配置したクリップは、自動的にメディアプールにも追加されます。

ヒント：読み込みができないときは？

DaVinci Resolveはすべての形式の動画の読み込みに対応しているわけではありません。たとえ同じ拡張子であっても、あるカメラで撮影したものは読み込めるけれど、別のカメラで撮影したものは読み込めない、ということもあります。同じ拡張子であっても内部の形式まで同じとは限らないからです。読み込めない場合、DaVinci Resolveは特にエラーメッセージを出すわけでもなく、ただ読み込まないだけですので注意してください。
素材ファイルが読み込まれなかった場合の対処法としては、そのデータを別の形式に変換するしかありません。その素材ファイルを読み込める別の動画編集アプリを使用して別形式で書き出すか、動画変換ができるアプリまたはオンラインサービス（「動画 変換」などのキーワードで検索するとたくさん出てきます）などを利用してみましょう。
なお、DaVinci Resolve 16がサポートしているコーデックの詳細な情報は次のURLで閲覧可能です（英語）。

https://documents.blackmagicdesign.com/SupportNotes/DaVinci_Resolve_16_Supported_Codec_List.pdf

※なお、「17」の情報については2021年3月時点で未掲載です

コラム　何かを複数選択する際の共通操作

パソコン上で何かを複数選択する際の方法は、OSを問わずほぼ共通しています。たとえば、ファイルを「ここからここまで」というように連続して選択したい場合は、「ここまで」のファイルは［shift］キーを押しながらクリックしてください。この操作はMac・Windows・Linuxで共通しています。

連続した範囲を選択するのではなく、バラバラに1つずつ追加したい場合は、追加したい対象を次のキーを押しながらクリックします。

Mac	［command］キー
Windows	［Ctrl］キー
Linux	［Ctrl］キー

カットページの2つの専用アイコンで読み込む

カットページでは、メディアプールの左上にあるアイコンをクリックすることで、ファイルを読み込むダイアログを表示させて、そこから素材ファイルを読み込ませることもできます。「メディアの読み込み」アイコンは素材ファイルを選択して読み込ませるためのもので、複数のファイルを選ぶことで一度に複数をまとめて読み込ませることも可能です。「メディアフォルダーの読み込み」アイコンは素材ファイルをフォルダーごと読み込ませるためのもので、読み込まれたフォルダーはそのままメディアプール内のビンになります。

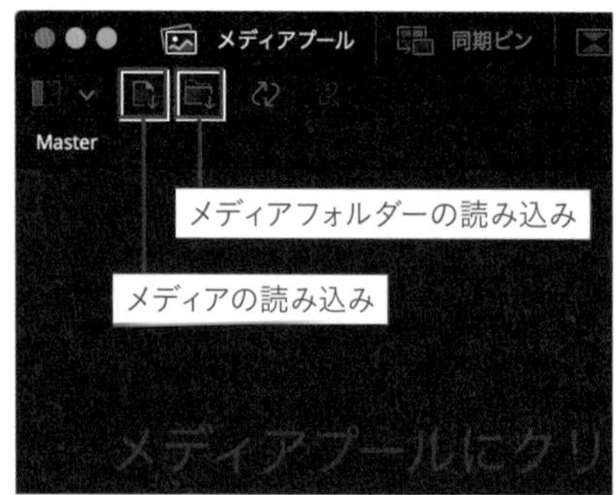

素材をフォルダーごと読み込ませるアイコンも用意されている

補足情報：フォルダー内にさらにフォルダーがある場合

「メディアフォルダーの読み込み」アイコンで読み込んだフォルダー内にさらに別のフォルダーがあった場合、そのフォルダーも階層を保った状態でビンになります。

補足情報：右クリックでも読み込める

メディアプール内のクリップのないところを右クリックし、「メディアの読み込み...」を選択しても素材ファイルが読み込めます。ただしこの場合はフォルダーごと読み込むことはできません。

メディアページでフォルダーごとドラッグして読み込む

素材の入ったフォルダーをメディアページの左下にある「ビン リスト」と呼ばれる領域(「マスター」という文字の下あたり)にドラッグ&ドロップすると、フォルダーに入ったままの状態で素材ファイルを読み込ませることができます(フォルダーがそのままビンになります)。読み込ませた直後はビンが開いている状態になりますので、上の階層に戻りたいときは「ビン リスト」の上にある「マスター」をクリックしてください。

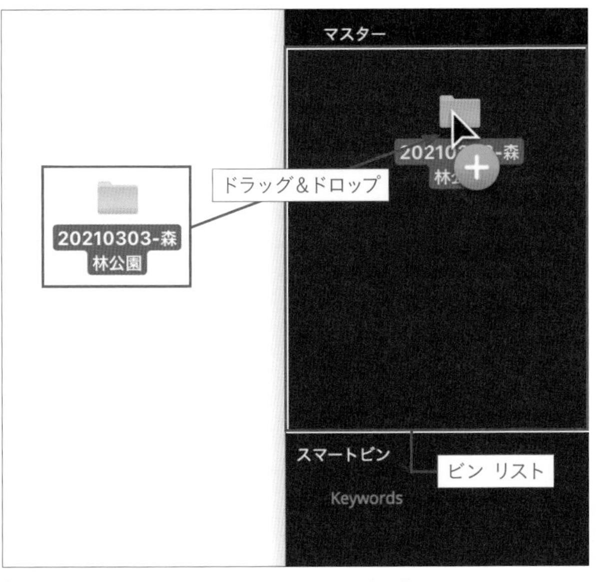

「ビン リスト」にドラッグするとフォルダーごと読み込む

補足情報:フォルダーをメディアプールにドラッグした場合

フォルダーを「ビン リスト」ではなく「メディアプール」にドラッグ&ドロップすると、フォルダー内のファイルだけが読み込まれます。

補足情報:フォルダー内にさらにフォルダーがある場合

「ビン リスト」にドラッグ&ドロップしたフォルダー内にさらに別のフォルダーがあった場合、そのフォルダーも階層を保ったままビンになります。

メディアページでメディアストレージブラウザーを使う

メディアページの左上にあるメディアストレージブラウザーを使うことで、ディスク上のファイルを自由にブラウズし、素材ファイルを選択して読み込ませることができます。その際、素材ファイルはDaVinci Resolveが対応しているものであれば読み込む前に右側のビューアで再生して内容を確認できます(動画だけでなくBGMや効果音も再生可能で画像も表示できます)。

ヒント:メディアストレージブラウザーが表示されていない場合

メディアストレージブラウザーは、初期状態では画面の左上に表示されていますが、画面左上最上部のタブで表示・非表示を切り替えられます。表示されていない場合は「メディアストレージ」タブをクリックしてください。

ヒント:読み込めるファイルかどうか確認できる

メディアストレージブラウザーで表示できるのは、DaVinci Resolveが対応している形式の素材だけです。したがって、メディアストレージブラウザーで表示できるファイルは読み込めますが、表示できないファイルは読み込めない、ということになります。

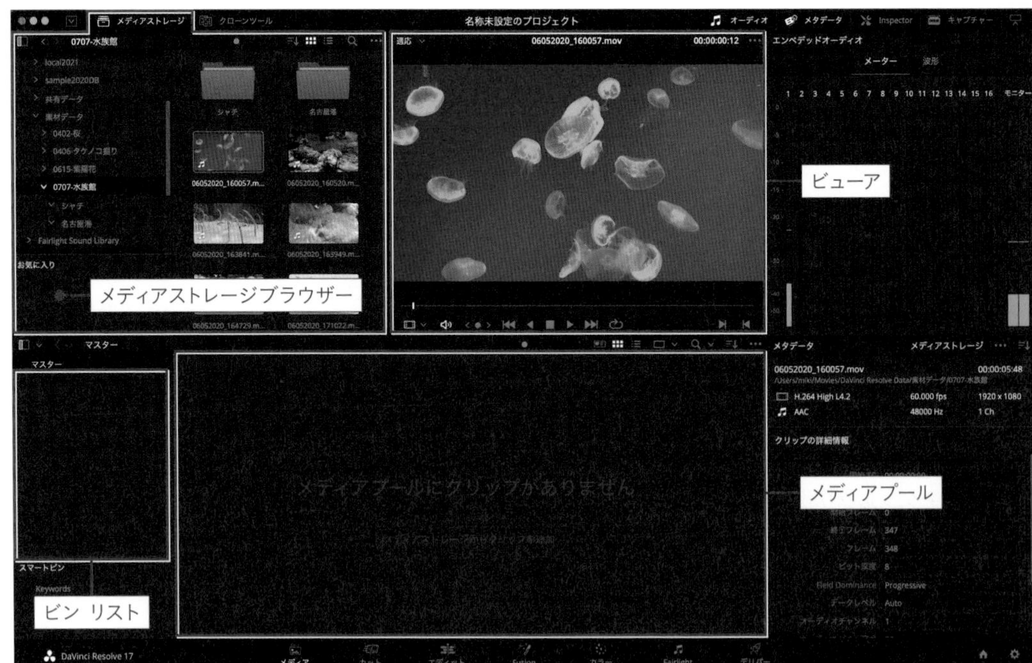

メディアページのメディアストレージブラウザー

メディアストレージブラウザーで選択した素材ファイルは、そのままメディアプールにドラッグ＆ドロップして読み込ませることができます。右クリックして「メディアプールに追加」を選んでも読み込ませることは可能です。

フォルダーをメディアプールにドラッグ＆ドロップした場合は、その内容の素材ファイルだけが読み込まれます。フォルダーごと読み込ませたい場合は「メディアプール」ではなく「ビン リスト」の方にドラッグ＆ドロップしてください。

補足情報：サブフォルダーの読み込み方を制御する方法

メディアストレージブラウザー内のフォルダーを右クリックすると、次の3項目が選択できます。サブフォルダーをどう扱いたいかによって使い分けてください。

- **フォルダーからメディアプールに追加**
  フォルダーの中にある素材ファイルだけが読み込まれます。サブフォルダーの内容は読み込まれません。
- **フォルダーとサブフォルダーからメディアプールに追加**
  サブフォルダーの内容も含めて、フォルダーの中にある素材ファイルだけがすべて同じ階層に読み込まれます。
- **フォルダーとサブフォルダーからメディアプールに追加（ビンを作成）**
  フォルダーおよびサブフォルダーは階層を保った状態で読み込まれます。各フォルダーは同名のビンになります。

コラム　Macの「写真」アプリのデータは直接メディアプールに入れられる

カメラやスマートフォンから動画を取り込む際にMacの「写真」アプリを使用しているのであれば、DaVinci Resolveに読み込ませるデータを別途保存し直す必要はありません。「写真」で読み込まれたデータは、「ピクチャ」フォルダ内の「**写真ライブラリ.photoslibrary**」の中に年月日別で保存されています。

「写真ライブラリ.photoslibrary」は一般的なファイルやフォルダではなくパッケージですので、そのままダブルクリックすると写真アプリが起動してしまいます。「写真ライブラリ.photoslibrary」の内容を見るには、右クリックして「**パッケージの内容を表示**」を選択してください。データは「Masters」フォルダの中に年月日別で保存されています（はじめに4桁の年のフォルダがあり、その中に2桁の月のフォルダ、さらにその中に2桁の日のフォルダがあります）。ここに保存されているデータは、そのまままメディアプールにドラッグして読み込ませることができます。

毎回パッケージを開くのが面倒であれば、フォルダの**エイリアス**を作成しておくと便利です。「Masters」フォルダのエイリアスは作成できませんが、その内部にある年や月のフォルダであればエイリアスが作成できます。

また、メディアページのメディアストレージブラウザーを使うと、「写真ライブラリ.photoslibrary」の内容を通常のファイルと同様に開いて閲覧することができ、それをそのまま読み込ませることもできます。

メディアプール内でのクリップの操作

メディアプール内に表示されている素材のことをクリップと言います。クリップの中にはタイムラインに配置する前の段階で修正や調整をした方がいいものがありますし、クリップの数が多い場合にはそれらを適切に分類・整理しておかなければ効率の良い編集作業ができなくなります。メディアプールはほとんどのページで利用可能ですが、ここではカットページを例にしてクリップの操作方法を解説していきます。

クリップの表示方法を切り替える

メディアプール内にあるクリップは初期状態ではサムネイルで表示されていますが、他の表示形式に変更できます。ここでは、唯一「ストリップビュー」にも対応しているカットページを例にして、クリップの表示の切り替え方について説明します。

クリップの表示形式を切り替えるには、メディアプールの右上にある次のアイコンをクリックしてください。カットページの場合は左から「Metadata View」「サムネイルビュー」「ストリップビュー」「リストビュー」の順にアイコンが並んでいます。

クリップの表示方法を切り替える4つのアイコン（見やすくするためアイコン部分を明るく加工しています）

初期状態で表示されているのが「サムネイルビュー」で、サムネイルの下にクリップ名が表示されます。サムネイルの上にマウスポインタをのせると再生ヘッド（赤い縦線）が表示され、それを左右に動かすことでサムネイルを動画として再生し内容を確認できます。

メディアプールの「サムネイルビュー」の状態

「Metadata View」ではサムネイルが比較的大きく表示され、その横にクリップ名や撮影した日時などの情報も表示されます。クリップに関するさらに詳しい情報が見たい場合は「リストビュー」に切り替えてください。

メディアプールの「Metadata View」の状態

「ストリップビュー（フィルムストリップビュー）」では、1つの動画ごとに複数のサムネイルがフィルムのように並べられて表示されます。これだけでも動画のおおまかな流れがわかるのですが、このサムネイルは「サムネイルビュー」のものと同様に、マウスポインタをのせて再生ヘッドを左右に動かすことで再生できます。また、この表示では動画の音声の波形も表示されますので、声の入っている部分などがわかりやすくなっています。

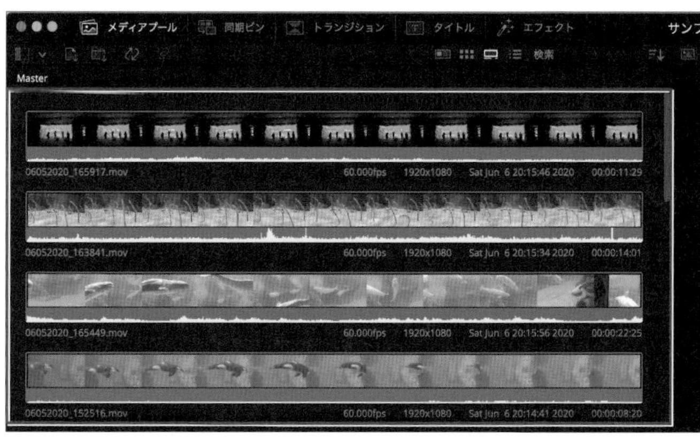

メディアプールの「ストリップビュー」の状態

補足情報：メディアプール内でイン点とアウト点も設定できる

「リストビュー」以外の状態だと、サムネイル上で再生ヘッドを左右に移動させて [I] キーと [O] キーを押すことで、イン点とアウト点が設定できます。

用語解説：イン点とアウト点

クリップまたはタイムラインにおいて、範囲を示す際に指定するのがイン点（In point）とアウト点（Out point）です。簡単に言えば、イン点は「このフレームから」を示し、アウト点は「このフレームまで」を示します。イン点とアウト点を設定する方法はいくつかありますが、再生ヘッドを該当するフレームに合わせた状態で [I] キーを押せばイン点が設定され、[O] キーを押せばアウト点が設定されるという操作は常に共通しています。
たとえば、メディアプールにあるクリップにイン点とアウト点を設定してタイムラインに配置すると、クリップ全体ではなくその範囲だけが配置されます。タイムラインにイン点とアウト点を設定すると、その範囲にぴったりと合わせてクリップを配置したり、その範囲だけを書き出したりすることができます。

「リストビュー」ではサムネイルや波形は表示されず、クリップに関する情報が文字だけで表示されます。右にスクロールすることでクリップ名（ファイル名とは別にメディアプール内での名前をつけられます）や、作成日、変更日、追加日、クリップカラーなどが確認できます。

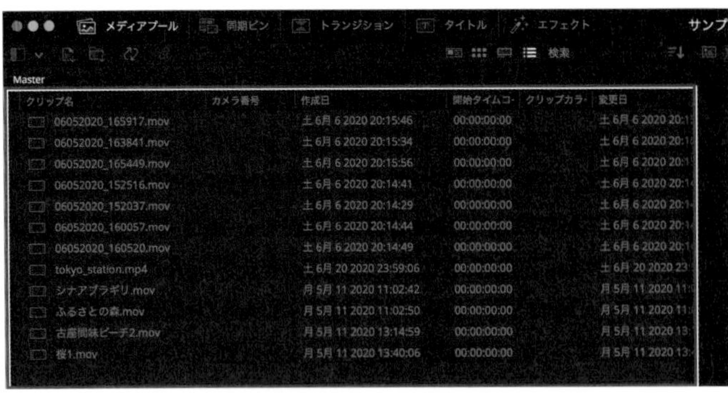

メディアプールの「リストビュー」の状態

ヒント：ダブルクリックでビューアに表示される

メディアプール内のクリップをダブルクリックすることで、クリップをビューアで再生できます。

クリップを並べ替える

メディアプール内のクリップを並べ替えるには、メディアプールの右上にある並べ替えのアイコンをクリックしてください。ここではカットページのメディアプールを例にして、並べ替えの方法を説明します。

1 並べ替えのアイコンをクリックする

メディアプールの右上にある、クリップを並べ替えるためのアイコンをクリックします。

2 表示されたメニューから項目を選択する

並べ替えのためのメニューが表示されますので、何を基準に並べ替えるのかを選択してください。昇順と降順も切り替えられます。

ヒント：カットページは並べ替えの項目が少ない

カットページのメディアプールでは9項目でしか並べ替えができませんが、他のページのメディアプールでは18項目で並べ替えができます。

クリップの情報を見る

「サムネイルビュー」の状態でクリップの情報を見るには、マウスポインタをのせると右下に表示される小さなアイコンをクリックしてください。ここではカットページの「サムネイルビュー」の場合を例にして説明します。

1 ポインタをクリップの上にのせる

マウスポインタをクリップの上にのせると、サムネイルの右下に小さなアイコンが表示されます。

2 表示されたアイコンをクリックする

そのアイコンをクリックするとクリップの情報が表示されます。

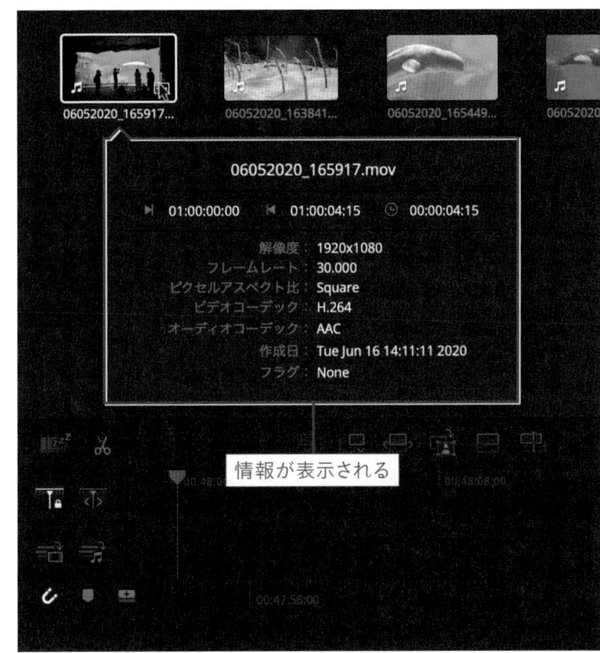

クリップを回転させる

ここで解説しているのは、メディアプール内にあるクリップを**タイムラインに配置する前の段階で回転**させておく方法です。たとえば、スマートフォンを横にして撮影したつもりだったのに、取り込んでみたら縦で保存されていた場合などに行うもので、90°単位でしか回転させられません。タイムラインに配置したクリップやテロップなどを自由な角度で回転させる方法については、第3章の「変形（拡大縮小・移動・回転・反転）」(p.125)を参照してください。

1 クリップを右クリックして「クリップ属性...」を選択する

回転させたいクリップを右クリックして、表示されるメニューから「クリップ属性...」を選択してください。

ヒント：複数のクリップをまとめて処理できる

あらかじめ複数のクリップを選択しておき、そのうちのどれかを右クリックしてこれ以降の操作をすることで、複数のクリップをまとめて回転させられます。

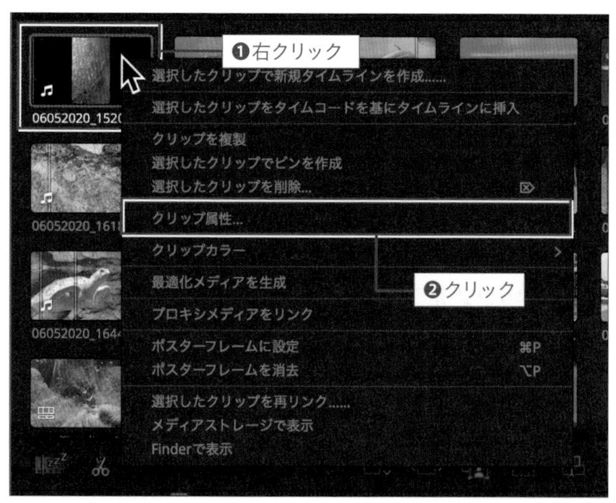

2 「イメージの向き」から回転させる角度を選択する

クリップ属性のダイアログが表示されますので、中央付近にある「イメージの向き」のメニューから回転させたい角度を選択します。

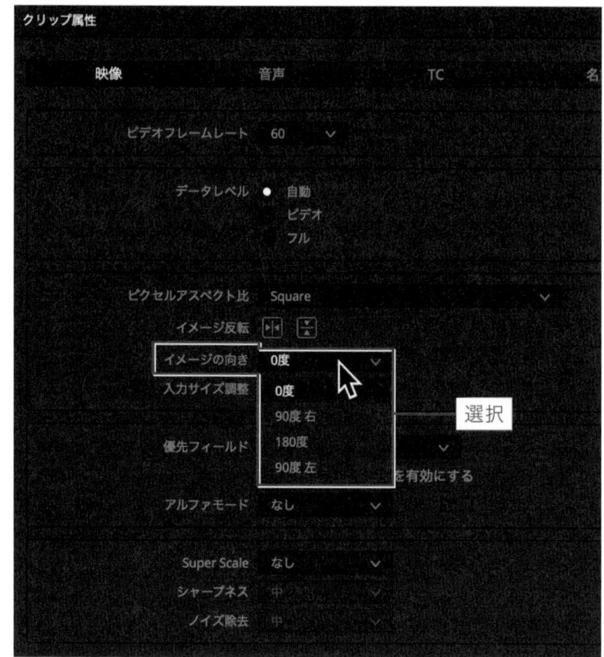

3 「OK」ボタンをクリックする

右下にある「OK」ボタンをクリックするとダイアログが閉じ、クリップが回転します。

ヒント：クリップを上下または左右に反転させるには？

ダイアログの「イメージの向き」の上には「イメージ反転」という項目があり、そのアイコンをクリックすることでクリップを反転させられます。

クリップカラーを指定する

クリップに色を割り当てることで、クリップを分類し見分けやすくすることができます。この色分けはメディアプールではそれほど目立ちませんが、タイムラインに配置したときには他のクリップと明確に区別できるようになります。

1 クリップを右クリックして「クリップカラー」を選択する

色を指定したいクリップを右クリックして、表示されるメニューから「クリップカラー」を選択してください。

ヒント：複数のクリップをまとめて処理できる

あらかじめ複数のクリップを選択しておき、そのうちのどれかを右クリックしてこれ以降の操作をすることで、複数のクリップの色をまとめて指定できます。

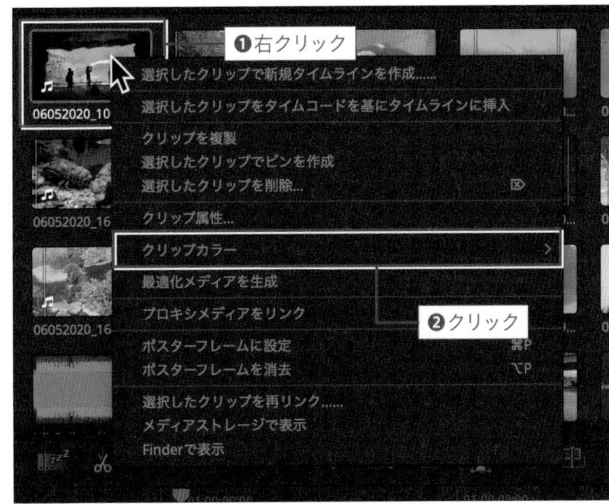

2 サブメニューから色を選択する

サブメニューが表示されますので、その中から色を選択します。
一番上の「カラーを消去」を選択すると、指定済みの色が削除されます。

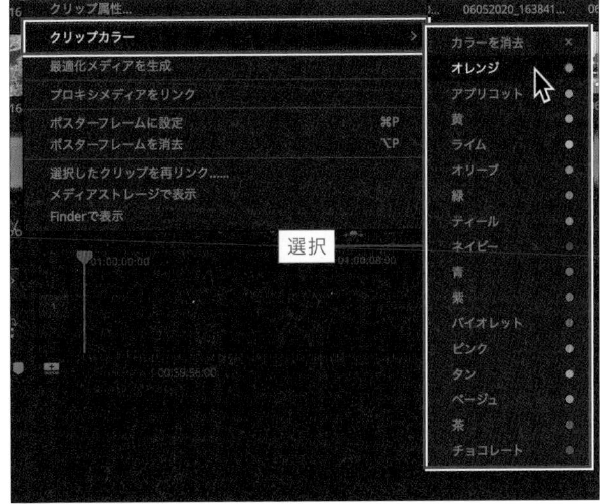

3 クリップに色がついた

メディアプール内のクリップに色が付きました。

4 タイムラインに配置しても指定した色で表示される

色の指定されたクリップをタイムラインに配置すると、右のように表示されます。カットページの上のタイムラインではクリップ全体が指定色で表示され、下のタイムラインでは音声の波形の背景全体が指定色になります。

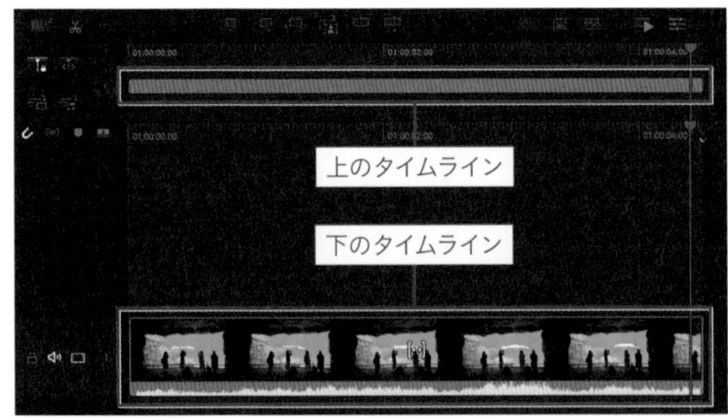

補足情報：「マーク」メニューからも色分けは可能

「マーク」メニューの「クリップカラーを設定」から色を選択して指定することも可能です。

ヒント：タイムラインのクリップも色が指定できる

タイムラインに配置したクリップも、同様に右クリックして「クリップカラー」を選択することで色が指定できます。ただし、カットページの2つのタイムラインのうち上のタイムラインでは色指定はできません。

クリップの名前をわかりやすいものに変更する

クリップには「ファイル名」のほかに「クリップ名」があり、サムネイルの下に表示されているのは「クリップ名」の方です。

初期状態では「クリップ名」は「ファイル名」と同じですが、「クリップ名」はDaVinci Resolveの内部だけで使用するものであるため、識別しやすい名前に変更できます。変更しても素材ファイルへのリンクが切れてしまうことはありません。

ヒント：クリップ名の変更は並べ替えには影響する

メディアプール内のクリップを「クリップ名」で並べている場合、クリップ名を変更すると並び順も変化します。

1 クリップ名を、間を開けて2度クリックする

メディアプール内にある名前を変更したいクリップのクリップ名を一度クリックし、少しだけ間隔をあけて再度クリックします。

2 新しい名前を入力する

クリップ名が編集可能な状態になるので、新しい名前を入力してください。

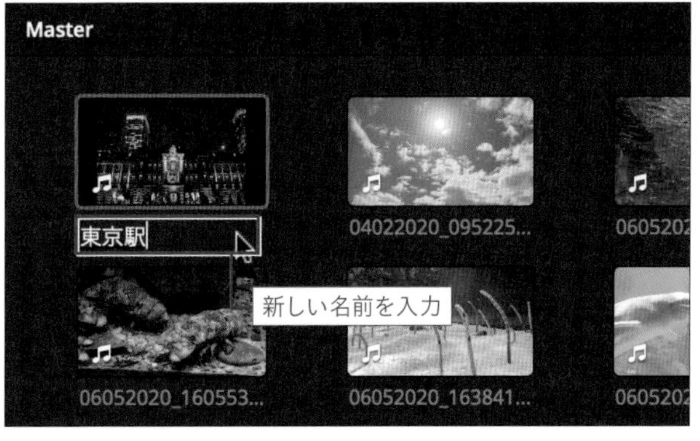

3 「enter」キーを押す

「enter」キーを押すと名前が確定されます。

補足情報:「クリップ属性」でも名前を変更可能

クリップを右クリックして「クリップ属性...」を選択し、表示されたダイアログの右上にある「名前」を選択するとテキスト入力欄が表示されて名前を変更できます。

ヒント:クリップ名ではなくファイル名を表示させるには?

「表示」メニューの「ファイル名を表示」を選択してチェックが入っている状態にすると、クリップ名ではなくファイル名が表示されます。もう一度選択してチェックをはずすとクリップ名が表示されるようになります。

クリップをインスペクタで操作する

DaVinci Resolve 17では、エディットページと同様のインスペクタがカットページでも使えるようになりました。これによって、メディアプール内にあるクリップの情報を確認したり変更できるだけでなく、拡大縮小・移動・回転・反転・音量の調整などもできるようになっています。

タイムラインに配置する前に変更したメディアプール内のクリップの属性はそのまま保持され、タイムラインに配置したときにも同じ状態を保っています。しかし、タイムラインに配置したクリップの属性をインスペクタで変更しても、メディアプール内のクリップには影響しません。

メディアプール内にあるクリップの属性をインスペクタで変更するには、次のように操作してください。

1 メディアプール内のクリップを選択する

インスペクタで属性を変更したいメディアプール内のクリップを選択します（複数可）。

2 インスペクタを開く

インスペクタが開いていなければ、画面右上のタブをクリックして開きます。

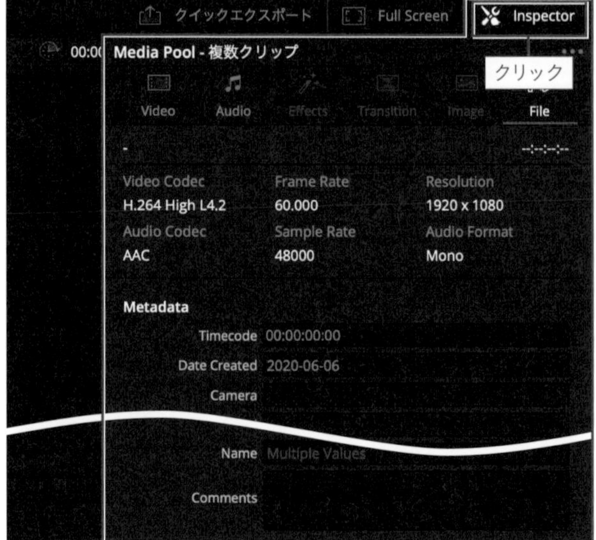

3 インスペクタの値を変更する

インスペクタのタブで表示を切り替えて、必要に応じて値を変更してください。変形やクロップ、ダイナミックズームなどの機能については、第3章で詳しく解説しています。

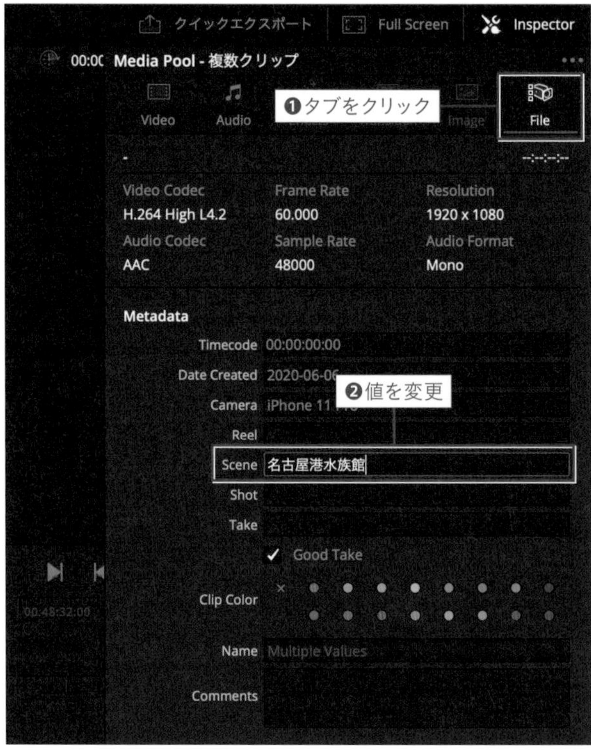

補足情報：クリップ属性とインスペクタでは「回転」の結果が異なる

スマートフォンを横にして撮影したつもりだったのに、取り込んでみたら縦で保存されていたような場合は、メディアプールのクリップを右クリックして「クリップ属性...」を選択して向きを変更してください。
インスペクタで回転を行うと、その時点で表示されているサイズのままで動画を回転させますので、動画のサイズが小さくなります（ただしそれを拡大することは可能です）。

クリップのサムネイルを自分で選ぶ

メディアプール内のクリップのサムネイルは、初期状態では動画の最初のフレームが表示されています。しかし、クリップを識別するための最適なフレームが常に最初のフレームであるとは限りません。ここでは、クリップのサムネイルを自分で選択したフレームに変更する方法を説明します。

1 ポインタをサムネイルの上にのせる

メディアプール内で、サムネイルを変更したいクリップのサムネイルの上にマウスポインタをのせます。

2 サムネイルにしたいフレームを表示させる

再生ヘッドをサムネイル上で左右に動かして手動で再生し、サムネイルにしたいフレームが表示されている状態にします。

3 右クリックして「ポスターフレームに設定」を選択する

マウスポインタを動かさずにそのまま右クリックして「ポスターフレームに設定」を選択すると、その時点で表示されているフレームがサムネイルになります。

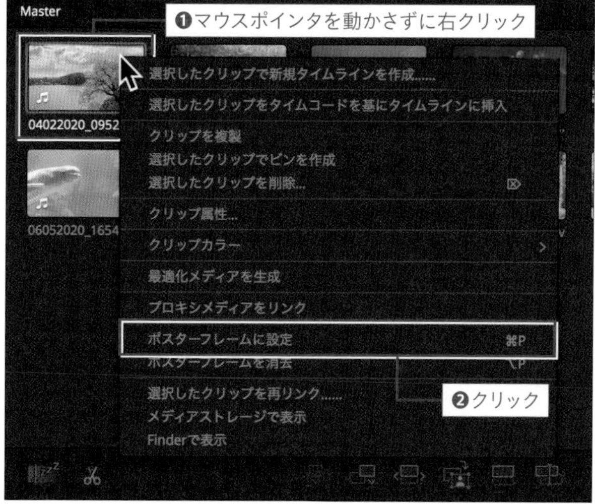

補足情報：サムネイルを元に戻すには？

クリップを右クリックして、「ポスターフレームを消去」を選択するとサムネイルは初期状態（最初のフレーム）に戻ります。

クリップを再リンクする

すでにメディアプールに読み込んだ素材ファイルの場所を移動させたりパスの一部を変更したりすると、クリップのリンクが切れて手順1の図のようにアイコンが赤くなります。元の状態に戻すには、次の手順で再リンクを行ってください。

ヒント：一時的に赤くなっているだけのこともある

素材ファイルには何も手を加えていないのに、一部のアイコンが赤くなってしまうことがあります。そのようなときは、そのまま放っておいたり、クリックしたりすることでリンクされた状態が復活することもあります。

1 再リンクのアイコンをクリックする

リンクが切れたクリップがあるとメディアプールの左上にある「再リンク」アイコンが赤くなりますので、それをクリックしてください。

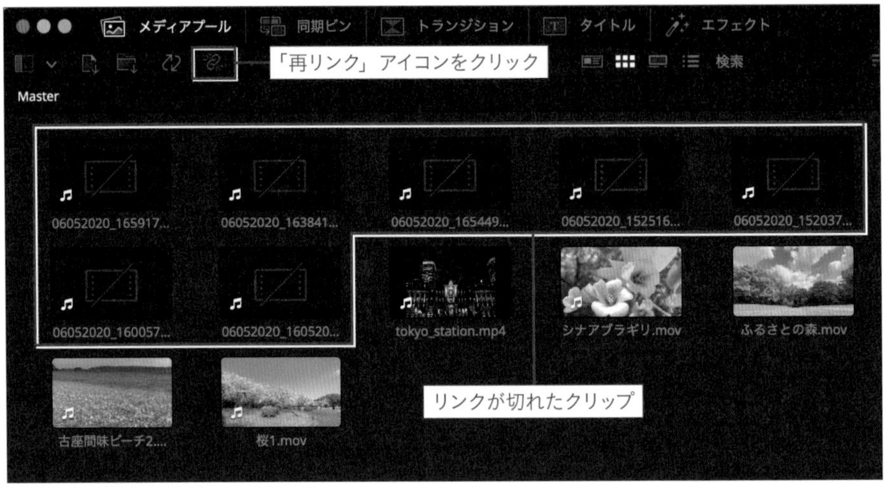

2 再リンクのダイアログの「Locate」ボタンをクリックする

再リンクのための黒いダイアログが開き、再リンクが必要となっているクリップが元あった場所が表示されます。その右側にある「Locate」ボタンをクリックします。

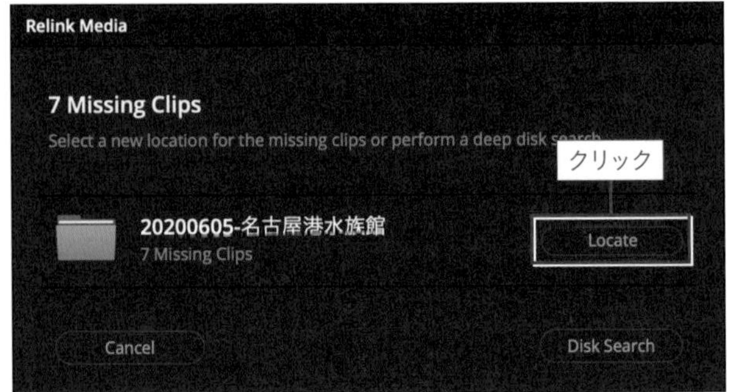

3 フォルダーを選択して「Open」ボタンをクリックする

フォルダーを選択するためのダイアログが表示されます。再リンクしたいファイルが含まれるフォルダーを選択し、「Open」をクリックしてください。

ヒント：見つからない場合は「Disk Search」ボタン

ファイルのある場所がわからない場合は、黒いダイアログの右下にある「Disk Search」ボタンを押すことでディスク内を検索できます。

補足情報：再リンクさせる別の方法

リンクが切れたクリップをメディアプール内で選択し（複数可）、そのうちのどれかを右クリックして「選択したクリップを再リンク...」を選択しても、再リンクさせることが可能です。

4 再リンクされた

クリップが再リンクされ、サムネイルが表示されます。

05 完成した動画の書き出し方

カットページやエディットページでは、クイックエクスポートという機能を使って簡単に動画を書き出すことができます。デリバーページでは、詳細な設定を行った上で、複数の書き出しを連続して行うことができます。いつも同じ設定で書き出しを行うのであれば、デリバーページでその設定をクイックエクスポートのプリセットとして登録しておくことで、いつでも簡単に同じ設定で書き出せるようになります。

クイックエクスポートで簡単に書き出す

クイックエクスポートは、6種類の書き出しのプリセット（H.264・H.265・ProRes・YouTube・Vimeo・Twitter）の中からどれか1つを選択して簡単に書き出しを行う機能です。プリセットには、自分でカスタマイズしたものを追加できます。

1 「クイックエクスポート」をクリックする

カットページの右上にある「クイックエクスポート」をクリックしてください。

ヒント：「ファイル」メニューからも選択できる

エディットページを開いている場合は、「ファイル」メニューから「クイックエクスポート...」を選択してください。

補足情報：書き出す範囲も設定できる

タイムラインにイン点とアウト点を設定しておくことで、その範囲だけを書き出すことができます。イン点を設定するには再生ヘッドをその位置に置いた状態で［I］キー、アウト点を設定するには再生ヘッドをその位置に置いた状態で［O］キーを押してください。いずれか一方だけを設定することも可能です。イン点とアウト点を削除するには、Macなら［option］キー、Windowsなら［Alt］キーを押しながら［X］キーを押してください。

2 どの形式で書き出すのかを選択する

「クイックエクスポート」のダイアログが表示されるので、どのプリセット（H.264やProResなど）を使用して書き出すのかを選択します。

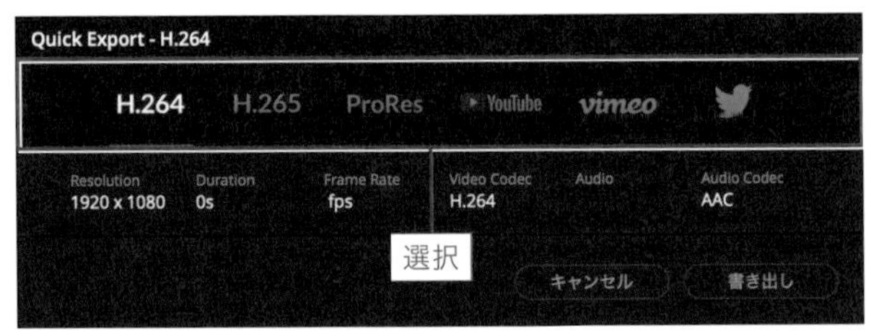

ヒント：どれを選べばいいのか わからないときは？

一般的な画質で少ない容量で書き出したければ「H.264」が適しています（「H.264」は多くのアプリやサービスで対応している形式でもあります）。その逆に容量は大きくてもかまわないので画質の良い状態で書き出したければ「ProRes」が良いでしょう。

補足情報：プリセットの「YouTube」を選択した場合

プリセットから「YouTube」を選択して書き出す際には、アカウント情報（メールアドレスやパスワード）の入力が必要となります。また、「YouTubeに直接アップロード」にチェックを入れることで直接アップロードすることも可能ですが、その際に入力できる項目の一部は日本語化されておらず、さらにYouTube Studioでは入力・設定可能なオプションの多くがここでは表示されません。アップロードする動画および関連情報を詳細に設定したい方は、直接アップロードはせずに一旦ファイルとして書き出してから、そのファイルをYouTubeのページを開いてアップロードすることをオススメします。

3 「書き出し」ボタンをクリックする

ダイアログの右下にある「書き出し」ボタンをクリックしてください。

クリック

4 ファイル名と書き出し場所を指定して「保存」ボタンをクリック

必要に応じてファイル名を変更し、書き出す場所を選択して「保存」ボタンをクリックすると書き出しが開始されます。

補足情報：プリセットを追加するには？

新しいプリセットの作成や追加は、デリバーページの左上の「レンダー設定」で行います。詳しくは次の「デリバーページで細かく設定して書き出す」を参照してください。

デリバーページで細かく設定して書き出す

デリバーページは、編集した動画を書き出すための専用ページです。このページでは書き出す動画のフォーマットや品質などを細かく設定できるだけでなく、それをプリセットとして保存することもできます。保存したプリセットをクイックエクスポートのプリセットとして登録しておけば、いつでもその設定で簡単に書き出せるようになります。

1 デリバーページを開く

画面下中央のアイコンの一番右にある「デリバー」をクリックしてデリバーページを開きます。

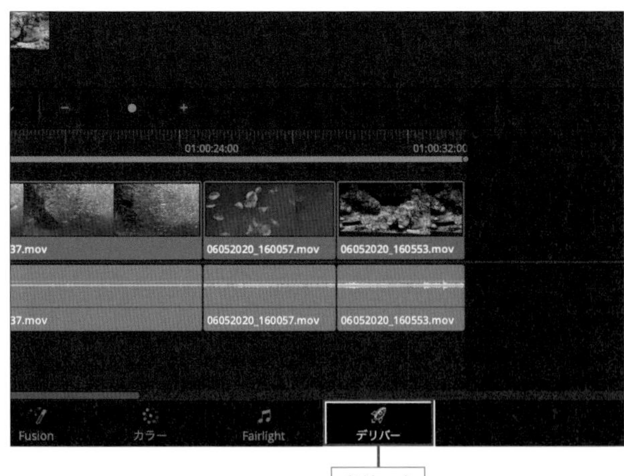

補足情報：書き出す範囲も設定できる

デリバーページのタイムラインでイン点とアウト点を設定しておくことで、その範囲だけを書き出すことができます。

2 「レンダー設定」で設定する

デリバーページの左上にある「レンダー設定」で任意のプリセットまたはカスタムを選択し、書き出す動画の設定をします。このとき、画面最上部の一番左にあるアイコンをクリックすることで、設定画面を下まで拡張できます。

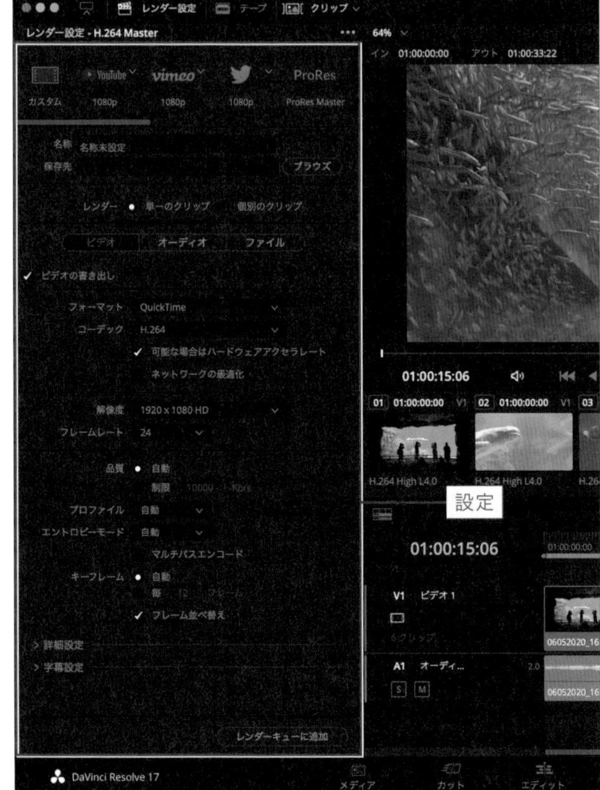

ヒント：プリセットを保存するには？

「レンダー設定」の右上にある「…」メニューから「新規プリセットとして保存」を選択することで、名前をつけてプリセットを保存できます。この操作をしなければプリセットの変更は保存されません。

ヒント：カスタムは直前に開いたプリセットと同じになる

カスタムの設定内容は、直前に開いたプリセットと同じになります。どれかのプリセットをベースにしてカスタムでプリセットを作りたい場合は、そのプリセットの画面を一度開いてから作業すると効率的です。

ヒント：自作のプリセットをクイックエクスポートに追加する方法

保存したプリセットは、「レンダー設定」の右上にある「…」メニューの「クイックエクスポート」のサブメニューとして表示されるようになります。サブメニューからクイックエクスポートに追加したいものを選択してチェックすると、クイックエクスポートの画面で表示されるようになります。

3 「レンダーキューに追加」ボタンをクリックする

設定が完了したら、「レンダー設定」の右下にある「レンダーキューに追加」ボタンをクリックします。

4 ファイル名と書き出し場所を指定して「保存」ボタンをクリック

書き出すファイル名と書き出し場所を指定するダイアログが表示されますので、必要に応じてファイル名を変更し、書き出す場所を選択して「保存」ボタンをクリックしてください。このボタンをクリックしても、右上の「レンダーキュー」という領域に追加されるだけで実際の書き出しは行われません。

5 「Render All」ボタンをクリックする

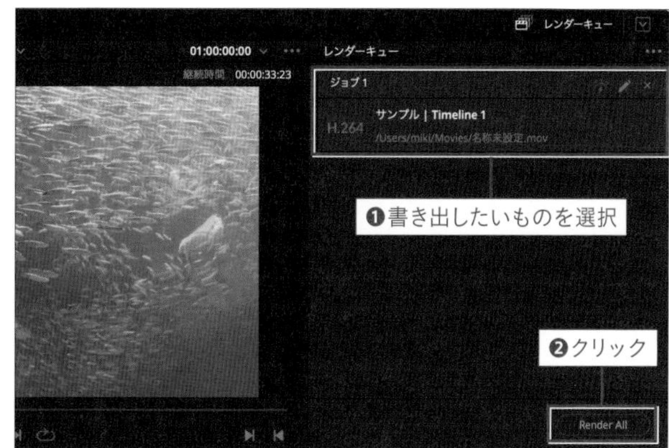

「レンダーキュー」の中から実際に書き出したいものを選択して（複数可）、「Render All」ボタンをクリックすると書き出しが開始されます。複数を選択した場合は、1つずつ順番に連続して書き出していきます。

コラム　なぜ一旦レンダーキューに入れてから書き出すのか？

DaVinci Resolveは映画の制作にも使用されるソフトウェアです。高品質で1時間半ほどある映画のデータを書き出すには相当な時間がかかります。そのような動画を設定や範囲を変えて複数書き出す必要がある場合に、1つの書き出しが終わってから次の書き出しをやっていたのでは時間のロスが発生します（たとえば深夜に書き出しが終わったら、次の書き出しまでに何時間もロスするかもしれません）。場合によっては、次の書き出しに備えて誰かが待機していなければならないこともあるでしょう。そのような事態を避けられるように、DaVinci Resolveは書き出したいものをまとめて登録しておいて、それらを（たとえば週末の休みのあいだなどに）一気に連続して書き出せる仕様になっています。

06 編集データの書き出し方と読み込み方

ここでは、別のパソコンにデータを移して編集作業を続けたい場合や、他のユーザーにプロジェクトの編集データを渡す際に利用するデータの書き出し方について説明します。素材データについては編集データと一緒に書き出すこともできますし、素材データは書き出さずに編集データだけを書き出すことも可能です。素材データと編集データを一緒にしてプロジェクトごとに個別にバックアップしておきたい場合にも使える方法です。

素材データを含んだアーカイブを書き出す

はじめに、プロジェクトの編集データと素材データをセットで書き出す方法を説明します。ノートパソコンで作業していたデータをデスクトップPCに移して作業を続けたい場合や、ほかのユーザーにプロジェクトのデータをまるごと渡したいときなどに便利な方法です。

1 プロジェクトマネージャーを開く

メイン画面の右下にある家のアイコンをクリックしてプロジェクトマネージャー開いてください。

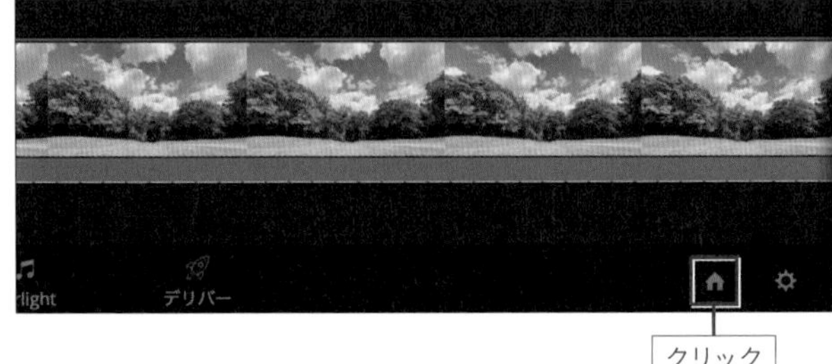

2 右クリックして「プロジェクトアーカイブの書き出し…」を選択

編集データと素材データをセットで書き出したいプロジェクトを右クリックして「プロジェクトアーカイブの書き出し…」を選択します。

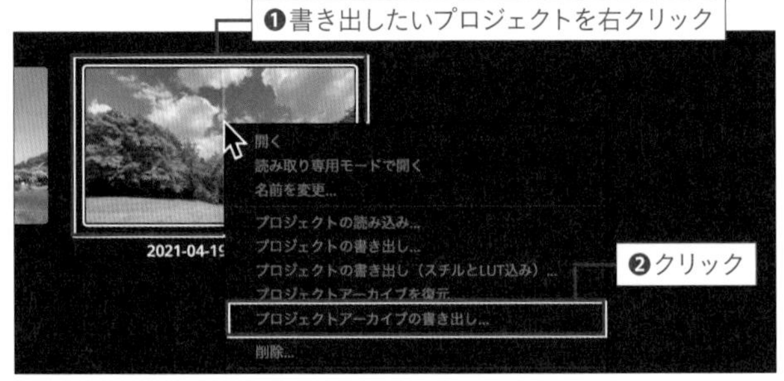

3 ファイル名と書き出し場所を指定して「保存」ボタンをクリック

保存するフォルダの名前と場所を指定するダイアログが開きます。指定が済んだら「保存」ボタンをクリックしてください。

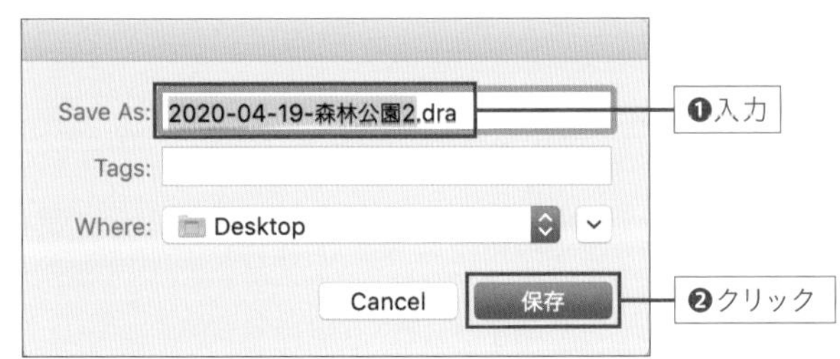

4 保存場所とオプションを確認して「OK」ボタンをクリックする

保存場所とオプションが設定可能なダイアログが開きます。メディアファイルとは素材データのことで、このチェックをはずすことはできません。レンダーキャッシュとプロキシメディアについては、書き出したいものだけチェックしてください。「OK」ボタンをクリックすると書き出しが開始されます。

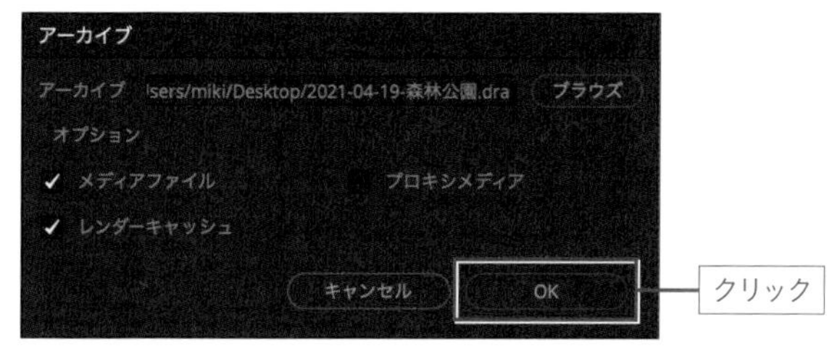

補足情報：レンダーキャッシュとプロキシメディア

これらは両方とも、編集中の再生時にカクカクせずになめらかに再生できるようにするためのファイルです。レンダーキャッシュはエフェクトなどを適用した結果をレンダリングしたもの、プロキシメディアは重い素材データを作り直して軽くしたものです。

5 「○○○.dra」という名前のフォルダが書き出される

編集データと素材データが、1つのフォルダに収められた状態で書き出されました。

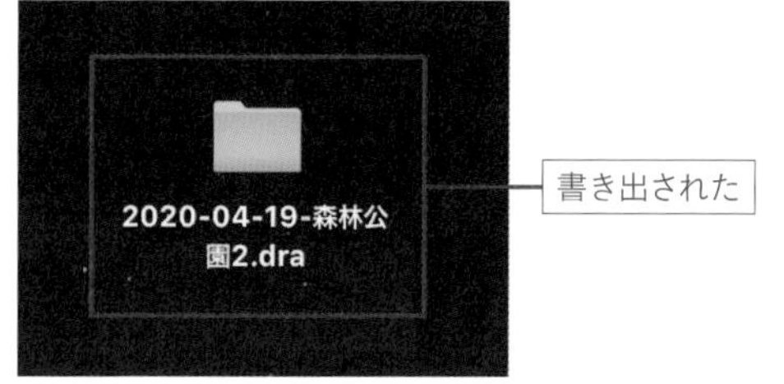

補足情報：拡張子の「dra」は何の略？

「dra」は「DaVinci Resolve Archives」の略です。

素材データを含んだアーカイブを読み込む

プロジェクトの編集データと素材データをセットにして書き出した、拡張子「.dra」のフォルダを読み込む方法について説明します。

ヒント：読み込みは「.dra」のフォルダを適切な場所に配置してから

拡張子「.dra」のフォルダには素材データが含まれています。そのため、そのフォルダをあとから移動させると再リンクが必要となりますので注意してください。

1 プロジェクトマネージャーを開く

メイン画面の右下にある家のアイコンをクリックしてプロジェクトマネージャー開いてください。

CHAPTER 1 CHAPTER 2 CHAPTER 3 CHAPTER 4 CHAPTER 5 CHAPTER 6 CHAPTER 7 APPENDIX

2 右クリックして「プロジェクトアーカイブを復元...」を選択する

プロジェクトマネージャー上の任意の場所を右クリックして「プロジェクトアーカイブを復元...」を選択します。

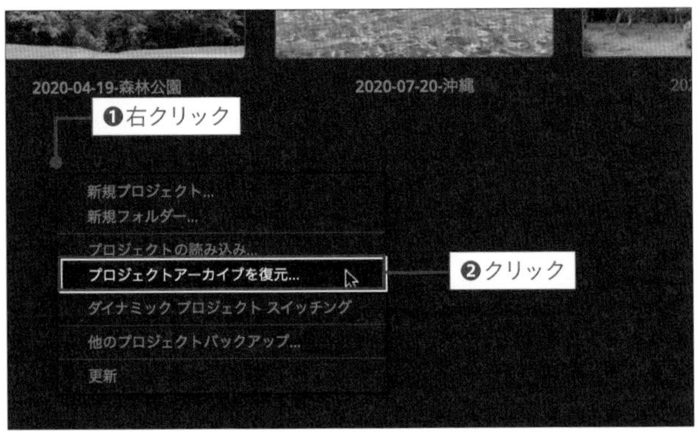

3 復元するフォルダを選択して「開く」ボタンをクリックする

復元するフォルダ（拡張子は「.dra」）を選択して「開く」ボタンをクリックしてください。

ヒント：復元するプロジェクトと同じ名前のプロジェクトが既にある場合

同じ名前のプロジェクトが存在する場合は、復元するプロジェクトの名前を変更するためのダイアログが表示され、名前を変更できます。気がついたら大事なプロジェクトを上書きしていた、ということにはなりませんので安心してください。

4 プロジェクトが復元された

プロジェクトマネージャーを開くと、プロジェクトが復元されていることがわかります。

素材データを含めずに編集データだけを書き出す

素材データは含めずに、プロジェクトの編集データだけを書き出すには次のように操作してください。

1 「ファイル」メニューから「プロジェクトの書き出し...」を選択

書き出すプロジェクトをメイン画面で開いている状態で、「ファイル」メニューから「プロジェクトの書き出し...」を選択します。

ヒント：プロジェクトマネージャーで右クリックしても選べる

プロジェクトマネージャーを開き、書き出したいプロジェクトを右クリックして「プロジェクトの書き出し...」を選択しても編集データだけを書き出せます。

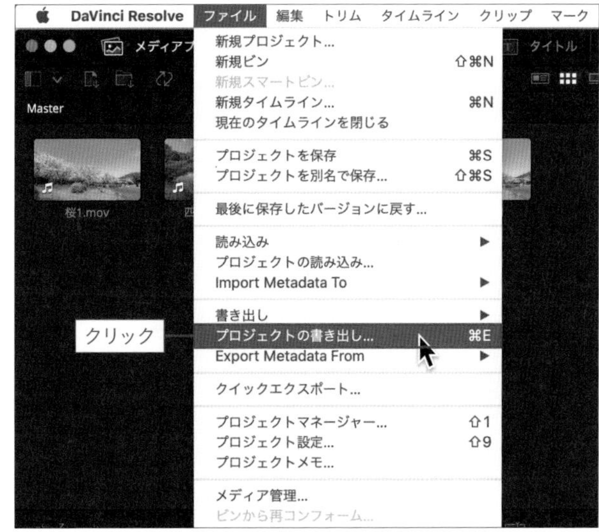

2 ファイル名と書き出し場所を指定して「保存」ボタンをクリック

保存するファイルの名前と場所を指定するダイアログが開きます。指定が済んだら「保存」ボタンをクリックしてください。

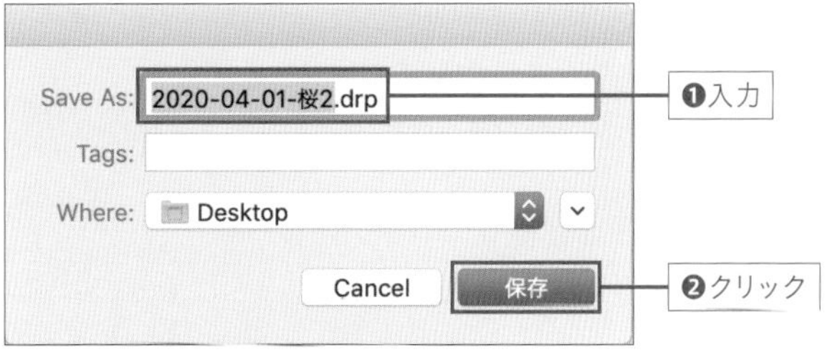

3 「○○○.drp」という名前のファイルが書き出される

拡張子が「.drp」の編集データが書き出されました。

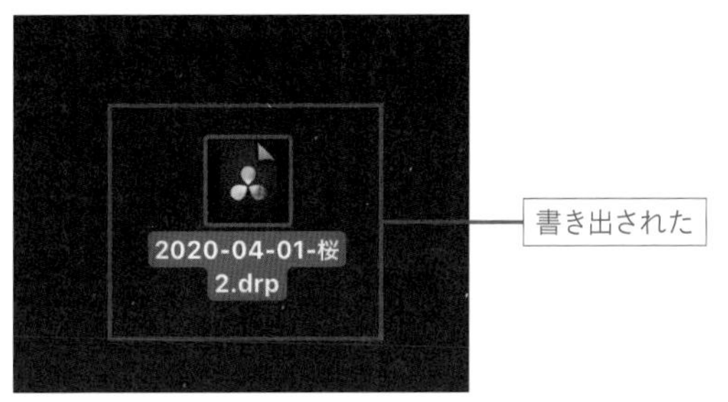

補足情報：拡張子の「drp」は何の略？

「drp」は「DaVinci Resovle Project」の略です。

素材データを含まない編集データだけを読み込む

プロジェクトの編集データのみ（拡張子「.drp」のファイル）を読み込む方法について説明します。

1 「ファイル」メニューから「プロジェクトの読み込み...」を選択

「ファイル」メニューから「プロジェクトの読み込み...」を選択します。

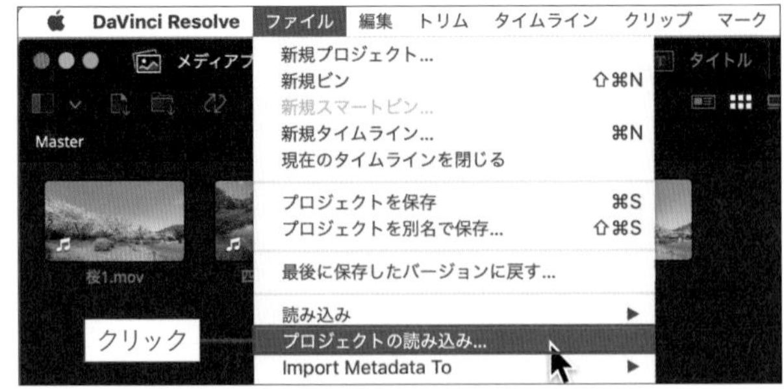

ヒント：プロジェクトマネージャーで右クリックしても選べる

プロジェクトマネージャーを開き、任意の場所を右クリックして「プロジェクトの読み込み...」を選択しても拡張子「.drp」のファイルを読み込めます。

ヒント：プロジェクトマネージャーにドラッグ&ドロップもできる

プロジェクトマネージャーを開き、書き出したファイルをそこにドラッグ&ドロップして読み込ませることもできます。この場合は次の2の工程は不要となります。

2 復元するファイルを選択して「開く」ボタンをクリックする

復元するファイル（拡張子は「.drp」）を選択して「開く」ボタンをクリックしてください。

ヒント：復元するプロジェクトと同じ名前のプロジェクトがすでにある場合

同じ名前のプロジェクトが存在する場合は、復元するプロジェクトの名前を変更するためのダイアログが表示され、名前を変更できます。気がついたら大事なプロジェクトを上書きしていた、ということにはなりませんので安心してください。

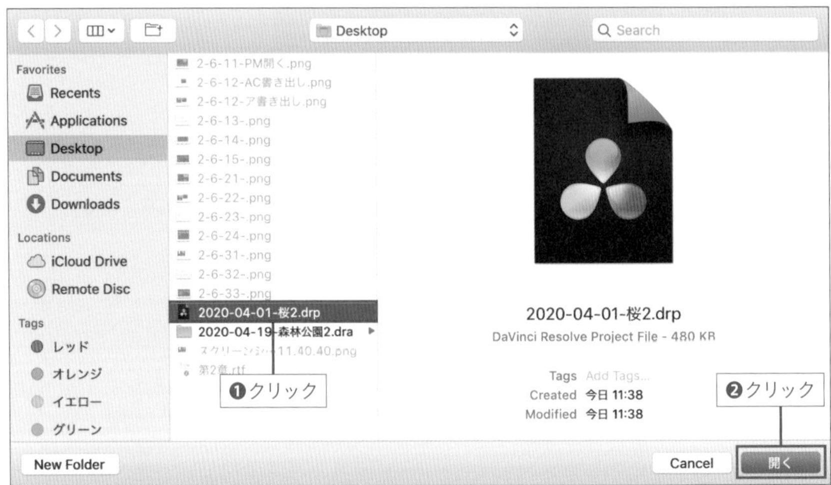

3 プロジェクトマネージャーにプロジェクトが復元された

プロジェクトマネージャーを開くと、プロジェクトが復元されていることがわかります。

コラム　DaVinci Resolveの編集データはデータベースに保存されている

一般的な動画編集ソフトの多くは、データをプロジェクト単位で保存します。たとえばプロジェクトごとにフォルダを作成したり、プロジェクトごとにファイルやパッケージを作るなどしてその中にデータを保存します。

しかしDaVinci Resolveの編集データはそうではなく、**データベースで保存・管理**されています。そのため、ユーザーが直接そのデータを操作する必要は基本的にはありません。バックアップを取る場合には、データベースのデータを直接手動でコピーするのではなく、DaVinci Resolveの中から操作することで行います。素材データに関しては、それとは別に自分でバックアップする必要があります。

編集データと素材データをまとめてプロジェクト単位で保存したい場合には、**「プロジェクトアーカイブの書き出し」**で実現できます。これによって書き出されたデータは、一般的な動画編集ソフトで保存されるプロジェクトのデータとほぼ同じようなものです。プロジェクトアーカイブとして書き出しておけば、DaVinci Resolve内でプロジェクトを消し、素材データを削除してしまっていても、プロジェクトは復元できます。

編集データのバックアップ

データの「書き出し」はバックアップ目的で行われることもありますが、主に別のパソコンで編集作業を続けたい場合や、他のユーザーにプロジェクトのデータを渡したいときなどに行う作業です。ここでは、主にデータまたはハードウェアが破損した場合や作業ミスが発生して少し前の状態に戻りたいときなどに備えて復旧用のデータを保存しておく、データの「バックアップ」のとり方について説明します。

プロジェクトのバックアップ

ここで解説しているのは、環境設定の「Live save」の下にある「Project backups」(p.043参照)にチェックを入れたときのバックアップの設定方法です。直近の1時間分の作業のバックアップを何分おきにとるかや、1時間ごとのバックアップおよび1日ごとのバックアップをどの程度残しておくかなどが設定できます。

1 「DaVinci Resolve」メニューから「環境設定...」を選択する

「DaVinci Resolve」メニューから「環境設定...」を選択して環境設定のウィンドウを開きます。

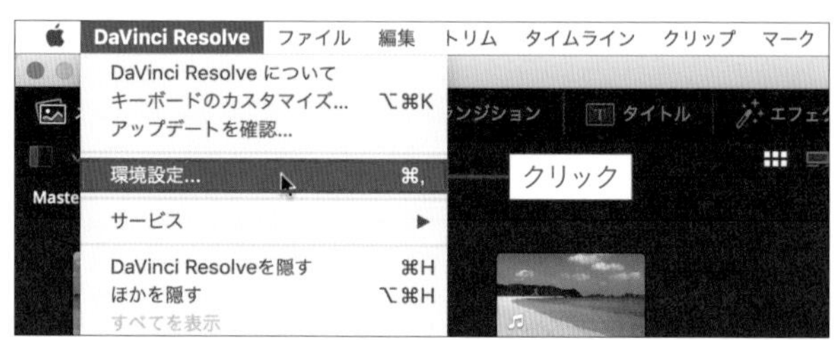

2 上部中央の「ユーザー」をクリックする

「環境設定」のウィンドウが表示されたら、画面の上の方にある「ユーザー」をクリックします。

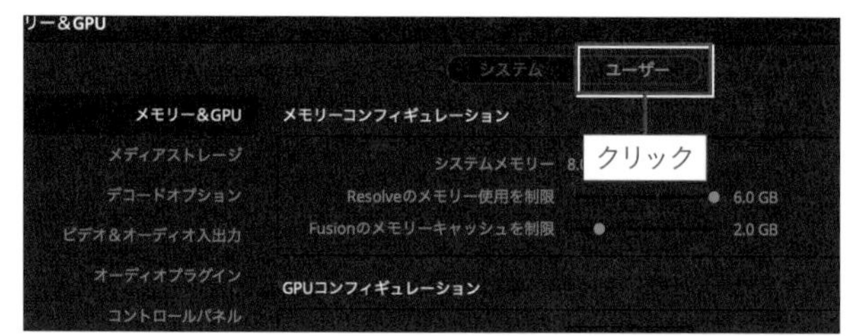

3 左側の「プロジェクトの保存とロード」をクリックする

「ユーザー」の画面に切り替わったら、左側で縦に並んでいる項目の中から「プロジェクトの保存とロード」を選択します。

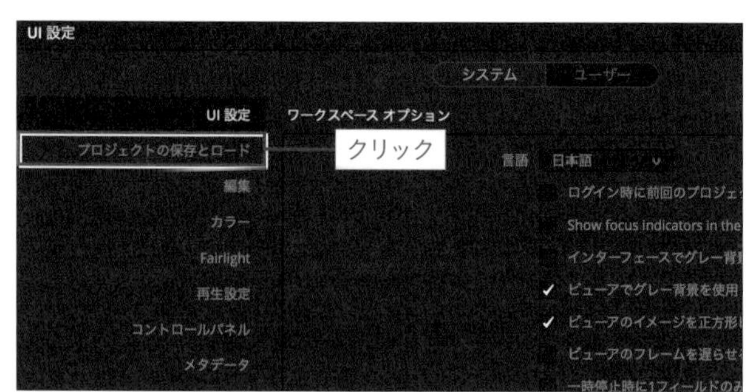

4 「Project backups」にチェックを入れる

「Project backups」という項目が表示されます。この項目をクリックして、チェックマークが表示されている状態にしてください。

5 必要に応じて「バックアップ頻度」などの項目を調整する

チェックを入れると「Project backups」という項目の下の項目が有効になり、「バックアップ頻度」をはじめとする4つの項目が入力可能になりますので必要に応じて初期値を変更してください。

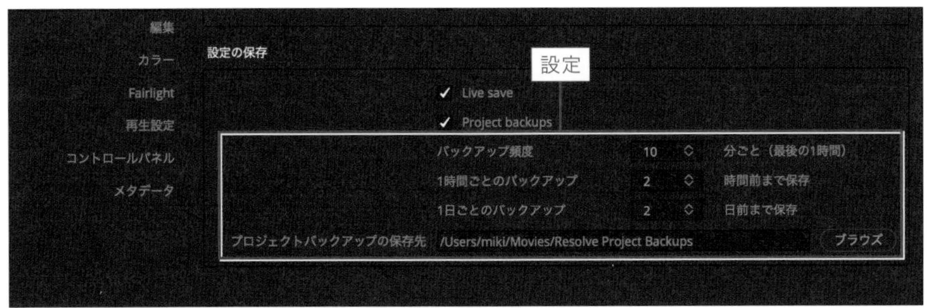

「バックアップ頻度」は、直近の1時間の作業のバックアップを何分おきにとるかの指定です。デフォルトの「10分ごと」だと1時間で6つのバックアップがとられることになります。1時間を超えると、そのバックアップは次の項目の「1時間ごとのバックアップ」として保存され、次の1時間までは分刻みの新しいバックアップがとられると、分刻みの古いバックアップが古いものから順に削除されます。
「1時間ごとのバックアップ」と「1日ごとのバックアップ」も、指定した時間と日を超えた古いバックアップは削除され、新しいバックアップで更新されていきます。

6 「保存」ボタンをクリックする

右下の「保存」ボタンをクリックすると設定が完了し、自動的にプロジェクトのバックアップがとられるようになります。

プロジェクトのバックアップの復元方法

環境設定の「Project backups」にチェックを入れることで自動的にとられるバックアップを復元するには、次のように操作してください。

1 プロジェクトマネージャーを開く

メイン画面の右下にある家のアイコンをクリックしてプロジェクトマネージャー開いてください。

2 右クリックして「プロジェクトバックアップ…」を選択する

プロジェクトマネージャー上のバックアップを復元したいプロジェクトを右クリックして「プロジェクトバックアップ…」を選択します。

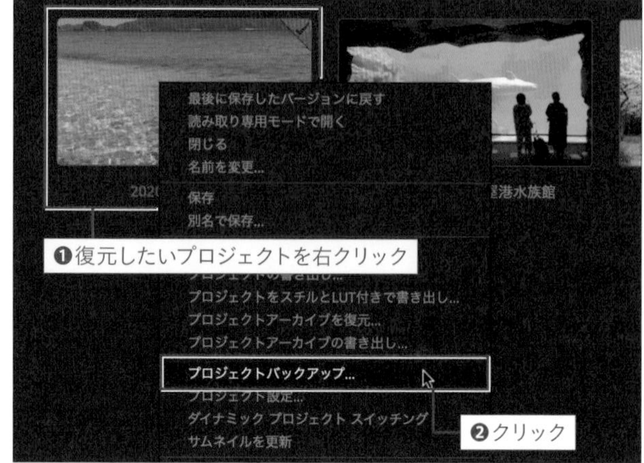

3 一覧から復元したいバックアップを選択する

これまでにとられたバックアップの一覧が表示されますので、その中から復元したいものを選択してください。

4 「ロード」ボタンをクリックする

バックアップを選択した状態で、左下の「ロード」ボタンをクリックします。

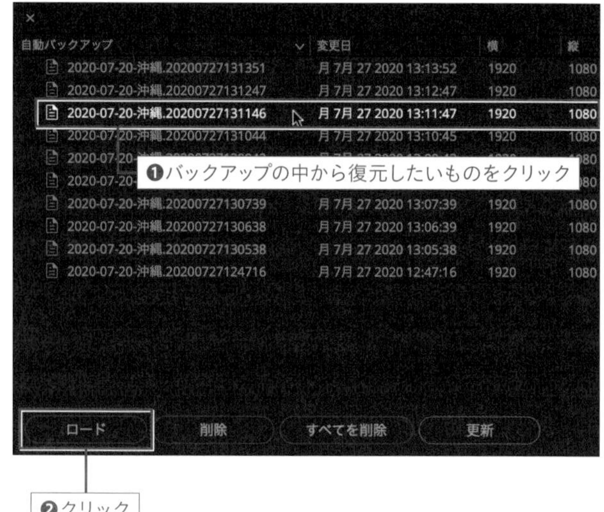

❷クリック

5 新しいプロジェクト名をつけて「OK」ボタンをクリックする

復元しようとしているプロジェクトがすでに存在する場合は、新しいプロジェクト名をつけるダイアログが表示されます。既存のものとは重複しない名前を入力したら「OK」ボタンをクリックします。

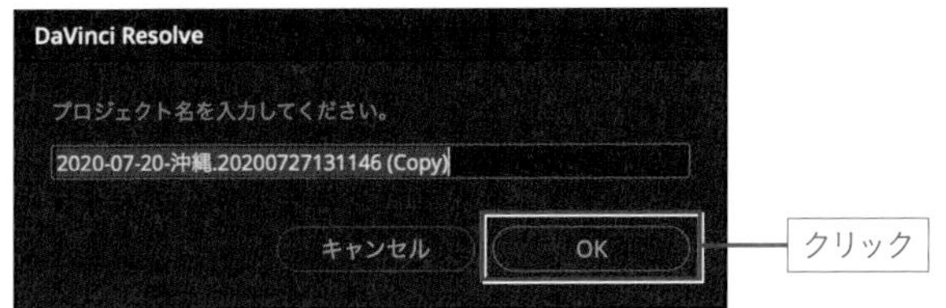

6 プロジェクトマネージャーにプロジェクトが復元された

プロジェクトマネージャーに復元されたプロジェクトが表示されます。

データベースのバックアップ

ここでは、プロジェクト単位ではなく、同じデータベースで管理されているすべてのプロジェクトの編集データをまとめてバックアップする方法を説明します。

1 プロジェクトマネージャーを開く

メイン画面の右下にある家のアイコンをクリックしてプロジェクトマネージャー開いてください。

2 左上のアイコンをクリックしてデータベース情報を表示させる

プロジェクトマネージャーの左上にあるアイコン■をクリックしてデータベース情報を表示させます。

CHAPTER 1 CHAPTER 2 CHAPTER 3 CHAPTER 4 CHAPTER 5 CHAPTER 6 CHAPTER 7 APPENDIX

3 バックアップする データベースを選択する

データベースが複数ある場合は、バックアップするデータベースを選択してください。データベースが1つしかない場合は選択された状態になっています。

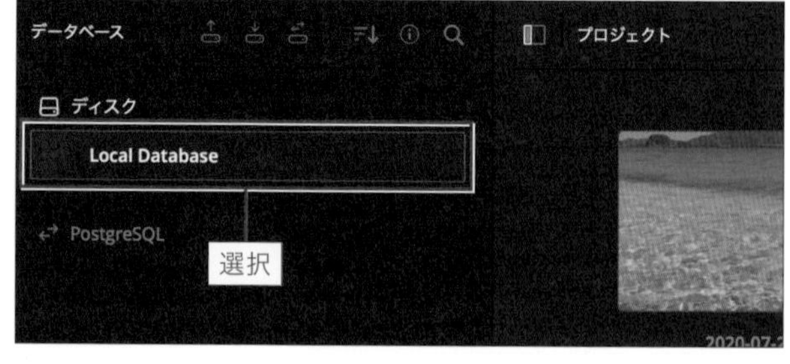

4 バックアップのアイコンを クリックする

上矢印のついたバックアップのアイコンをクリックしてください。

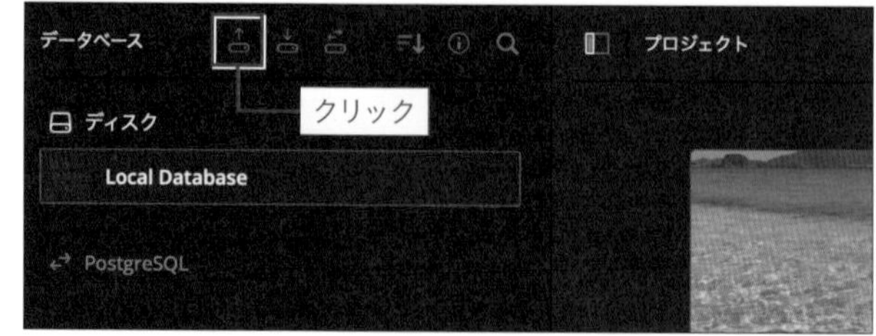

5 ファイル名と書き出し場所を指定して「保存」ボタンをクリック

保存するファイルの名前と場所を指定するダイアログが開きます。指定が済んだら「保存」ボタンをクリックしてください。

6 メッセージが表示されるので「バックアップ」ボタンをクリック

「本当にデータベースをバックアップしますか？　この操作はデータベースのサイズによって時間がかかる場合があります。」という意味のメッセージが表示されます。問題がなければ「バックアップ」ボタンをクリックしてください。

7 メッセージが表示されるので「OK」ボタンをクリックする

バックアップが正常に終了すると「データベースは正しくバックアップされました。」という意味のメッセージが表示されますので、「OK」ボタンをクリックしてください。

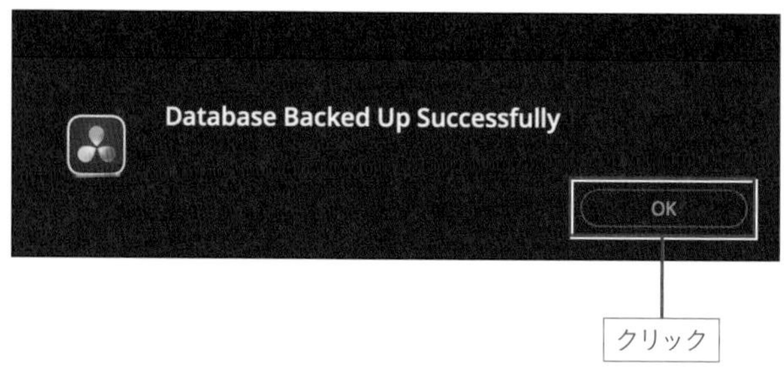

8 データベースのバックアップが保存された

拡張子が「.diskdb」のデータベースのバックアップが保存されました。

データベースのバックアップの復元方法

ここでは、バックアップされたデータベースのファイルを復元する方法について説明します。

1 プロジェクトマネージャーを開く

メイン画面の右下にある家のアイコンをクリックしてプロジェクトマネージャーを開いてください。

2 左上のアイコンをクリックしてデータベース情報を表示させる

プロジェクトマネージャーの左上にあるアイコン▮をクリックしてデータベース情報を表示させます。

3 復元のアイコンをクリックする

下向きの矢印のついた復元のアイコン⏏をクリックしてください。

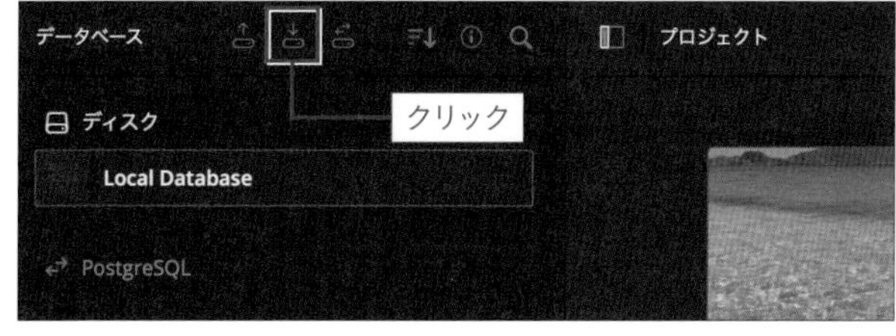

4 復元するファイルを選択して「開く」ボタンをクリックする

復元するファイルはバックアップの際に自分で指定した場所に保管されています。復元したいバックアップのファイルを選択し、「開く」ボタンをクリックしてください。

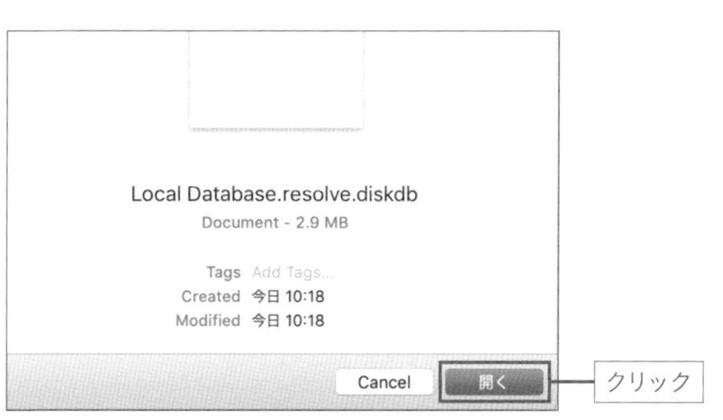

5 復元するデータを入れるデータベースを作成する

データベースを新規に作成するダイアログが表示されますので、データベースの名前と保存場所を指定してください。保存場所は「Browse」ボタンをクリックすることで選択できます。指定が済んだら「作成」ボタンをクリックします。

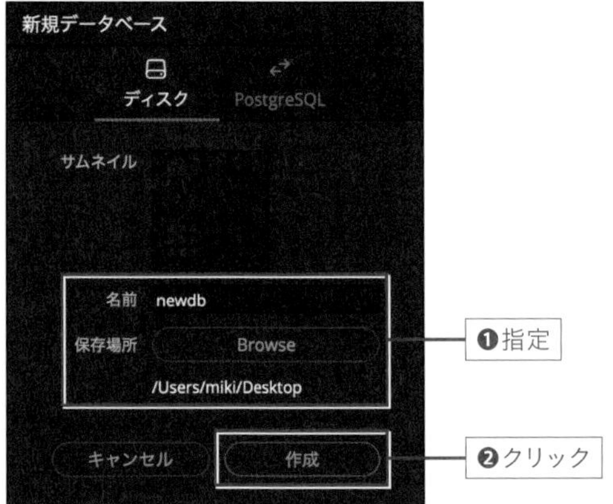

6 メッセージが表示されるので「復元」ボタンをクリックする

「データベースを復元しますか？　この操作はデータベースのサイズによって時間がかかる場合があります。」という意味のメッセージが表示されますので、「復元」ボタンをクリックしてください。

7 メッセージが表示されるので「OK」ボタンをクリックする

正常に復元が完了すると「“○○○.diskdb”からデータベース“△△△”が復元されました。」という意味のメッセージが表示されますので、「OK」ボタンをクリックしてください。

8 データベースが復元された

新しいデータベースが追加され、そこにバックアップしたデータが復元されています。

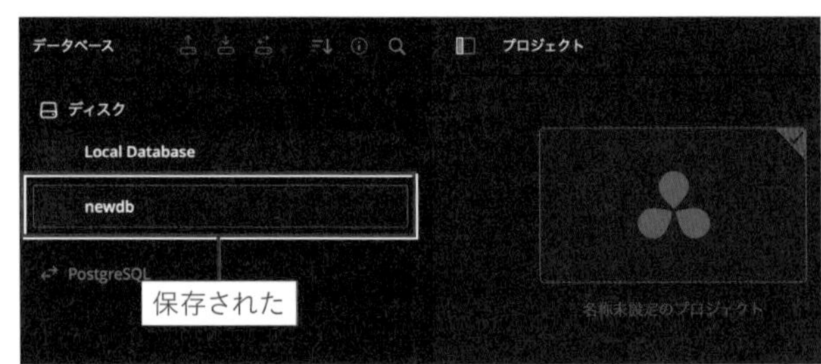

Chapter

3

カットページでの編集作業

DaVinci Resolveでの主な編集作業は、カットページまたはエディットページを中心にして行います。ここでは、短時間で効率良く編集作業を行うことのできるカットページをベースにした動画編集の基本操作について解説します。

タイムラインについて

エディットページでは、1つのタイムラインを状況に応じて横方向に伸縮させて使用します。それに対してカットページのタイムラインは2つあり、1つは常に全体が見えるように縮小され、もう1つは常に1フレーム単位の作業ができるように拡大された状態になっています。そのため、カットページではタイムラインを伸縮させる必要がなく、短い時間で効率良く編集作業を行えます。

エディットページのタイムライン

エディットページにあるタイムラインは、他の動画編集ソフトと同様の一般的なものです。1つのタイムラインがメイン画面の下半分ほどに大きく表示されており、必要に応じてその幅を伸縮させながら使用します。

エディットページのタイムライン

エディットページのタイムラインを伸縮させるには、タイムラインのすぐ上にある3つのアイコンとズームスライダーを使います。

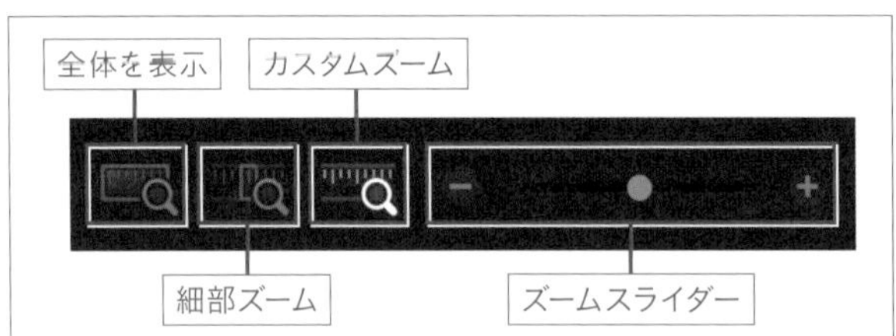

タイムラインを拡大縮小するための3つのアイコンとズームスライダー

全体を表示 (Full Extent Zoom)

タイムラインの先頭から末尾までのすべてのクリップが表示される状態に縮小します（極端に縮小していた場合は拡大されます）。[shift] キーを押しながら [Z] キーを押しても、これとほぼ同じ状態になります。もう一度同じキーを押すと、その前の状態に戻ります。

細部ズーム (Detail Zoom)

再生ヘッドが現在ある位置を中心に、1フレームごとの目盛りが表示される状態に拡大します（極端に拡大していた場合は縮小されます）。

カスタムズーム (Custom Zoom)

「全体を表示」または「細部ズーム」の状態から、右横にあるズームスライダーで設定されている状態にします。

ズームスライダー

再生ヘッドが現在ある位置を中心に、左側にドラッグすると縮小、右側にドラッグすると拡大します。ズームスライダーの左右にある「−」「＋」のアイコンをクリックしても縮小・拡大ができます。

カットページのデュアルタイムライン

カットページには上下に2つのタイムラインがあります。上のタイムラインは常に全体を表示し、下のタイムラインは常に1フレームごとの目盛りが表示される状態になっています。エディットページのタイムラインで言えば、上は常に「全体を表示」の状態、下は常に「細部ズーム」の状態、ということになります。

この2つのタイムラインがあることによって、カットページでは編集中にタイムラインを拡大縮小する作業が一切なくなるため、編集時間を大幅に短縮することが可能です。ただし限られた領域に2つのタイムラインを表示するため、エディットページのタイムラインのようにオーディオトラックの波形を大きく表示させることはできません。

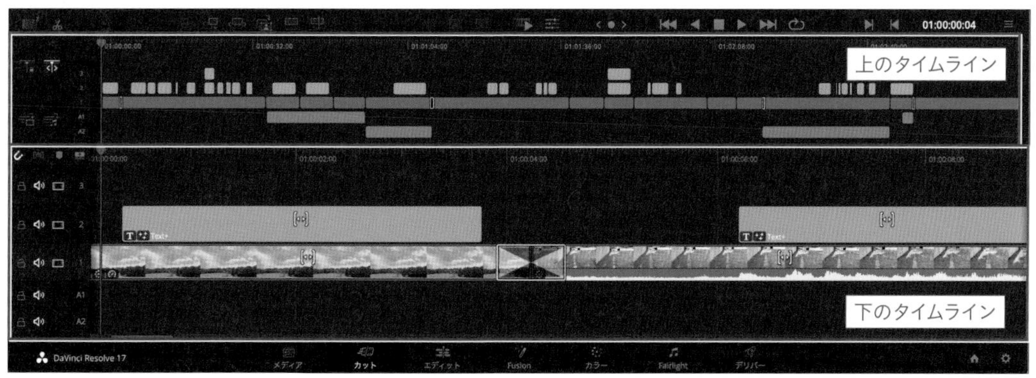

カットページにはタイムラインが2つある

タイムラインの目盛りとタイムコード

エディットページのタイムラインとカットページの上のタイムラインは、そのときの状態に合わせて目盛りの数と幅が変化します。それに対してカットページの下のタイムラインの目盛りは、常に最小が1フレームの状態で表示されます。

再生ヘッドがこの目盛りの中のどの位置にあるかを示しているのがタイムコードです。DaVinci Resolveでは、時・分・秒・フレーム数を2桁ずつにして、「00:00:00:00」という書式で表示されます。ただし、DaVinci Resolveの初期設定では、タイムコードは「01:00:00:00」から開始されるようになっている点に注意してください。そのため、タイムコードが「01:02:34:29」なら、再生ヘッドは「2分34秒29フレーム」の位置にあることになります。

タイムコードと全体の時間

コラム　なぜ開始タイムコードは「01:00:00:00」になっているのか？

ひとことで言えば、それが録画媒体としてテープを使用していた時代からの放送業会における通例だからです。理由はいくつかあるようですが、たとえばテープの回転を安定させるために数秒前から再生を開始させようとしたときに、開始位置のタイムコードが「00:00:00:00」になっていると、マイナスのタイムコードはないのでタイムコードは「23:59:57:00」のようになってしまいます。

しかし「23:59:59:29」の次に「00:00:00:00」に切り替わる動作に未対応の機器やシステムがあったことが1つの大きな理由となっているようです。また、一般に完成して納品する映像の本編の前には、カラーバーやクレジットなどを収録することも関係していると言われています。

このような理由なので、個人でYouTube用の動画を制作しているような場合には、開始タイムコードが「01:00:00:00」になっている必要はありません。開始タイムコードを「00:00:00:00」に変更するには、「DaVinci Resolve」メニューの「環境設定...」を開き、「ユーザー」タブを開いて「編集」の画面にある「Start timecode」の値を「00:00:00:00」に変更してください。

新規タイムラインの作成方法と切り替え方

カットページやエディットページではタイムラインを表示する領域が最初から確保されていますが、新規プロジェクトを作成した直後には、タイムラインのファイルはまだ作られていません。タイムラインのファイルは、メディアプール内のクリップを**タイムラインに最初に配置したときに自動的に作成され**、「Timeline 1」という名前でメディアプール内に表示されます（この名前は変更できます）。

タイムラインのファイルは、「ファイル」メニューの「**新規タイムライン...**」を選択して作成することもできます。また、メディアプール内の何もないところを右クリックして「新規タイムラインを作成...」を選択しても同様に作成できます。これらの方法でタイムラインを作成した場合には、次のようなダイアログが表示されて**開始タイムコード**や**タイムライン名**などを変更できます。また、ここで左下の「Use Project Settings」のチェックを外すことで、プロジェクト設定とは異なる**解像度**や**フレームレート**が設定できるようになります。

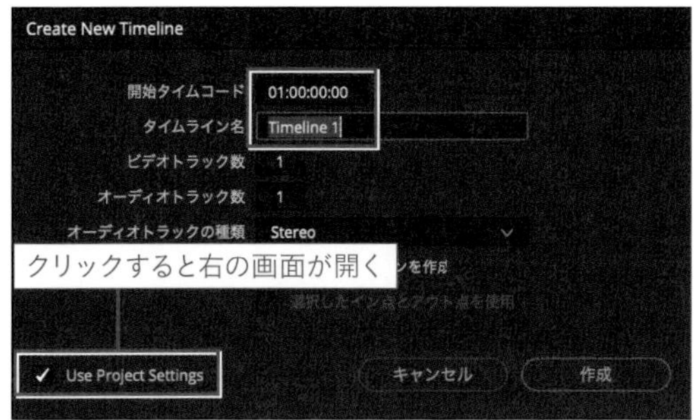

「新規タイムラインを作成...」を選択して表示されるダイアログ

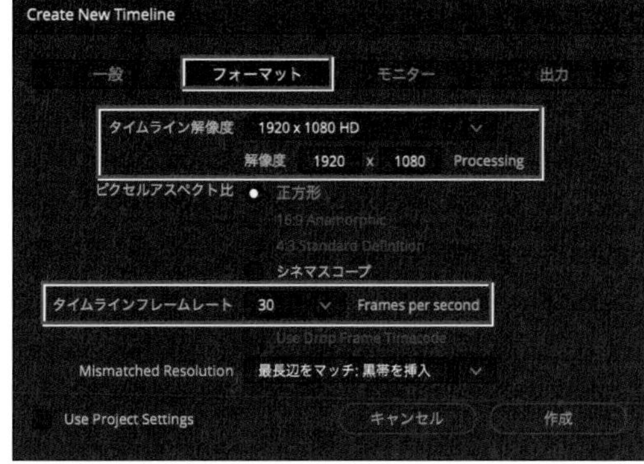

「Use Project Settings」のチェックを外して「フォーマット」タブを選択したところ

タイムラインは1つずつしか表示できませんが、1つのプロジェクト内でいくつでも作成して切り替えて使用できます。タイムラインのファイルはビン（p.045参照）の中に移動させても問題なく機能しますので、タイムライン用のビンを作成してそこにまとめて入れておくこともできます。

表示させる**タイムラインを切り替える**には、ビューアの上中央にあるメニューから表示させたいタイムラインの名前を選択してください。また、メディアプール内にあるタイムラインのファイルをダブルクリックすると、そのタイムラインに表示が切り替わります。

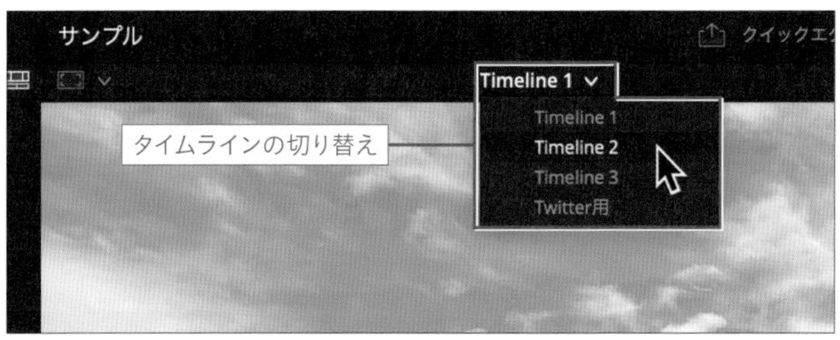

タイムラインはビューアの上中央にあるメニューで切り替えられる

ヒント：タイムラインはコピーも複製もできる

メディアプール内のタイムラインのファイルはコピー＆ペーストできます。もちろん他のプロジェクトのものでもOKです（別のプロジェクトのタイムラインをコピー＆ペーストすると、そこで使用しているすべての素材データも自動的にコピー＆ペーストされます）。また、タイムラインのファイルを選択した状態で「編集」メニューから「タイムラインを複製」を選択するか、タイムラインを右クリックして「タイムラインを複製」を選択することで複製できます。

補足情報：タイムラインのメニューでの表示順

ビューアの上中央にあるメニューでのタイムラインの表示順は、初期状態では「最近使った順」になっています。これを変更するには「DaVinci Resolve」メニューの「環境設定...」を開き、「ユーザー」タブの「UI設定」にある「Timeline sort order」で表示順を選択してください。

タイムラインのトラックとは？

タイムラインには動画のクリップを配置しますが、それに重ねてテロップを表示させたり、効果音やBGMを入れたりもします。それを可能にするために、タイムラインには複数のクリップを同時に配置できるようにするための**トラック**が追加できるようになっています。

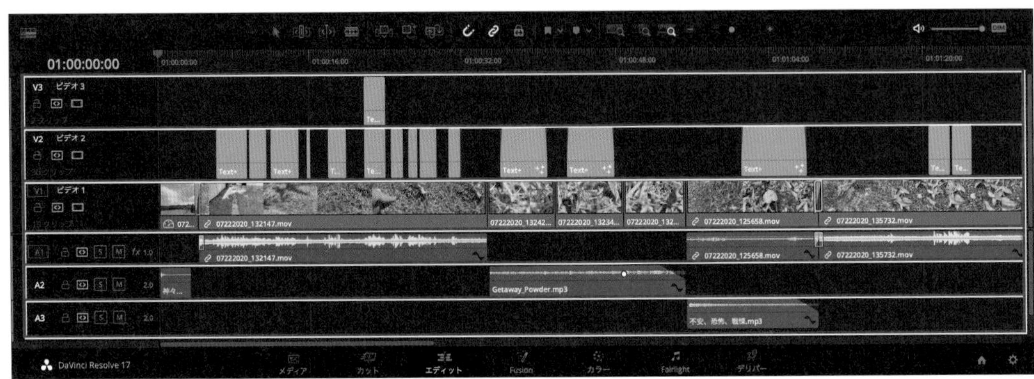

赤で囲ったそれぞれの領域がトラック

トラックは簡単に言えば、**クリップを横一列に配置できる領域**で、同時に重ねて配置したいクリップの数だけ**何層にも追加することができます**。トラックはタイムラインの上下方向の中央で大きく2つに分けられており、上側は映像・画像・テロップといった視覚的なクリップを配置するトラック（**ビデオトラック**）、下側は音声・効果音・BGMといった音データ専用のトラック（**オーディオトラック**）となっています。

ビデオトラックでは、上の層のトラックほど**上に重なった状態**で再生されます。そのため基本となる動画のクリップは通常はビデオトラック1に配置し、テロップなどはビデオトラック2以上のトラックに配置します。ただし、黒い背景に文字だけを表示させたいような場合には、テロップをビデオトラック1に配置することもできます。慣習的に、BGMはオーディオトラックの最下層に配置されることが多いようです。

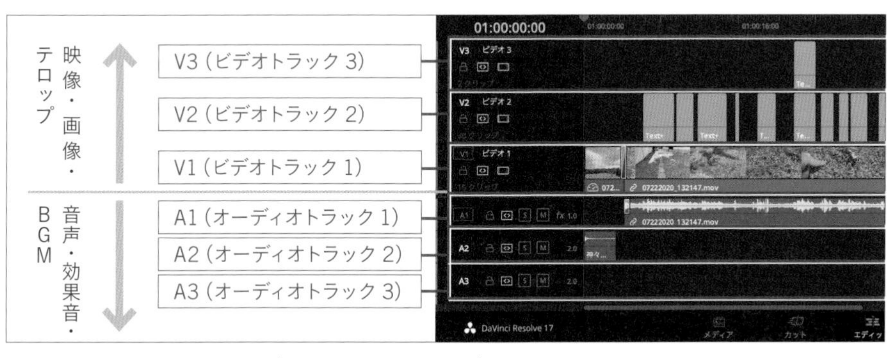

タイムラインの中央から上はビデオトラック、下はオーディオトラック

重要

カットページで動画のクリップをビデオトラックに配置すると、その動画の音声も同じビデオトラックに含まれた状態で表示されます。それに対してエディットページでは、動画のクリップをビデオトラックに配置すると、その動画の音声は独立した別のクリップとなってオーディオトラックに配置されます。つまり、同じ音声入りの動画のクリップをビデオトラックに配置した場合でも、カットページでは1つのトラックに表示され、エディットページでは2つのトラックに表示されるということです。このような仕様のため、カットページでオーディオトラック1に配置した効果音が、エディットページで見るとオーディオトラック2に配置されていた、というように見るページによってトラックにズレが生じる点にご注意ください。

カットページのビデオトラック1は常にリップルモード

トラック上のあるクリップの長さを変更した場合に、それよりも後に続くすべてのクリップも連動してその分だけ前後にずれる編集モードのことを「リップル」と言います。たとえば、あるクリップを「リップル削除」すると、トラック上の削除された範囲を埋めるように後続のクリップが前に移動します。逆に言えば、リップルでない通常の編集モードでは後続のクリップはそのままで動かない、ということになります。

DaVinci Resolveのトラックは、どのページにおいても意図的にリップルにする操作をしなければリップルのモードにはなりません。つまり、普通に編集していると、基本的に後続のクリップは移動しないということです。

しかしビデオトラック1は通常、動画の元となる映像のクリップを配置するトラックとして使用されるため、特別な場合を除いてクリップとクリップのあいだを空けることはありません。そこで作業効率を重視するカットページにおいては、動画のベースとなるビデオトラック1だけは常にリップルのモードになっています。

クリップをタイムラインに配置する

ここでは、カット編集を効率的に行うことのできるカットページにおいてクリップをタイムラインに配置するさまざまな方法について説明します。クリップの前後の不要な部分をカットする作業（トリミング）は、タイムラインに配置する前にでも後にでも行えます。配置前にイン点とアウト点を指定しておくことで、クリップのその範囲だけをタイムラインに配置できます。

配置前にイン点とアウト点を指定する

メディアプール内のクリップは、ダブルクリックすることでビューアで再生できます。これによって、タイムラインに配置する前にクリップの内容を再生して確認できます。タイムラインでなんらかの操作をすると、ビューアの表示は自動的にタイムラインの再生ヘッドの位置にあるフレームの映像に切り替わります。

メディアプールのクリップをビューアで表示させている状態で［I］キーを押すと、ビューアの再生ヘッドの位置にイン点が設定され、［O］キーを押すとアウト点が設定されます。イン点とアウト点を設定しておくことで、その範囲の映像だけがタイムラインに配置されるようになります。イン点とアウト点を設定していない場合は、クリップ全体がタイムラインに配置されます。

ヒント：イン点とアウト点は再生中でも停止中でも設定できる

［I］キーと［O］キーは、クリップを再生しながら押すこともできますし、再生の停止中に押すこともできます。また、イン点またはアウト点の一方だけを設定することも可能です（設定されていない側はクリップの端までとなります）。

イン点とアウト点は、ビューアのジョグバーの両端にあるインハンドルとアウトハンドルを左右にドラッグして設定することもできます。

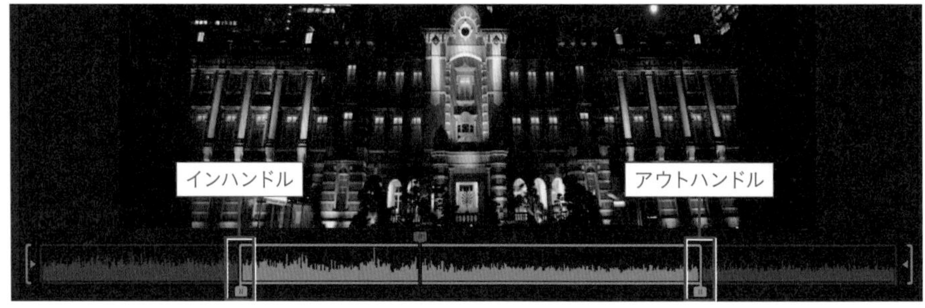

イン点とアウト点を示すインハンドルとアウトハンドル

ドラッグして配置する

メディアプール内のクリップは、ドラッグ＆ドロップの操作でタイムラインに配置できます。配置先がカットページのビデオトラック1である場合は、ドラッグ＆ドロップでクリップの前後や間に挿入できます。また、メディアプール内のクリップをビューアで表示している場合は、ビューアの映像をそのままタイムラインにドラッグすることもできます。

ヒント：上下のどちらのタイムラインにも配置できる

カットページの場合、2つあるタイムラインのどちらにでもドラッグ＆ドロップできます。

ヒント：複数のクリップをまとめて配置できる

メディアプール内で複数のクリップを選択しておくことで、それらをまとめてタイムラインに配置できます。

クリップの置き換え

タイムラインにすでに配置してあるクリップとドラッグ中のクリップを単純に置き換えるには、ドラッグ中のクリップを置き換えたいクリップの上にドロップしてください。このとき、置き換えたいクリップの上でドロップせずにいると、少し時間をおいて次に説明する「上書き」のモードに切り替わります。カットページのビデオトラック1の場合は、置き換えたクリップの長さに応じて後続のクリップは全体的に前後に移動します。

クリップの上書き

クリップをドラッグして、タイムライン上のクリップの上でドロップせずに少し待つことで、タイムライン上のクリップを上書きできます。ここでいう「クリップの上書き」とは、タイムラインにあるクリップの位置はそのままで、ポインタの位置からドラッグ中のクリップの長さの範囲だけタイムライン上のクリップを置き換える動作を指します。上書きは、タイムライン上のクリップの切れ目に関係なく、どこででも行うことができます。上書きのモードに切り替わると、置き換えられる範囲に枠と背景（サムネイル）が表示されますので、上書きされる範囲を確認の上、ドロップしてください。

配置ボタンで配置する

カットページのメディアプールの下部にはタイムラインにクリップを配置するためのボタンが6つあり、それぞれ次のような機能を持っています。

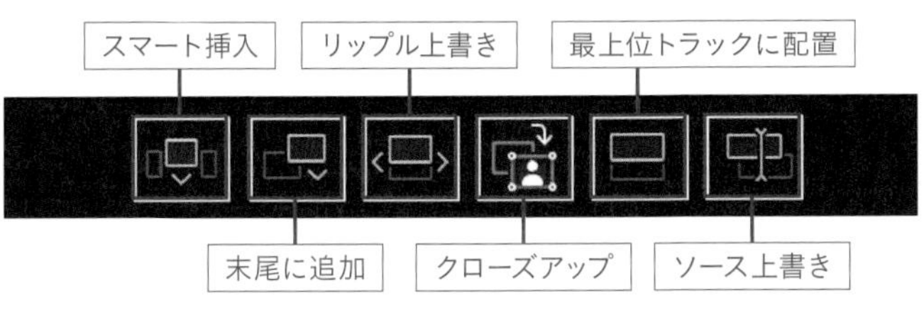

クリップを選択し、ボタンを押すことでタイムラインに配置できる（見やすくするためアイコンを明るく加工しています）

ヒント:複数のクリップをまとめて配置できる

メディアプール内で複数のクリップを選択しておくことで、それらをまとめてタイムラインに配置できます。

用語解説:編集点

タイムラインに配置されている各クリップの左端および右端の位置を編集点と言います。クリップが隣接している場合は、その間が編集点となります。

スマート挿入

メディアプールで選択中のクリップを、ビデオトラック1の再生ヘッドにもっとも近い編集点に挿入します。編集点よりも右側にあったクリップは、挿入したクリップの長さの分だけ右に移動します。

末尾に追加

選択中のクリップを、ビデオトラック1の末尾に追加します。

リップル上書き

メディアプールで選択中のクリップを、ビデオトラック1の再生ヘッドのある位置のクリップと置き換えます。このとき、置き換えたクリップの長さに応じて、後続のクリップは前または後ろに移動します。

クローズアップ

このボタンは、メディアプールの中のクリップとは関係なく、すでにタイムラインに配置してあるクリップが数秒間クローズアップした状態になるクリップを自動生成するためのものです。新しいクリップは、元の映像と同期した状態で、1つ上のトラックに追加されます(元のクリップはそのままの状態で残ります)。このとき、顔が自動検出され位置や拡大率も調整されますので、一瞬の表情の変化などを強調したい場合などに使うと便利です。

新しいクリップはタイムラインの再生ヘッドの位置から5秒間分作られます。ただし、再生ヘッドの位置からクリップの終わりまでの長さが5秒間に満たない場合は、クリップの終わりまでの長さとなります。追加されるクリップの拡大率は映像によって異なりますが、おおむね150%前後になるようです。生成されたクリップの長さや拡大率などは自由に変更できます。

最上位トラックに配置

メディアプールで選択中のクリップを、最上位のトラックの再生ヘッドの位置に配置します。ここで言う「最上位」とは、たとえばビデオトラックが5つある場合は常にトラック5に配置されるという意味ではなく、再生ヘッドの位置ではトラック1とトラック2しか使われていなければトラック3に配置されるという意味です。つまり、再生ヘッドの位置で使用されているどのトラックよりも上のトラックに配置される、ということです。

ソース上書き

メディアプールで選択中のクリップを、タイムラインの再生ヘッドの置かれているクリップのタイムコードと同期させて最上位のトラックに配置します。この機能は、タイムコードを同期させた複数のカメラで撮影した素材を使用するときにのみ有効となります。

映像または音声だけを配置する

メディアプールにあるクリップをタイムラインに配置する際に、上のタイムラインの左横にある次のボタンを押して赤くしておくことで、音声入りのビデオクリップの映像または音声のどちらかだけを配置できます。

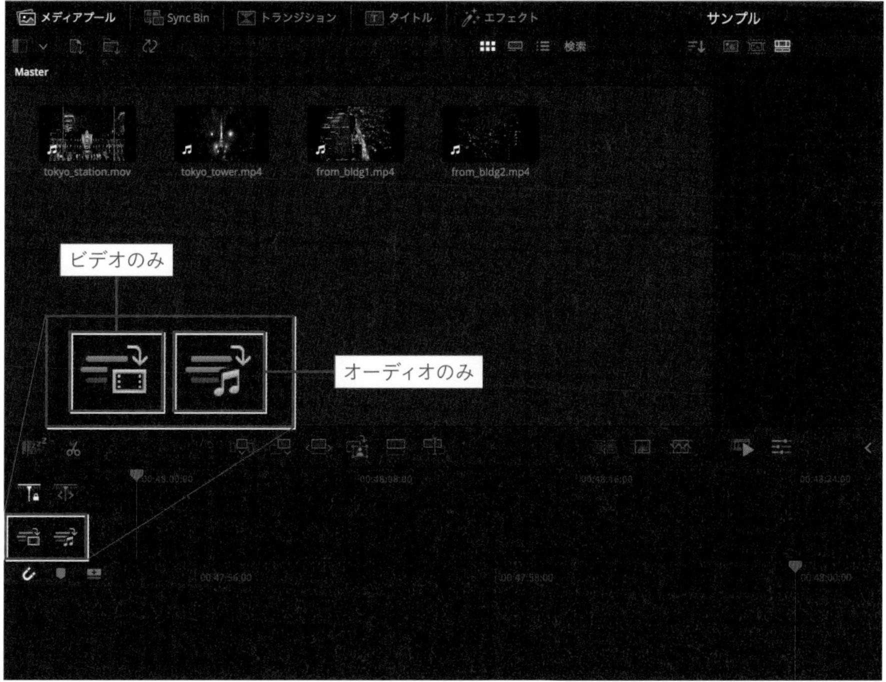

「ビデオのみ」ボタンと「オーディオのみ」ボタン（見やすくするためアイコン部分を明るく加工しています）

ヒント：配置できるクリップが限定される点に注意！

「ビデオのみ」のボタンを赤くすると、タイムラインにオーディオクリップを配置できなくなります。同様に、「オーディオのみ」のボタンを赤くすると、音声の入っていないビデオクリップは配置できなくなります。

CHAPTER 1 CHAPTER 2 CHAPTER 3 CHAPTER 4 CHAPTER 5 CHAPTER 6 CHAPTER 7 APPENDIX

タイムラインでのトラックの操作

タイムラインはトラックで構成されており、クリップはトラックの内部に配置します。ここではトラック単位での様々な操作の方法について解説します。トラックは、その全体を表示されないようにしたり、音が出ないようにしたり、変更できないようにロックすることなどができます。また、トラックを多く使用する場合は、色を変更することで他のトラックと簡単に見分けられるようになります。

トラックヘッダーのアイコンの意味と役割

カットページの各トラックの左側（トラックヘッダー）には、トラックを制御するための3つのボタンがあります。これらはそれぞれ以下のような機能を持ち、状態によってアイコンの色や形が変化します。

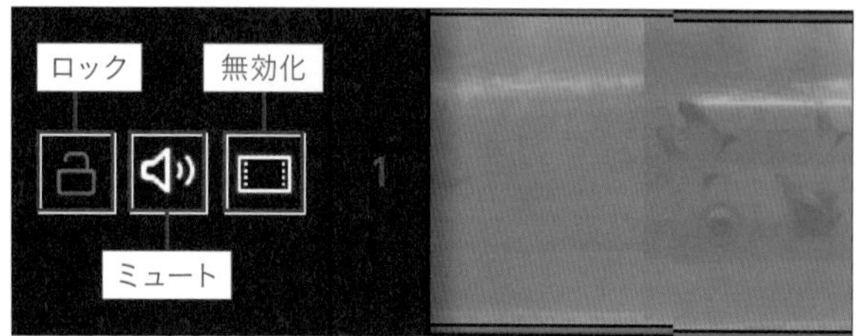

各トラックを制御するための3つのボタン

ロック

変更可

変更不可

「トラックをロック」ボタンを押すと、そのトラックは「変更不可」の状態になり、アイコンの線はグレーから白に変わります。もう一度押すと「変更可」の状態になり、アイコンの線はグレーに戻ります。

他のトラックのクリップを分割する際に一緒に分割されないようにしたい場合や、他のトラックのクリップを移動する際に一緒に移動してしまわないようにしたい場合などに使用します。

ミュート

音を出す

音を消す

「トラックをミュート」ボタンを押すと、そのトラックの音は再生されなくなり、アイコンの線は白から赤に変わります（同時にアイコンのスピーカーの右側が「×」になります）。もう一度押すと音が再生される状態になり、アイコンの線は白に戻ります。このボタンを押しても映像には影響しません。

無効化

映像を表示

映像を非表示

「トラックを無効化」ボタンを押すと、そのトラックの映像・画像・テロップなどは表示されなくなり、アイコンの線は白から赤に変わります（同時にアイコンの上に「／」が表示されます）。もう一度押すと映像などが表示される状態になり、アイコンの線は白に戻ります。このボタンを押しても音声には影響しません。

新規トラックの追加方法

タイムラインにトラックを追加するには、次のいずれかの操作を行ってください。

トラックのない領域にドラッグ＆ドロップ

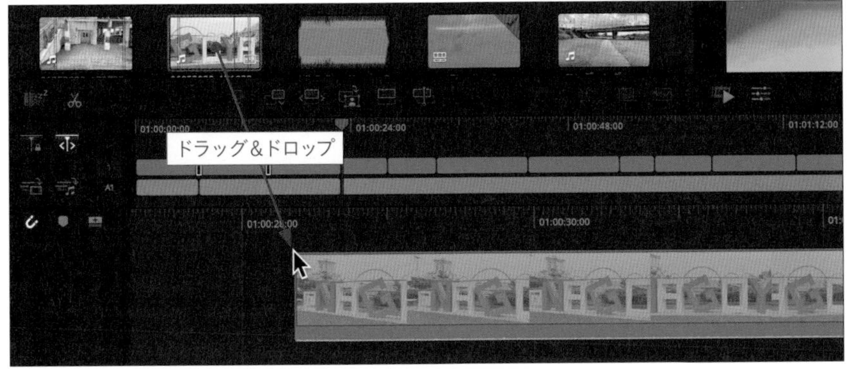

メディアプール内にあるクリップを、タイムラインの最上位のトラックにあるクリップの上に（オーディオトラックの場合は下に）ドラッグ＆ドロップすると、トラックが自動的に追加されます。この操作は上下のタイムラインのどちらでもできます。

また、タイムラインに配置済みのクリップを、最上位のトラックにあるクリップの上に（オーディオトラックの場合は下に）ドラッグ＆ドロップで移動させてもトラックが自動的に追加されます。

「トラックを追加」ボタンをクリック

トラックヘッダーにある「トラックを追加」ボタンをクリックすると、ビデオトラックが追加されます。

右クリックして「トラックを追加」を選択

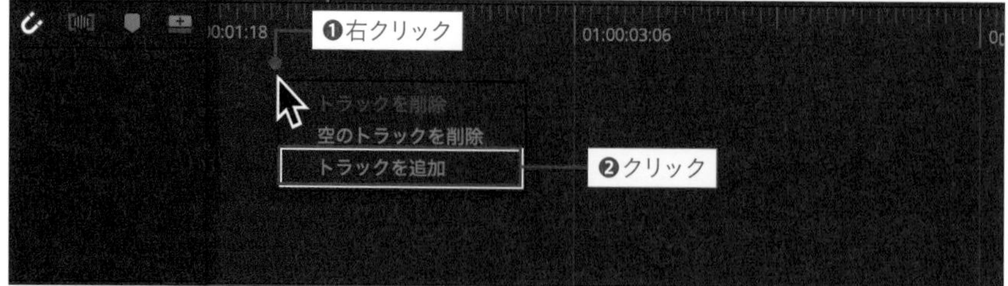

下のタイムラインのクリップのない部分を右クリック

下のタイムラインのクリップのない部分を右クリックして「トラックを追加」を選択するとトラックが追加されます。このときビデオトラックの領域であればビデオトラック、オーディオトラックの領域であればオーディオトラックが追加されます、また、ビデオトラックのヘッダー部分を右クリックすると「Videoトラックを追加」という項目があり、それを選択することでビデオトラックを追加できます。同様に、オーディオトラックのヘッダー部分を右クリックして「Audioトラックを追加」を選択することでオーディオトラックを追加できます。

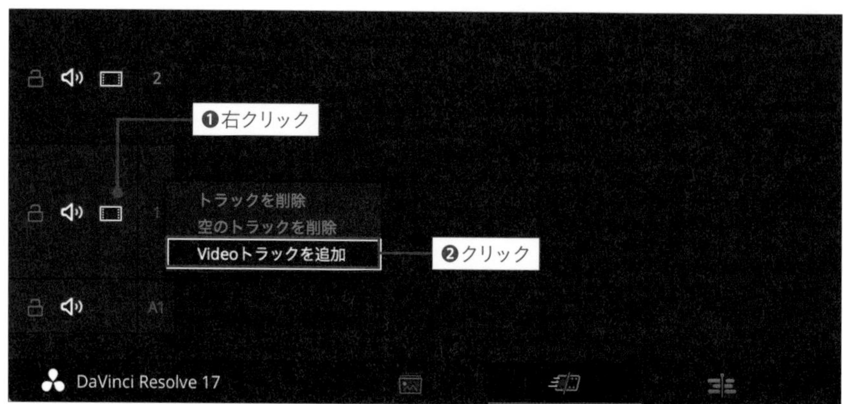

ビデオトラックのヘッダー部分で右クリック

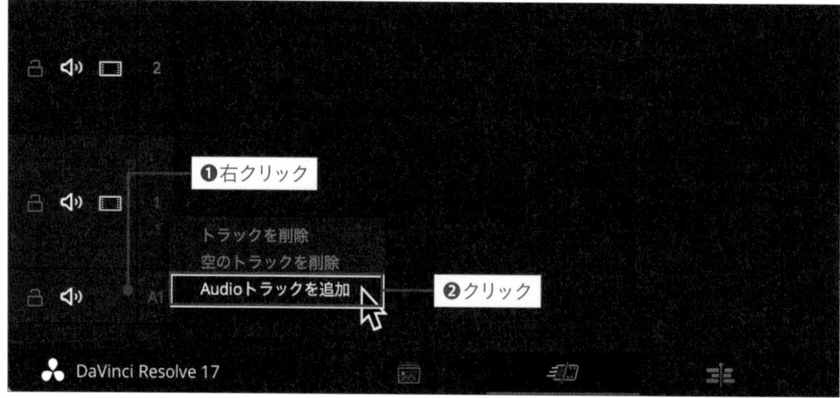

オーディオトラックのヘッダー部分で右クリック

トラックの削除

下のタイムラインのトラックの領域内で、クリップのない部分（トラックヘッダーなど）を右クリックして「トラックを削除」を選択すると、そのトラックは配置されているクリップごと削除されます。

> **ヒント：空のトラックをまとめて全部削除するには？**
>
> 下のタイムラインのクリップのない部分を右クリックして「空のトラックを削除」を選択すると、空のトラックがすべて削除されます。

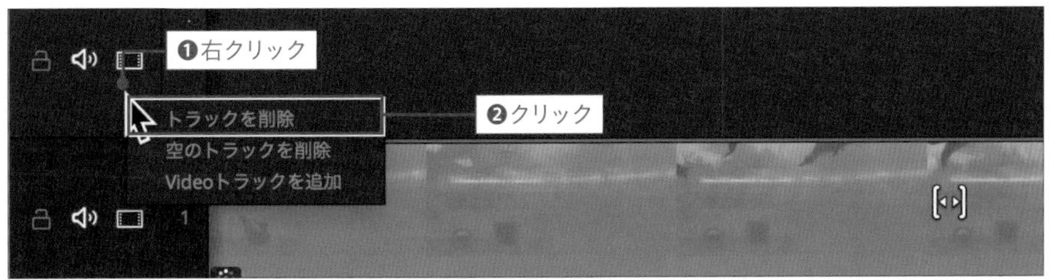

下のタイムラインのトラックの領域内で、クリップのない部分（トラックヘッダーなど）を右クリック

トラックカラーを指定する

エディットページまたはFairlightページでトラックヘッダーを右クリックし、「トラックカラーを変更」を選択することでトラックの色を変更できます。この操作はカットページではできませんが、他のページでトラックカラーを変更するとカットページでもその色で表示されます。

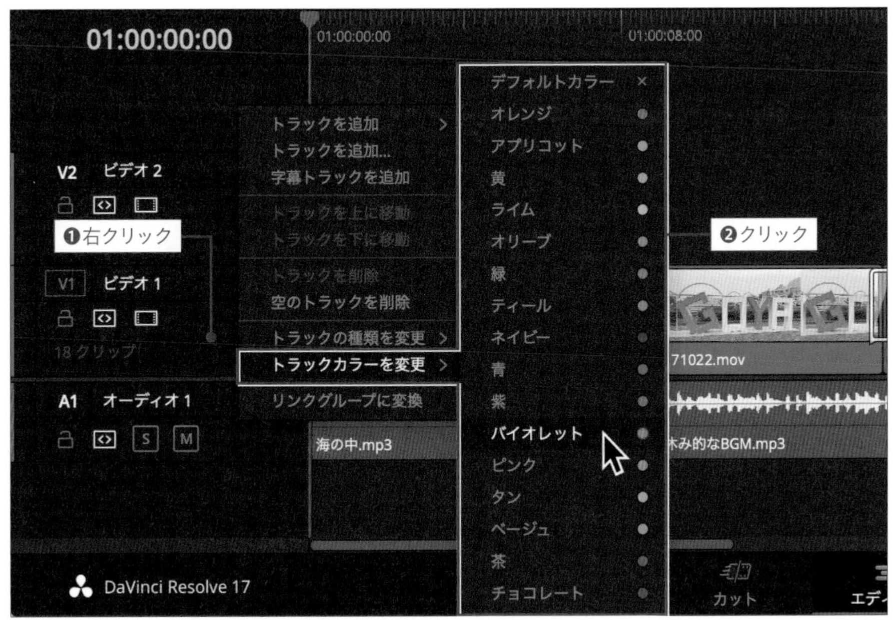

エディットページまたはFairlightページでトラックヘッダーを右クリック

タイムラインでのクリップの操作

ここでは、動画の編集作業の中心となるカット編集において必須の各種操作方法について解説します。どの操作も基礎的で簡単なものばかりですが、何通りもあるやり方の中から自分に合った操作方法を見つけておくだけで作業効率は大幅にアップします。特に、便利なキーボードショートカットについては、必要なものをしっかりと覚えておきましょう。

クリップのトリミング

クリップの前後の不要な部分を取り去る作業のことをトリミング（トリム）と言います。DaVinci Resolveは非破壊編集を行っているため、一度短くしたクリップを後からまた長くする（元に戻す）こともできます。

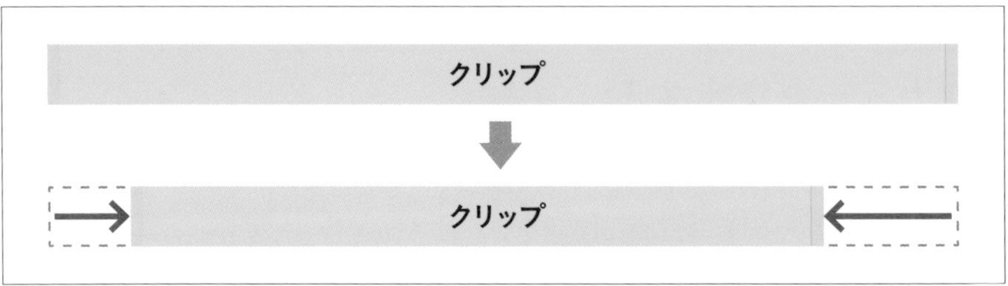

マウスポインタをタイムラインにあるクリップの左端または右端に近い部分に移動させると、次のような形状に変化します。この状態で左右にドラッグすることでクリップをトリミングすることができます。

トリミングが可能な状態であることを示すポインタの形状

カットページでは、上下のタイムラインのどちらでも同様に操作できます。ドラッグしている最中には、元のクリップ長さ（端）をあらわす白い枠線が表示されます。ビデオトラック1をトリミングした場合は、後続のクリップはそれに合わせて前後に移動（リップル）します。

ヒント：1フレームずつトリミングするショートカット

マウスポインタが上のように変化した状態でクリックまたはドラッグの操作をすると、トリミングが可能となっているクリップの端に緑色の縦線が表示されます。その状態で「,」キーを押すと1フレーム分左側に、「.」キーを押すと1フレーム分右側にトリミングできます。

クリップのロール

左右に隣接している2つのクリップの、左のクリップの開始フレームと右のクリップの終了フレームはそのまま固定して、**左右のクリップの境界位置だけをずらすように移動させる操作をロールと言います**。このとき、一方のクリップを長くするともう一方はその分だけ短くなるように動作しますので、2つのクリップの合計の再生時間は変化しません。

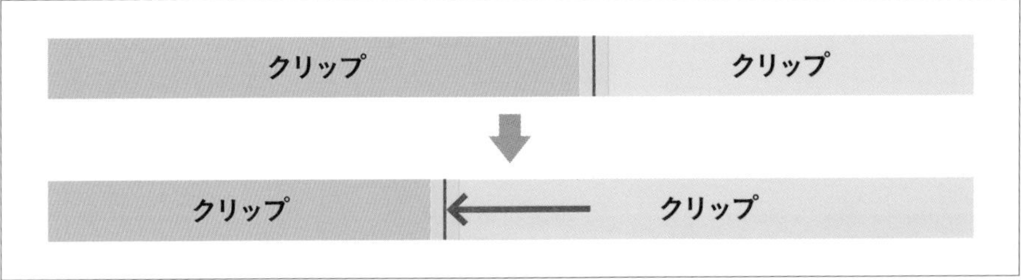

マウスポインタをタイムラインにある2つのクリップの境界付近に移動させると、次のような形状に変化します。この状態で左右にドラッグすることでクリップをロールすることができます。

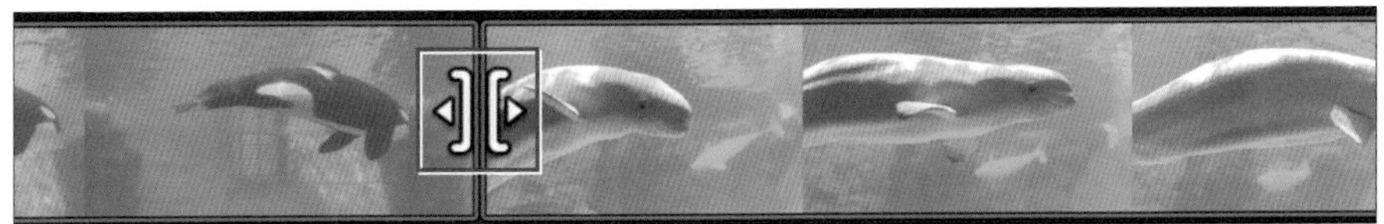

ロールが可能な状態であることを示すポインタの形状

ロールとは具体的に言えば、接しているクリップのうち**一方をトリミングして短くする**と同時に、もう一方をトリミングされた状態から**復活させて長くする**操作です。そのため、接しているクリップの最低でも一方がトリミング済みでなければこの操作は行えません。操作中には、白い枠線が表示されて境界の移動可能な範囲がわかるようになっています。カットページでは、上下のタイムラインのどちらでも同様に操作できます。

クリップのスリップ

クリップのタイムラインでの再生時間は変更することなく、**使用する部分をずらして変更する操作をスリップと言います**。この操作は、左右がトリミング済みのクリップでのみ行うことができます。

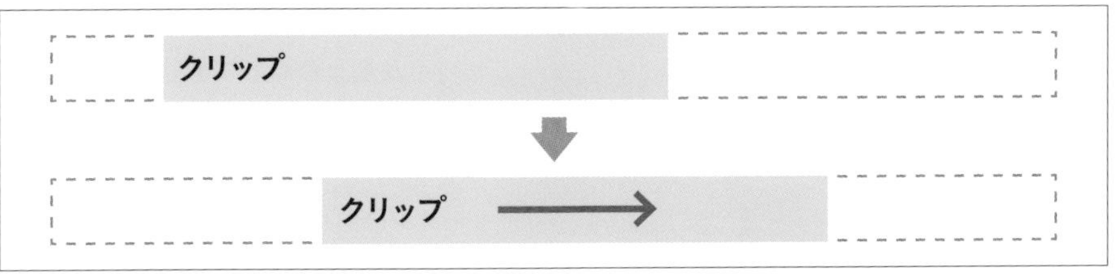

マウスポインタを下のタイムライン内のクリップの上にのせると、クリップの中央に次のようなアイコンが表示されます。このアイコンを左右にドラッグすることでスリップさせることができます。

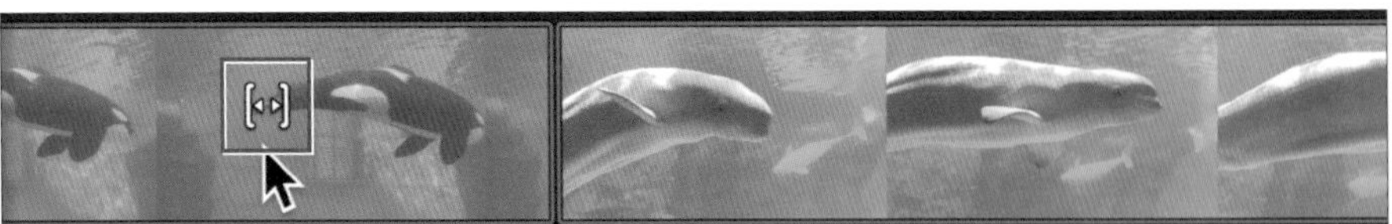
スリップが可能な状態であることを示すアイコン

スリップの操作中はビューアが4分割され、クリップの最初と最後のフレーム、前のクリップの最後のフレーム、次のクリップの最初のフレームが確認できます。

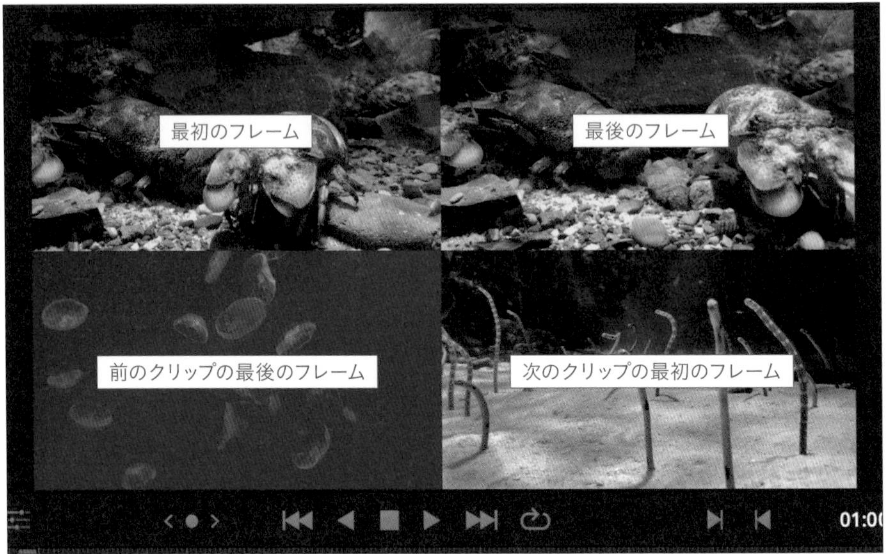

スリップ中はビューアで前後の境界部分のフレームが確認できる

補足情報：複数のクリップを一度にスリップできる

あらかじめタイムラインの複数のクリップを選択しておくことで、複数のクリップをまとめてスリップさせることができます。

ビューアのトリムエディターを使用する

タイムラインでトリムまたはロールの操作を行うと、ビューアの表示が切り替わってトリムエディターになります。

ビューアに表示されたトリムエディター

左側には隣接する前のクリップが表示され、右側には隣接する後のクリップが表示されます。フィルムのように表示されているのは、上段が前のクリップで、下段が次のクリップです。これらはそれぞれ**中央の白い縦線を左右にドラッグする**ことでトリミングできます。白黒の部分はトリミングして未使用の部分をあらわしており、数字は相対的なフレーム数をあらわしています。上段と下段の間の白い縦線を左右にドラッグすることで、ロールの操作ができます。

ビューアの下にある次のアイコンをクリックすることで、1フレームずつトリミングできます。左側は隣接する前のクリップ用で、右側が次のクリップ用です。

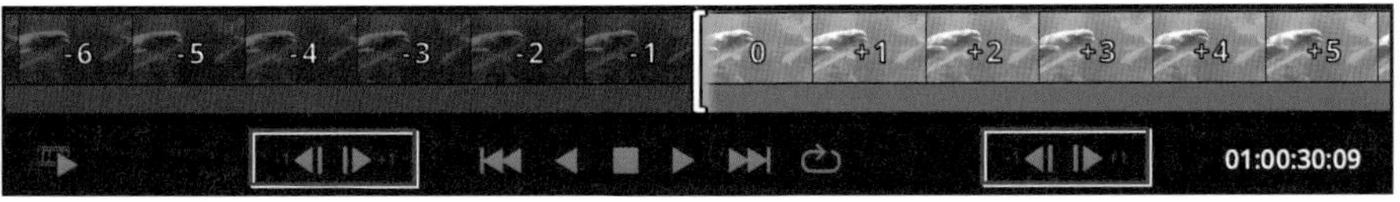

このボタンをクリックすることで1フレームずつトリミングできる

クリップの分割

タイムライン上のクリップを分割して2つに分けるには、分割したい位置に再生ヘッドを合わせたうえで次のいずれかの操作を行ってください。このとき、タイムライン上でクリップを選択していると**そのクリップだけ**が分割されますが、クリップを選択していないと再生ヘッドの下にある**すべてのクリップ**が分割されます。

ヒント：分割しても元に戻せる

タイムラインのクリップを分割しても、元の素材データはそのまま残っています。クリップの分割は結果的には、同じクリップを2つ並べて配置して、前のクリップは後ろから分割点までをトリミングし、後ろのクリップは前から分割点までをトリミングした状態になっているだけです。トリミングの操作を行うことで、クリップの元の長さの範囲までは戻すことが可能です。

トラックヘッダーの上付近にあるハサミのアイコンをクリックする

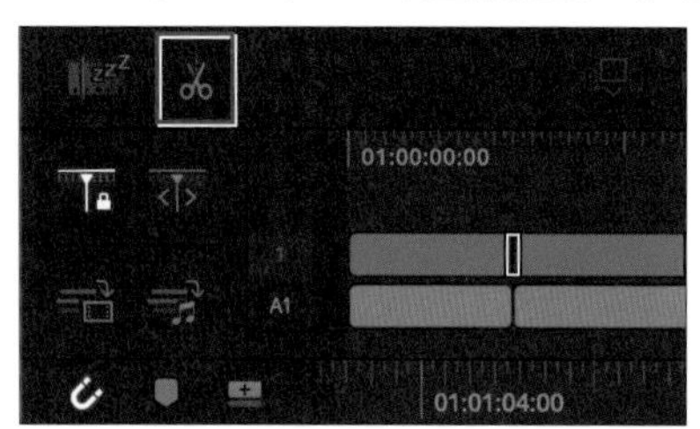

画面左側のトラックヘッダーの上付近にあるハサミのアイコンをクリックすると、再生ヘッドの位置でクリップが分割されます。

再生ヘッドの上部を右クリックしてハサミのアイコンをクリックする

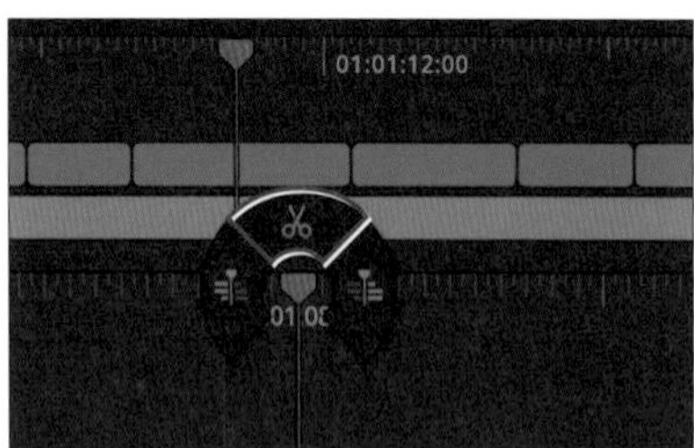

下のタイムラインの再生ヘッドの上の膨らんだ部分を右クリックすると表示される3つのアイコンのうち真ん中のハサミのアイコンをクリックすると、その位置でクリップが分割されます。

クリップを右クリックして「分割」を選択する

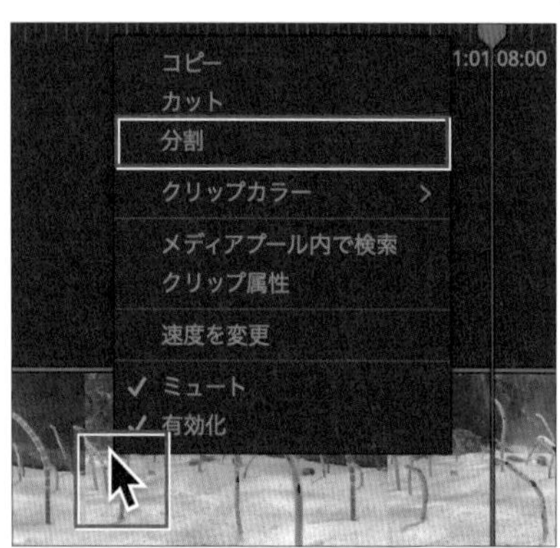

分割したいクリップを下のタイムラインで右クリックして「分割」を選択すると、再生ヘッドの位置でクリップが分割されます。

「タイムライン」メニューから「クリップを分割」を選択する

「タイムライン」メニューから「クリップを分割」を選択すると、再生ヘッドの位置でクリップが分割されます。
この機能には、Macなら［command］+［\］、Windowsなら［Ctrl］+［¥］のショートカットキーが設定されています。

また、「タイムライン」メニューの「クリップを分割」のすぐ下には「クリップを結合」という項目があり、分割した部分をトリミングしていない状態であれば再結合できます。

クリップの移動

タイムラインに配置したクリップは、ドラッグ＆ドロップの操作で移動できます。ただし、ドロップする際のタイミングや場所によって、移動先での配置のされ方が次のように違ってきます。以降の操作は、上下のタイムラインのどちらでも行えるだけでなく、上のタイムラインから下のタイムラインへ、下のタイムラインから上のタイムラインへの移動も可能です。

クリップの置き換え

タイムライン上のあるクリップを別のクリップでそっくり置き換えるには、ドラッグ中のクリップを置き換えたいクリップの上にドロップしてください。このとき、置き換えたいクリップの上でドロップせずにいると、少し時間をおいて次に説明する「クリップの上書き」のモードに切り替わります。カットページのビデオトラック1の場合は、置き換えたクリップの長さに応じて後続のクリップは全体的に前後に移動します。

クリップの上書き

クリップをドラッグして、別のクリップの上でドロップせずに少し待つことで、タイムライン上のクリップを上書きできます。ここでいう「クリップの上書き」とは、ポインタの位置からドラッグ中のクリップの長さの範囲だけタイムライン上のクリップを置き換える動作を指します。上書きは、タイムライン上のクリップの切れ目に関係なく、どこででも行うことができます。上書きのモードに切り替わると、置き換えられる範囲を示す枠が表示されますので、上書きされる範囲を確認の上ドロップしてください。

クリップの挿入

クリップをドラッグして、ビデオトラック1のクリップとクリップの間にドロップすることでクリップをその位置に挿入できます。このとき、ドロップせずに少し待っていると、挿入される状態を示す枠が表示されます。この操作は、複数のクリップを選択して行うこともできます。

ヒント：クリップはコピー、カット、ペーストも可能

クリップは一般的なアプリケーションと同じ操作でコピー、カット、ペーストができます。ペーストするクリップは、同じトラックの再生ヘッドの位置に配置されます。

補足情報：ビデオトラック1でもリップルされない場合がある

移動させたビデオトラック1のクリップの上または下に別のクリップがある場合などには、リップルされずにギャップ（空白）が挿入されます。ギャップは、クリックして選択し、[delete] キーを押すことで削除できます。

補足情報：「option (Alt)＋ドラッグ」はエディットページなら可能

残念ながら本書の執筆時点(2021年3月)では、カットページでは [option (Alt)] キーを押しながらドラッグしてもクリップを複製することはできません。しかしエディットページでは可能です。

クリップの長さを数値で指定する

タイムライン上のクリップを選択（複数可）した状態で「クリップ」メニューから「クリップの長さを変更...」を選択するか、クリップを右クリックして「クリップの長さを変更...」を選択すると、次のようなクリップの長さを変更するダイアログが表示されます。キーボードショートカットは［command (Ctrl)］＋［D］です。

クリップの長さを数値で指定できるダイアログ

「Format」を「Time」にするとタイムコードでの指定となり、「Frames」にするとフレーム数での指定となります。長さを数値で指定できるほかに、プリセットで「1秒」「5秒」「15秒」「クリップの最後まで」を指定することもできます。「Extend Beyond Clip Length」をチェックしておくと、クリップの長さ以上の幅を確保できるようになります（クリップの長さの足りない部分には黒い空白のクリップが配置されます）。

スナップ機能のオンとオフ

タイムラインのトラックヘッダーにある「スナップ」ボタンは、初期状態ではオンになっています。この状態でタイムラインにあるクリップをドラッグして移動させると、そのクリップの端が再生ヘッド・編集点・イン点・アウト点・マーカーの位置に近づいたときに吸いつくようにぴったりと配置できます。

ドラッグして移動中のクリップの端が他の何かにスナップすると、タイムライン上のその位置に縦の白い線が表示され、スナップされている状態であることがわかるようになっています。この機能は「スナップ」ボタンでオンオフを切り替えられるほかに、［N］キーを押しても切り替えられます。

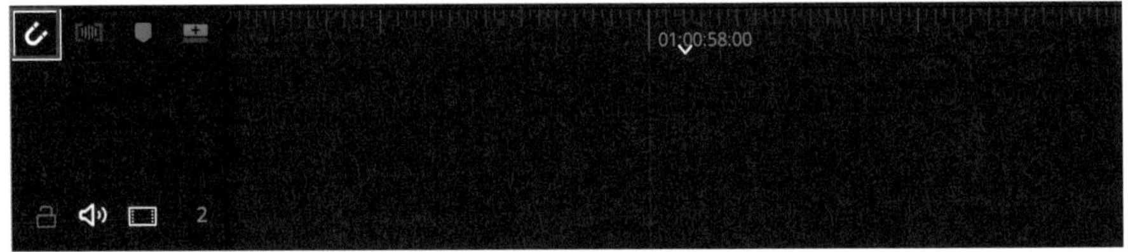

「スナップ」ボタン

オーディオトリムビューのオンとオフ

タイムラインのトラックヘッダーにある「オーディオトリム」ボタンをクリックしてオンに（白く）すると、音声を含むビデオクリップのサムネイルがトリミングしている最中だけ消え、クリップ全体が音声の波形だけの表示に切り替わります。

「オーディオトリム」ボタン

この波形によって、出演者が話し始めるタイミングなどが確認しやすくなり、音声に合わせたトリミングがより正確にできるようになります。

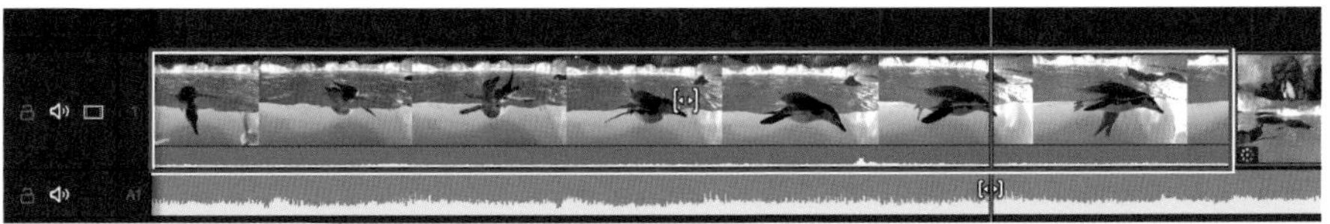
トリミングしていないときの表示

トリミングしている最中のみ波形の表示に切り替わる

クリップの削除

タイムラインに配置したクリップは、選択して［delete］キーを押すことで削除できます。ビデオトラック1のクリップを削除した場合は、後続のクリップはリップルされます。

また、タイムラインにイン点とアウト点を設定した状態で［delete］キーを押すことで、その範囲のクリップをまるごと削除することもできます。

補足情報：ビデオトラック1でもリップルされない場合がある

削除したビデオトラック1のクリップの上または下に別のクリップがある場合などには、リップルされずにギャップ（空白）が挿入されます。ギャップは、クリックして選択し、［delete］キーを押すことで削除できます。

クリップの無効化

ビデオトラックにあるクリップを無効化すると、その映像（画像やテロップも含む）が表示されなくなります。このとき、クリップに音声が入っていれば音だけが聞こえる状態になります。また、オーディオトラックにあるクリップを無効化すると、音が出ない（ミュートした）状態になります。

クリップを無効化するには、クリップを選択した状態で「クリップ」メニューにある「クリップを有効化」のチェックをはずしてください。キーボードショートカットは［D］です。下のタイムラインにあるクリップを選択して右クリックし、「有効化」のチェックをはずしても無効化できます。

無効化されたクリップは、グレーもしくはグレーがかった色に切り替わります。

クリップのミュート

ビデオトラックにあるクリップをミュートすると、その映像の音声が聞こえなくなります。このとき、音が聞こえなくなるだけで、映像は表示されます。

クリップをミュートするには、下のタイムラインにあるクリップを右クリックし、「ミュート」をチェックしてください。クリップがミュートされると、クリップの先頭にミュートされていることを示すアイコンが表示されます。

なお、オーディオトラックにあるクリップを右クリックしても「ミュート」という項目はありません。音が出ないようにするには「有効化」のチェックをはずしてください。

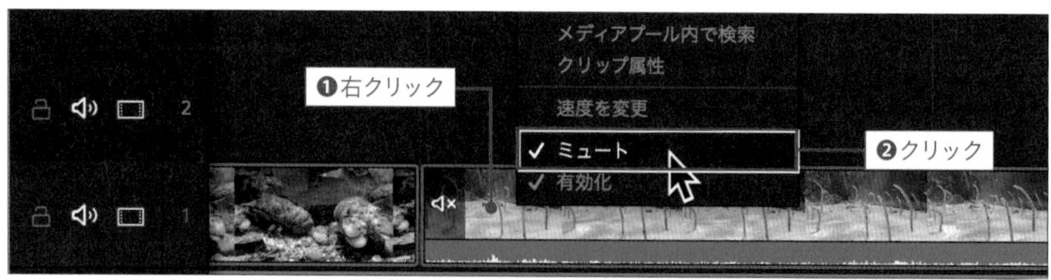

クリップカラーを指定する

1つもしくは複数のクリップを選択した状態でその上を右クリックし、「**クリップカラー**」を選択することでクリップの色を変更できます。

色は16色の中から選択できますが、いちばん上の「カラーを消去」を選択することで元の色に戻すこともできます。

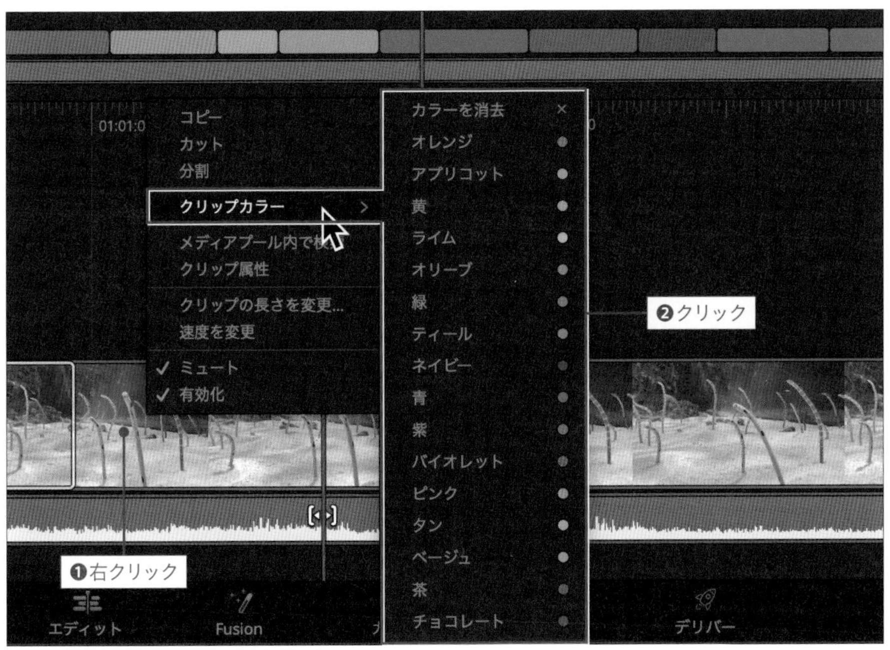

映像と音声を個別に編集する

カットページのタイムラインでは、ビデオクリップとそれに含まれる音声は1つのビデオトラックとして表示されます。そのためカットページでは、映像と音声を個別に編集（一方だけを削除したり、トリミングの状態を変えるなど）することは基本的にはできません。

映像と音声を個別に編集したい場合は、エディットページを使用するのが簡単です。エディットページであれば映像と音声は個別のトラックとして表示され、初期状態ではそれらはリンク（同期）された状態にはなっているものの、そのリンクを解除することで映像と音声を個別に扱うことができるようになります。

エディットページですべてのクリップの映像と音声を別々に編集できるモードに切り替えるには、タイムラインの上中央付近にある「**リンク選択**」ボタンをクリックしてオフ（アイコンが白ではなくグレーの状態）にしてください。もう一度クリックするとオンの状態に戻ります。

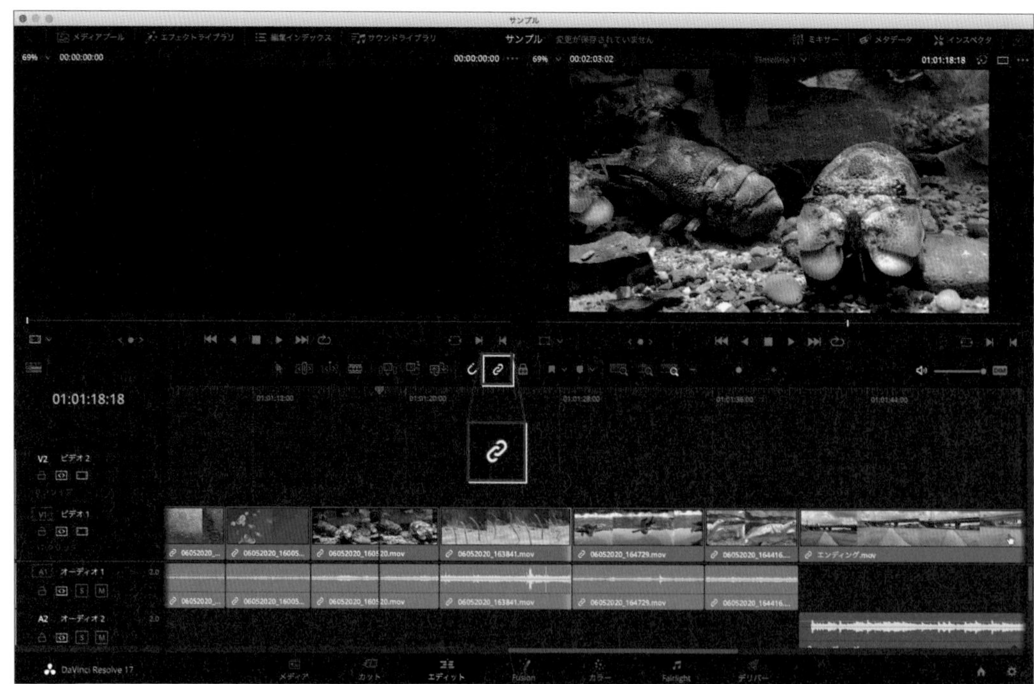
「リンクを選択」ボタンをオフにすると、映像と音声を別々に編集できる（図は「オン」の状態）

**ヒント：[option]+クリックで
一方のみを選択できる**

エディットページでクリップを、[option]キー（Windowsの場合は[Alt]キー）を押しながらクリックすると、「リンク選択」ボタンに関係なく映像または音声の一方だけを選択でき、その一方だけを編集できます。

**ヒント：カットページで
映像と音声を個別に編集する方法**

上のタイムラインの左横にある「ビデオのみ」のボタンをオンにしてクリップの映像のみを配置し、次に「オーディオのみ」のボタンをオンにして同じクリップの音声のみを配置することで、カットページでも映像と音声を異なるトラックに配置してそれぞれを編集できます。

05

再生ヘッドの移動の操作

DaVinci Resolveには、状況に合わせてタイムラインの再生ヘッドを手早く正確に移動させるための手段が多く用意されています。たとえば、マウスでクリックやドラッグする以外にも、ジョグやキーボードの矢印キーを使う方法や、移動させる秒数やフレーム数を直接入力する方法などがあります。ここでは、そのような再生ヘッドを移動させるための様々な方法について解説します。

再生ヘッドの位置の固定と解除

カットページの下のタイムラインにある再生ヘッドは初期状態では中央に固定されていますが、自由に動くように変更することもできます。固定か解除かの切り替えは、上のタイムラインの左側にある次のボタンで行います。

目盛をクリックして移動させる

カットページの上のタイムラインでは、目盛りのある領域をクリックすることでその位置に再生ヘッドを移動できます。

下のタイムラインについては、再生ヘッドの位置が固定されていない場合に限り、目盛りのある領域をクリックして移動できます。再生ヘッドが固定されている場合は、目盛りのある領域を左右にドラッグすることでタイムライン自体をスクロールできます。

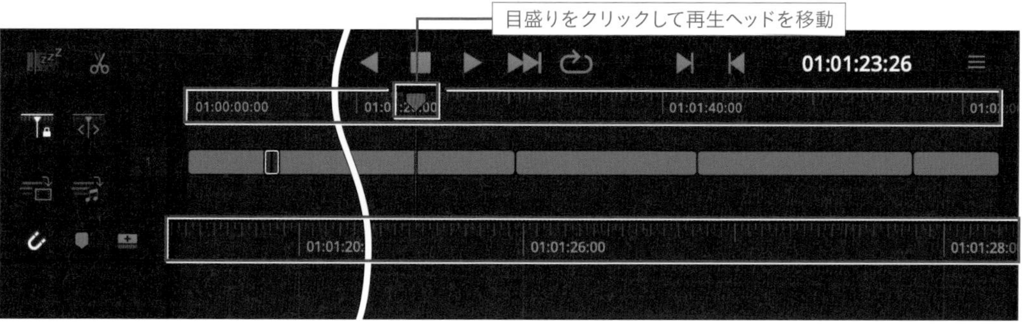

再生ヘッドをドラッグして移動させる

カットページの上のタイムラインの再生ヘッドは、いつでも任意の部分（再生ヘッドの赤い部分ならどこでもかまいません）をドラッグして移動できます。

下のタイムラインについては、再生ヘッドの位置が固定されていない場合に限り、上の再生ヘッドと同様にドラッグして移動できます。

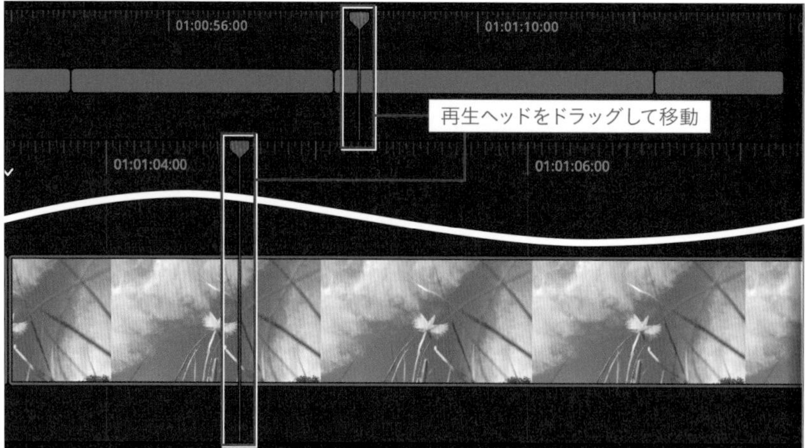

ジョグホイールをドラッグして移動させる

ビューアの下にあるジョグホイールを左右にドラッグすることで、再生ヘッドを左右にゆっくりと移動させることができます。特に、メディアプール内にあるクリップをビューアで表示させてイン点とアウト点を設定するときなどに使用すると便利です。

矢印キーで移動させる

左右の矢印キーを押すことで、左右に1フレームずつ再生ヘッドを移動させることができます。[shift] キーを押しながら左右の矢印キーを押すと1秒ずつ移動します。また、上の矢印キーを押すと前の編集点に移動し、下の矢印キーを押すと後ろの編集点に移動します。

[V] キーで一番近い編集点に移動させる

[V] キーを押すと、現在再生ヘッドのある位置から最も近い編集点に再生ヘッドが移動します。

秒数やフレーム数を入力して移動させる

ビューアの右下には、現在再生ヘッドのある位置のタイムコードが表示されています。

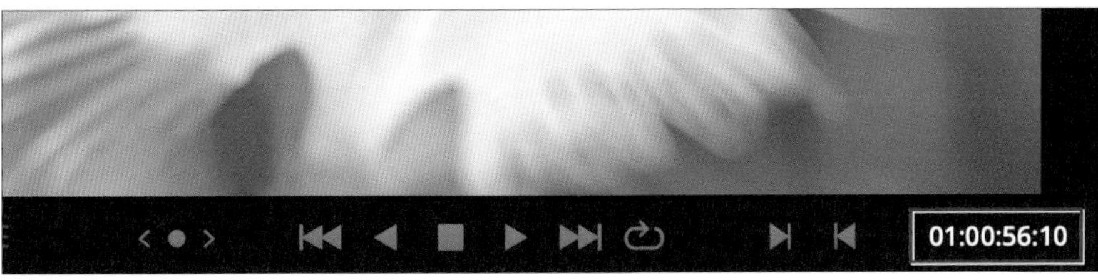

再生ヘッドの位置を示すタイムコード

カットページを開いた状態で半角の「+」または「−」で始まる数値を入力すると、その数値は相対タイムコードとして認識され、タイムコードを表示していた領域に表示されます。

用語解説：相対タイムコード

現在再生ヘッドのある位置からの、相対的な位置を示すタイムコード。

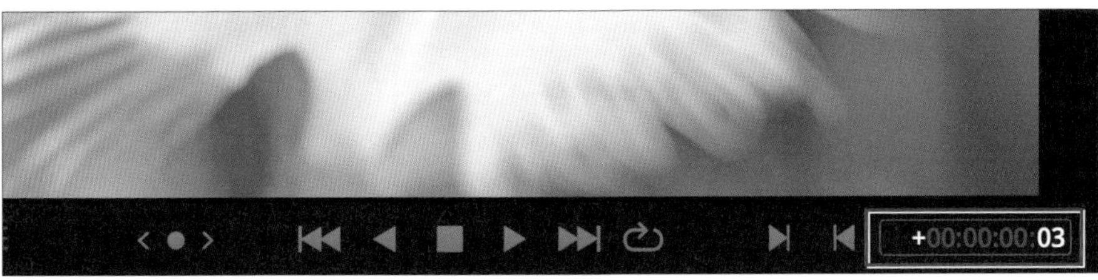

キーボードで「+3」を入力したところ

相対タイムコードが入力された状態で [enter] キーを押すと、数値の分だけ「+」の場合はタイムコードが進み、「−」の場合はタイムコードが戻ります。そして、それと同時に再生ヘッドもその位置に移動します。

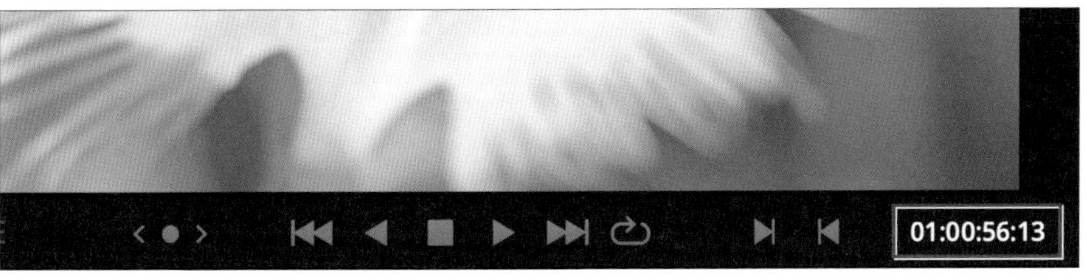

タイムコードが「+3」され、3フレーム進んだ

DaVinci Resolveでは、このように「+」または「−」で始まる相対タイムコードを入力して［enter］キーを押すことにより、再生ヘッドを正確に移動させることができます。

入力された数値は、1桁ならタイムコードの下1桁、2桁ならタイムコードの下2桁、3桁ならタイムコードの下3桁、というように下の桁からの数値として認識されます。DaVinci Resolveのタイムコードは、時・分・秒・フレーム数が2桁ずつ並んだ「00:00:00:00」という書式になっていますので、2桁までならフレーム数、3桁または4桁なら秒数とフレーム数を指定したことになります。また、特別な書式として「00」をあらわす「.」も使用できます。たとえば、「−1.」は「−100」と同じで再生ヘッドを1秒戻す指定となります。

相対タイムコードの入力例を以下に示しますので参考にしてください。

入力例	入力値の意味
+3	3フレーム進める
+10	10フレーム進める
−20	20フレーム戻す
+112	1秒と12フレーム進める
−300	3秒戻す
+1008	10秒と8フレーム進める
+1.	1秒進める
−10.	10秒戻す
+1..	1分進める

相対タイムコードの入力例

補足情報：相対ではないタイムコードも入力できる

「+」または「−」で始まらない（相対ではなく絶対的な）タイムコードを入力することもできます。数字で始まるタイムコードを入力するには、その前に「再生」メニューの「移動」から「タイムコード」を選択するか（キーボードショートカットは［=］）、タイムコードが表示されている部分をクリックして入力モードに切り替えてください。

06

ビューアでの再生方法

動画の編集は、素材やタイムラインの映像を何度も何度もビューアで再生して確認しながら行います。そのため、ビューアで何ができるのかという知識をしっかりと持ち、かつその操作方法を覚えておくことで、編集作業は大幅に効率化できます。ここでは、DaVinci Resolveのビューアの持っている便利な機能と、様々な再生方法について説明します。

ビューアの3つのモード

カットページのビューアには「ソースクリップ」「ソーステープ」「タイムライン」という3つのモードがあり、ビューアの左上にあるボタン（アイコン）で簡単に切り替えたり、現在のモードを確認できるようになっています。

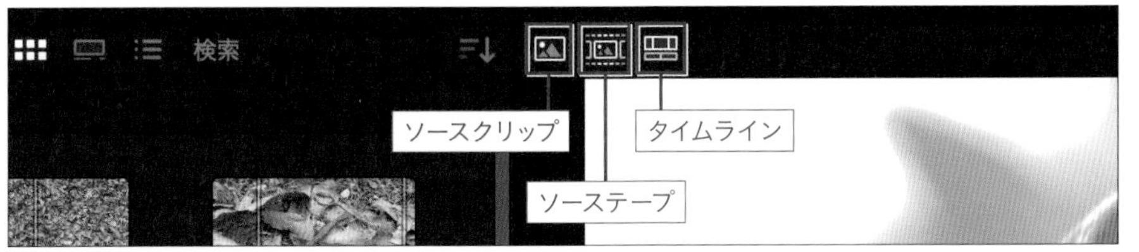

現在のモードを示し、モードの切り替えも可能な3つのボタン（見やすくするためアイコン部分を明るく加工しています）

「ソースクリップ」モード

メディアプール内にあるクリップをビューアで表示させるためのモードです。メディアプール内のクリップを選択した状態で「ソースクリップ」ボタンをクリックするか、メディアプール内のクリップをダブルクリックすることでこのモードに切り替わります。タイムラインに配置するクリップのイン点とアウト点を設定する際などに使用します。

「ソーステープ」モード

動画をテープに記録していた時代には、クリップは1本のテープの中に連続して入っていました。そのため、一度再生を開始したら、そのまま最後のクリップまでを続けて見ることができました。しかし現在ではクリップは個別のファイルとして保存されているため、すべてのクリップを見るためには1つずつ開いて再生しなければなりません。この欠点を補う目的で、メディアプール内にあるクリップをあたかも1つのクリップであるかのように連続して再生可能にするのがこの「ソーステープ」モードです。このモードでは、メディアプールで現在開いている階層以下に収められているすべてのクリップを連続して再生します。しかも、並べ替えを行うとその順番で連続再生されます。このモードに切り替えるには、「ソーステープ」ボタンをクリックしてください。

また、このモードを使用する際には、ビューア左下にある「ファストレビュー」ボタンを活用すると短時間で効率よく大量のクリップが確認ができます。「ファストレビュー」はその名のとおりすべてのクリップをひと通り「速くレビュー」するための特殊な再生方法で、短めのクリップは通常通り再生されますが、長いクリップほど高速で再生されます。これによって、短いクリップを見逃すことなく、速いクリップは自動的に早送りのような状態にして短時間ですべてのクリップの内容を確認できるようになっています。

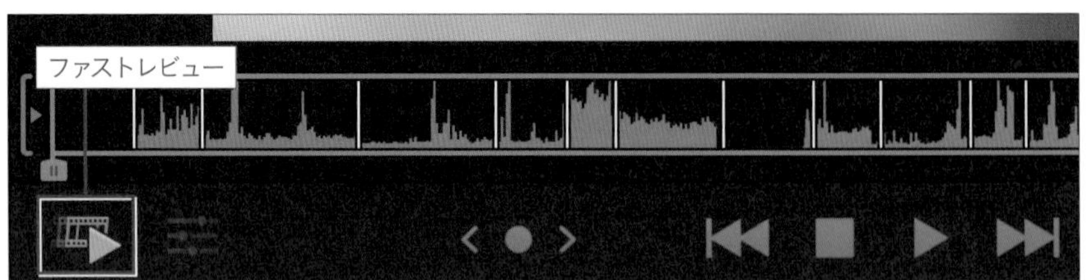

ヒント:ファストレビューが使用できるモードは?

ファストレビューは、「ソーステープ」モードだけでなく「タイムライン」モードでも使用可能です。

ヒント:ファストレビューはエディットページでも使用できる

DaVinci Resolve 17では、「再生」メニューの「ファストレビュー」を選択することでエディットページでもファストレビューが利用可能となりました。ただし利用できるのは、エディットページでは「タイムライン」モードのみです。

「タイムライン」モード

タイムラインで編集中の動画を表示させるモードです。「タイムライン」ボタンをクリックするか、タイムラインの領域内でクリックなどの操作を行うことで自動的にこのモードに切り替わります。

ビューアをフルスクリーンにする

ビューアをフルスクリーンにするには、画面の右上にある「Full Screen」をクリックするか、メニューの「ワークスペース」→「ビューアモード」→「シネマビューア」を選択してください。キーボードショートカットは [P] です。[command (Ctrl)] + [F] でも同様にフルスクリーンになります。フルスクリーンから元の状態に戻るには [Esc] キーを押してください。

> **補足情報：なぜ1つの機能に2つのショートカットがあるのか？**
>
> DaVinci Resolve 16よりも前のシネマビューアのキーボードショートカットは[command (Ctrl)]+[F]でした。それがDaVinci Resolve 16になって[P]に変更になり、現在のところ両方が使える状態が続いています。

繰り返し再生させる

ビューアでの再生を繰り返させるには、ビューアの下にある「ループ再生」ボタンをクリックして赤くするか、[command (Ctrl)]+[/]キーを押してください。この操作によって、「ループ再生」と「ループ再生の解除」の状態が切り替わります。

> **ヒント：手動で繰り返すなら「Stop and Go to Last Position」も便利**
>
> 「再生」メニューの「Stop and Go to Last Position（停止時に元の位置に戻す）」をチェックした状態で再生を停止させると、再生ヘッドは瞬時に再生を開始した位置に戻ります。この方法だと「ループ再生」にしなくてもスペースキーを押すだけで繰り返し再生できます。

イン点からアウト点までを再生させる

ビューアまたはタイムラインのイン点からアウト点までを再生させるには、メニューの「再生」→「周辺/指定の位置を再生」→「イン点からアウト点まで再生」を選択してください。キーボードショートカットは［option (Alt)」＋［/］です。

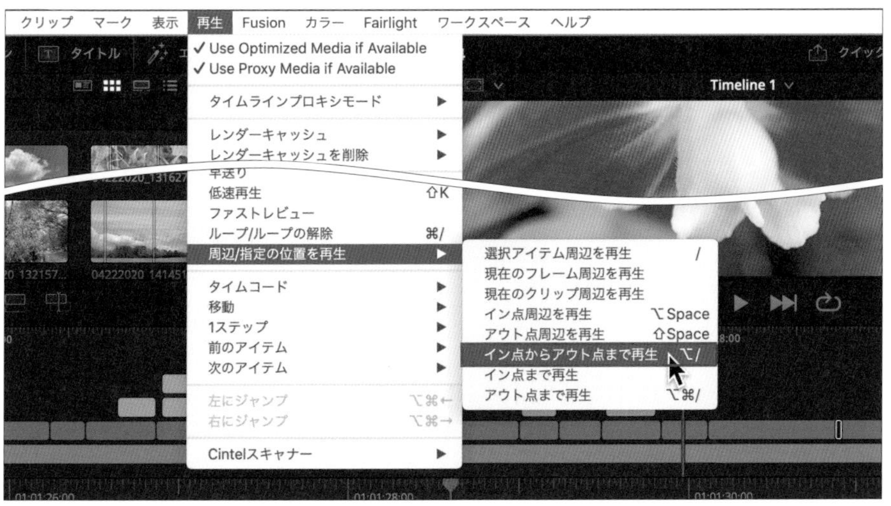

○○の2秒前から2秒後までを再生させる

再生ヘッドの位置や選択中の編集点、選択中のクリップの2秒前から2秒後までを再生させるには、メニューの「再生」→「周辺/指定の位置を再生」→「選択アイテム周辺を再生」を選択してください。キーボードショートカットは「/」です。

この方法で再生させた場合、何も選択されていなければ再生ヘッドの2秒前から2秒後までを再生します。タイムラインで編集点が選択されていれば編集点の2秒前から2秒後まで、クリップが選択されていればクリップの2秒前から2秒後までを再生します。クリップは複数選択することも可能です。

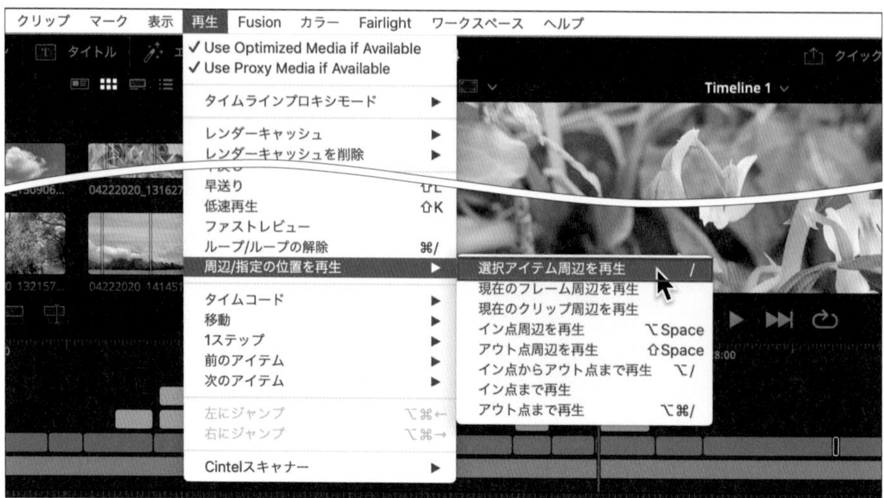

なお、初期状態では2秒前から2秒後までを再生する設定になっていますが、この秒数は「環境設定...」の画面で変更できます。「DaVinci Resolve」メニューの「環境設定...」を開き、「ユーザー」タブをクリックして「編集」の画面にある「プリロール時間」が前の秒数で、「ポストロール時間」が後の秒数です。秒数だけでなく、フレーム数で指定することも可能です。

JKLキーで再生させる

多くの動画編集ソフトと同様に、DaVinci Resolveでも［J］［K］［L］の各キーで「逆再生」「停止」「再生」を行うことができます。［J］［K］［L］キーは、「再生」メニューの「逆再生」「停止」「再生」のキーボードショートカットとして設定されています。

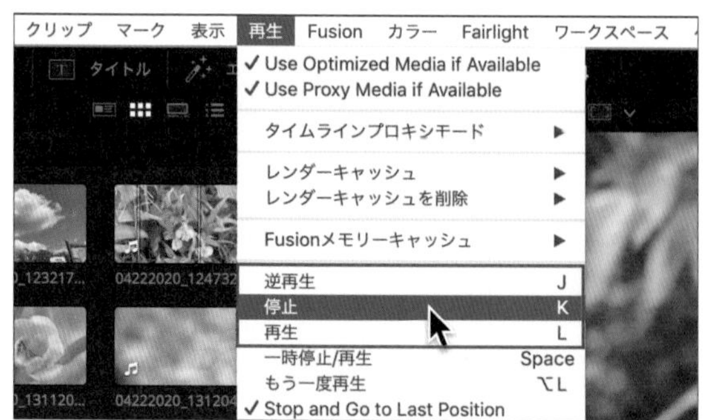

また［J］［K］［L］キーに関連して、キーボードを使って次の操作が可能となっています。

キーボードによる操作	機能
[J] を何度か押す	押すたびに逆再生の速度を上げる
[L] を何度か押す	押すたびに再生の速度を上げる
[shift] + [J]	早戻し
[shift] + [L]	早送り
[shift] + [K]	直前に進んだ方向にスロー再生
[K] を押しながら [J] を押す	1フレーム戻る
[K] を押しながら [L] を押す	1フレーム進む
[K] を押しながら [J] を押し続ける	スロー逆再生
[K] を押しながら [L] を押し続ける	スロー再生

ビューア内の映像の拡大縮小

カットページのビューアでは、映像は常にビューアのサイズに合った状態で表示されます。それに対してメディアページ・エディットページ・カラーページ・デリバーページでは、ビューア内の映像を拡大または縮小することができます。

ビューア内の映像を拡大縮小するには、メディアページ・エディットページ・カラーページ・デリバーページのビューアの上にポインタをのせた状態でスクロールの操作を行うか、ビューアの左上にある「ズームポップアップメニュー」で表示サイズを選択してください。「適応」を選択すると、ビューアの大きさに合わせたサイズになります。

ヒント：「適応」のショートカット

[Z] キーを押すと、ビューアの映像は瞬時に「適応」の状態になります。

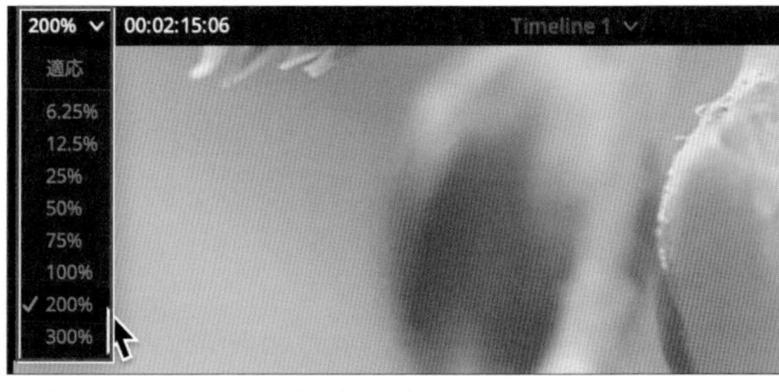

エディットページのズームポップアップメニュー

ヒント：拡大した映像の見える場所をずらしたいときは？

ビューア内の映像は、[command (Ctrl)] キーを押しながらスクロールの操作を行うことで縦方向に移動できます。横方向に移動させるには、[shift] + [command (Ctrl)] キーを押しながらスクロールの操作を行ってください。

トランジションの適用

タイムライン上のあるクリップから次のクリップへと再生が切り替わる際に、そのまま単純に切り替わるのではなく様々な表現方法で切り替わるようにするエフェクトがトランジションです。ここでは、そのトランジションのいくつかの適用方法と、適用するための条件、適用時間の変更方法、フェードインとフェードアウトの適用方法などについて解説します。

トランジションとは?

タイムライン上で隣接しているクリップとクリップの間に適用する「切り替え効果」のことを**トランジション**と言います。トランジションを適用していない場合は映像が単純に切り替わるだけですが、たとえば「**クロスディゾルブ**」というトランジションを適用することで、前のクリップの映像が徐々に消えていくと同時に次のクリップの映像が徐々に現れる、というような効果をつけて画面を切り替えられます。クロスディゾルブは、前のクリップと次のクリップの間で時間が経過したことや場所が変わったことを示すような目的でも使用されます。

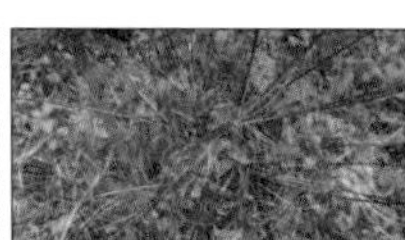

前のクリップが徐々に消えつつ次のクリップが徐々に現れるトランジション（クロスディゾルブ）の例

トランジションの適用条件

トランジションの種類にもよるのですが、前のクリップと後のクリップの両方の映像が同時に映るタイプのトランジションを適用するには、**トリミング済みの余分な映像**が必要となります。たとえばクロスディゾルブの例で言えば、前のクリップには編集点からクロスディゾルブが終了するまでのトリミングされた映像が、後のクリップにはクロスディゾルブが始まってから編集点までのトリミングされた映像が必要となるということです。その部分の映像がなければ、前後のクリップの映像を両方同時に映すことができないからです。

したがって、1秒間のクロスディゾルブを適用するのであれば、前のクリップの最後には0.5秒以上のトリミング（p.094参照）された映像が必要であり、後のクリップの先頭には0.5秒以上のトリミングされた映像が必要になります。

逆に言えば、トリミングしていないクリップ同士が隣り合っている部分には（両方の映像を同時に映すタイプの）トランジションは適用できないということになりますので注意してください。

前後のクリップの映像が両方同時に映るトランジションを適用するには、トリミングされた映像が必要となる

またトリミングしてある場合であっても、トリミングしてある長さの範囲でしかトランジションを適用できない点にも注意してください。たとえば、隣接している部分が前後のクリップとも5フレーム分しかトリミングされていなければ、10フレーム以上のトランジションを適用することはできません。

補足情報：編集点を選択したときの色の意味

トリミングされている編集点を選択すると、緑の縦の線が表示されます。これが赤い線で表示される場合、そこがトリミングされていないことを示しています。

トランジションの適用（メディアプール）

カットページのメディアプールの右下には「カット」「ディゾルブ」「スムースカット」というトランジション関連の3つのボタンが用意されており、再生ヘッドにもっとも近い編集点に対して簡単にトランジションを適用したり削除できるようになっています。

トランジションの適用と削除が可能な3つのボタン（見やすくするためアイコン部分を明るく加工しています）

補足情報：下のタイムラインに編集点が表示されていないと無効になる

これらの3つのボタンは、再生ヘッドをきっちりと編集点に合わせていなくても機能しますが、下のタイムラインに編集点が表示されていない状態だと機能しなくなります。

カット

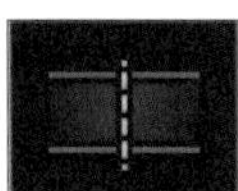

再生ヘッドにもっとも近い編集点に適用されているトランジションを削除します（トランジションを適用しないでカットでつなぐだけの状態に戻します）。

ヒント：[delete] キーでも削除できる

トランジションは、選択すると枠が赤くなります。その状態で [delete] キーを押しても削除できます。複数選択することで、まとめて複数を削除することもできます。

ディゾルブ

再生ヘッドにもっとも近い編集点に1秒のクロスディゾルブを適用します。

ヒント：トランジションの長さは変更可能

トランジションの長さは初期状態では1秒となっていますが、「DaVinci Resolve」メニューの「環境設定...」で変更可能です。「ユーザー」タブの「編集」を選択し、「標準トランジションの長さ」で設定してください。長さは秒またはフレーム数で入力できます。

スムースカット

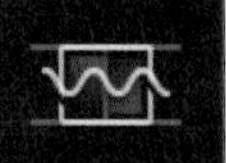

再生ヘッドにもっとも近い編集点に1秒のスムースカットを適用します。スムースカットは、類似した前後のクリップをなめらかにつなぐための特殊なトランジションです。たとえば、座ってインタビューを受けている人の「えー」や「あのー」と言っている部分や何も話していない部分をカットした場合の画面の切り替わりを自然に見せたい場合などに使用します。

スムースカットは、オプティカルフローという高度な技術を用いてモーフィングを行うトランジションです。そのため、前後のクリップが切り替わる部分の背景と被写体に大きな動きや変化がある場合には、逆に不自然になってしまうこともありますので注意してください。

ヒント：スムースカットは2〜6フレームの長さが効果的

クリップが自然に切り替わるようにするためには、初期値の1秒ではなく、2〜6フレーム程度の短い範囲にだけスムースカットを適用するようにしてください。

トランジションの適用（トランジション）

カットページの画面左上のタブのうち「トランジション」をクリックすると、適用可能なトランジションがカテゴリー分けされて一覧表示されます。ポインタをトランジションの上で左から右へと動かすことで、どのようなトランジションなのかをビューアでプレビューできます。トランジションを適用するには、次の4種類の方法のいずれかを行ってください。

ヒント：トランジションは編集点の左右にも適用できる

一覧表示されているトランジションは、編集点を中心にして適用できるだけでなく、編集点の位置で終了または開始するように（編集点の左側または右側に）適用することもできます。

トランジションタブを選択すると表示される多数のトランジションと、3つのボタン（見やすくするためアイコン部分を明るく加工しています）

ダブルクリックで適用

一覧表示されているトランジションをダブルクリックすると、再生ヘッドにもっとも近い編集点にトランジションが適用されます。

ドラッグ＆ドロップで適用

一覧表示されているトランジションは、タイムラインの適用したい箇所にドラッグ＆ドロップして適用できます。

3つのボタンで適用

適用したいトランジションを選択した上で、一覧表示されているトランジションの下にある3つのボタンのうちどれかをクリックすることで、再生ヘッドにもっとも近い編集点にトランジションを適用できます。

ボタンは左から「クリップの末尾に適用」「編集点に適用」「クリップの先頭に適用」となっており、それぞれ「編集点の左側」「編集点を中心」「編集点の右側」に適用します。

右クリックして適用

編集点を選択した上で、トランジションを右クリックして「選択した編集点とクリップに追加」を選択することでトランジションを適用できます。
隣接しているクリップのうち左右一方だけを選択していると、トランジションは編集点のその側に適用されます。両方が選択されている場合は、編集点を中心にして適用されます。

ヒント：編集点の選択の状態は [U] キーで変更できる

編集点を選択して緑または赤になっている状態で [U] キーを押すと、左側だけが選択された状態、両方が選択された状態、右側だけが選択された状態、と順に切り替わります。

標準トランジションの適用（メニュー）

編集点を選択した上で、「タイムライン」メニューから「トランジションを追加」を選択すると、その位置に標準トランジション（初期状態ではクロスディゾルブ）を適用できます。キーボードショートカットは［command (Ctrl)］＋［T］です。

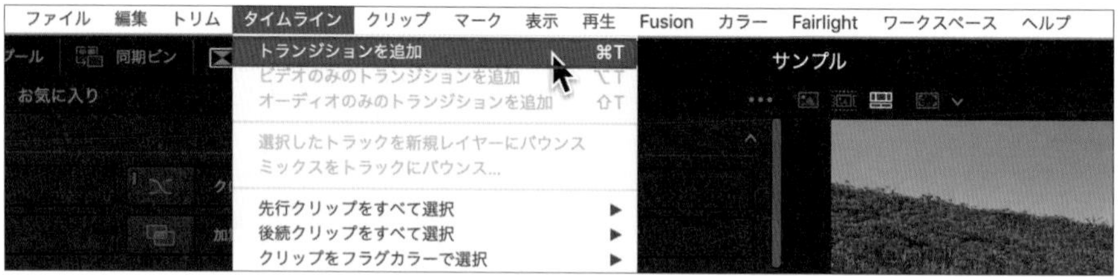

「タイムライン」→「トランジションを追加」で標準トランジションを適用できる

ヒント：標準トランジションを変更するには？

一覧表示されているトランジションの中から標準トランジションにしたいものを右クリックし、「標準トランジションに設定」を選択してください。標準トランジションに設定されると、名前の左側に赤い縦線のような印が表示されます。

補足情報：クリップを選択してもOK

編集点ではなくクリップを選択して［command (Ctrl)］＋［T］を押すと、クリップの両側の編集点よりも内側に標準トランジションが適用されます。クリップは複数選択することもでき、その場合はクリップの境界では編集点を中心に適用され、そうでない場所では編集点よりも内側に適用されます。

フェードインとフェードアウトの適用

徐々に映像が見えるようになるフェードインと、徐々に透明になるフェードアウトを適用するには、エディットページまたはFairlightページ（オーディオトラックのみ）で利用可能なフェーダーハンドルを使用します。フェーダーハンドルを使用することで、映像だけでなく音声やテロップなどのクリップでも同じ操作で簡単にフェードイン・フェードアウトさせられます。

1 エディットページを開く

ビデオクリップをフェードインまたはフェードアウトさせる場合は、エディットページを使用します。

2 クリップの上にポインタをのせる

タイムライン上のフェードインまたはフェードアウトを適用したいクリップの上にポインタをのせると、クリップの左上と右上に白いフェーダーハンドルが表示されます。

ヒント：フェーダーハンドルが表示されないときは？

トラックの高さが最低限に近い状態になっていると、フェーダーハンドルは表示されません。高さを一定以上にすることによって、フェーダーハンドルが表示されるようになります。トラックの高さを変更するには、トラックの上にポインタを置き、[shift] キーを押しながらスクロールしてください。もしくは、トラックヘッダーのビデオトラックの最上部（上にトラックがある場合はその境界）付近をドラッグすることでも高さを変更できます。

3 フェーダーハンドルを横にドラッグする

フェードさせたい側のフェーダーハンドルの上にポインタをのせると、ポインタが「◁　▷」の形状に変わります。その状態でフェーダーハンドルをクリップの中央側に向けて横にドラッグすると、その範囲にフェードが適用されます。

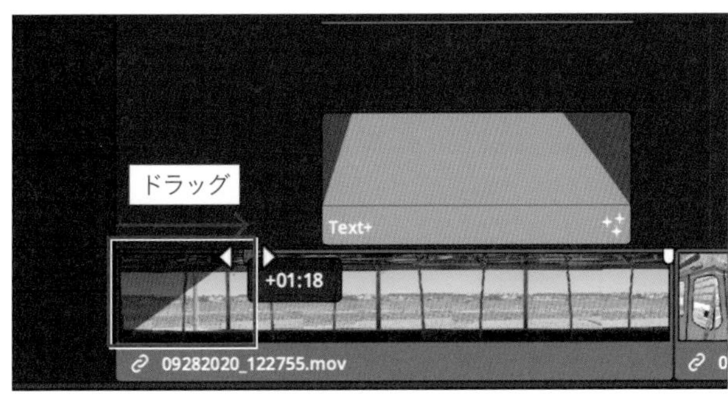

ドラッグ中は「+01:18（1秒と18フレーム）」のようにどれだけフェードさせているのかが表示され、フェードが適用された範囲は斜めに黒っぽい色に変化します。

補足情報：フェードインは黒から、フェードアウトは黒に変化する

フェードインは透明から徐々に見えるようになる機能で、フェードアウトは徐々に透明になる機能です。しかし実際にそれらを適用して再生してみると、フェードインは黒から変化し、フェードアウトは黒へと変化します。これはタイムラインの何もない部分は黒で表示されるようになっている（タイムライン自体の背景が黒になっている）ためです。

ヒント：黒以外の色でフェードイン・フェードアウトさせたいときは？

たとえば白にフェードアウトさせたい場合など、黒以外の色を使いたい場合は単色のクリップ（「7-03 特別なクリップ」の「単色のクリップの使い方」を参照）を使用します。フェードアウトさせたいクリップの直後に黒以外の単色のクリップを配置してその境界にクロスディゾルブを適用するか、フェードアウトさせたいクリップを上のビデオトラックに移動させた上で単色のクリップをその下のフェードアウトさせたい範囲に配置してフェードアウトさせることで、徐々に単色のクリップの色にフェードさせることができます。

補足情報：フェードはメニューからも適用できる

「トリム」メニューには「再生ヘッドの位置までフェードイン」と「再生ヘッドの位置からフェードアウト」があります。ただし、エディットページとFairlightページでのみ利用可能です。

トランジションの適用時間の変更

下のタイムラインでトランジションの開始位置または終了位置にポインタをのせると、左右に移動可能なことを示す形状に変化します。その状態で横方向にドラッグすることで、トランジションの適用時間を変更できます。ドラッグ中にポインタ付近に表示される上の数字は、元の位置からどれだけ移動させたかを+-で示し、下の数字はトランジションのその時点での長さを示しています。

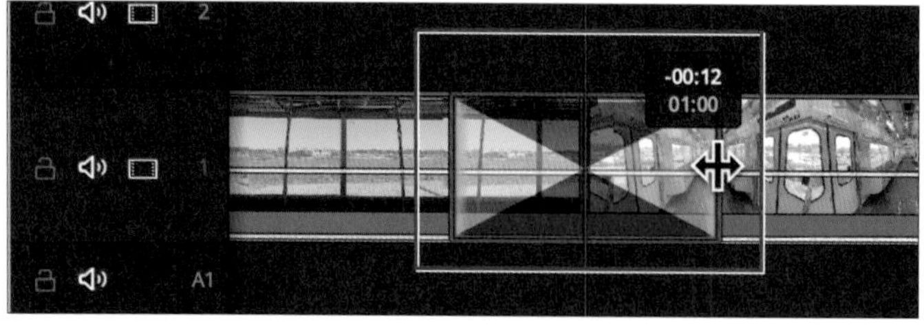

トランジションの適用時間はドラッグして変更する

補足情報：詳細な設定はインスペクタで

タイムラインでトランジションを選択し、右上の「インスペクタ」を選択することで、適用時間をはじめとするトランジションの詳細な設定が可能です。

補足情報：トリムエディターでも変更できる

編集点を選択するとビューアに表示されるトリムエディターは、トランジションを選択したときにも表示されます。トランジションが適用されている編集点ではトリムエディターにトランジションも表示されますので、左右の端をドラッグすることでトランジションの長さを変更できます。

トランジションをお気に入りに追加する

よく使うトランジションは「標準トランジション」にしておくと便利ですが、「標準トランジション」にできるのは1つだけです。よく使うトランジションが複数ある場合は「お気に入り」に追加しておくことで、探す手間をかけずにすぐに適用できるようになります。トランジションを「お気に入り」に追加するには次のように操作してください。

1 トランジションの一覧を表示させる

画面左上の「トランジション」のタブをクリックして、トランジションの一覧を表示させます。

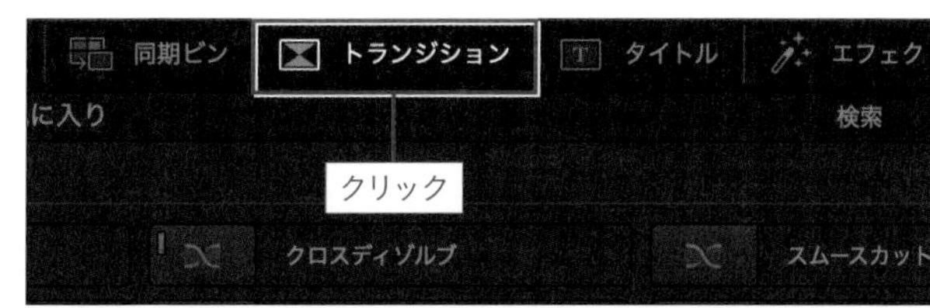

2 名前の右横にある★をクリックする

「お気に入り」に追加したいトランジションの上にポインタをのせると、名前の右側に星印（★）が表示されます。それをクリックするとグレーだった星印が白くなり、「お気に入り」に追加されます。

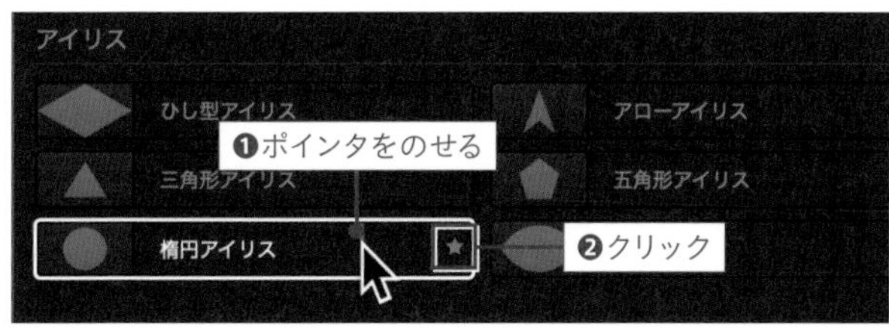

補足情報：右クリックでも追加できる

トランジションを右クリックして「お気に入りに追加」を選択しても、お気に入りに追加できます。

3 お気に入りに追加された

「お気に入り」のタブをクリックすると画面が切り替わり、お気に入りに追加されているトランジションだけが表示されます。

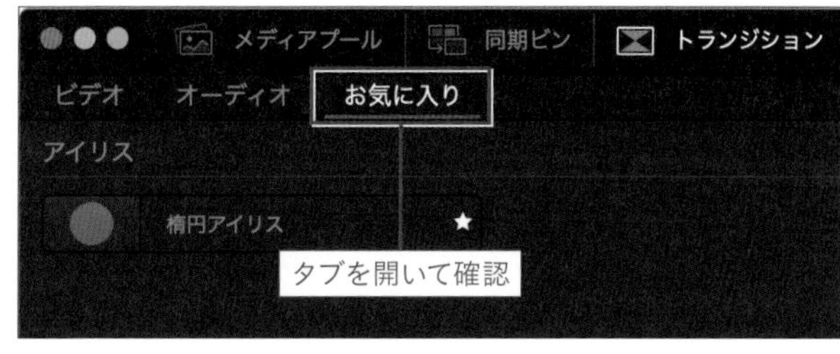

ヒント：お気に入りから削除するには？

白くなった星印をもう一度クリックすると色がグレーに変わり、お気に入りから削除されます。

08 クリップエフェクトの使い方

タイムラインに配置したクリップに対して、拡大縮小や回転、切り抜き、ズームインとズームアウト、映像の合成、再生速度の変更、手ぶれ補正、色補正、音量の調整などの処理を行えるのがカットページのクリップエフェクトです。これらの処理の一部はビデオクリップだけでなく、画像やテロップにも適用できます。また、一部の機能はビューア上に表示される枠線などで直感的に操作できます。

クリップエフェクトについて

クリップエフェクトは、カットページのビューアの下部またはビューア上に表示されるエフェクトおよび属性値の変更機能です。適用できるのはタイムラインに配置されているクリップだけで、メディアプール内のクリップには適用できません。

インスペクタはカットページの右側に表示できるエフェクトおよび属性値の変更機能で、こちらはタイムラインに配置されているクリップだけでなく、メディアプール内のクリップにも適用可能です。

インスペクタの方が画面上の領域を広く確保できるため設定可能な項目数が多く、各項目にはテキストの見出しも付けられています（クリップエフェクトの機能はアイコンのみ）。クリップエフェクトでできることの多くはインスペクタでも設定可能ですが、クリップエフェクトの一部の機能はビューア上に枠を表示させて直感的に操作できるようになっているのに対し、インスペクタでは枠を表示させることはできません。特にダイナミックズームに関しては、少なくとも最初の設定はクリップエフェクトで枠を表示させて行う必要があります。

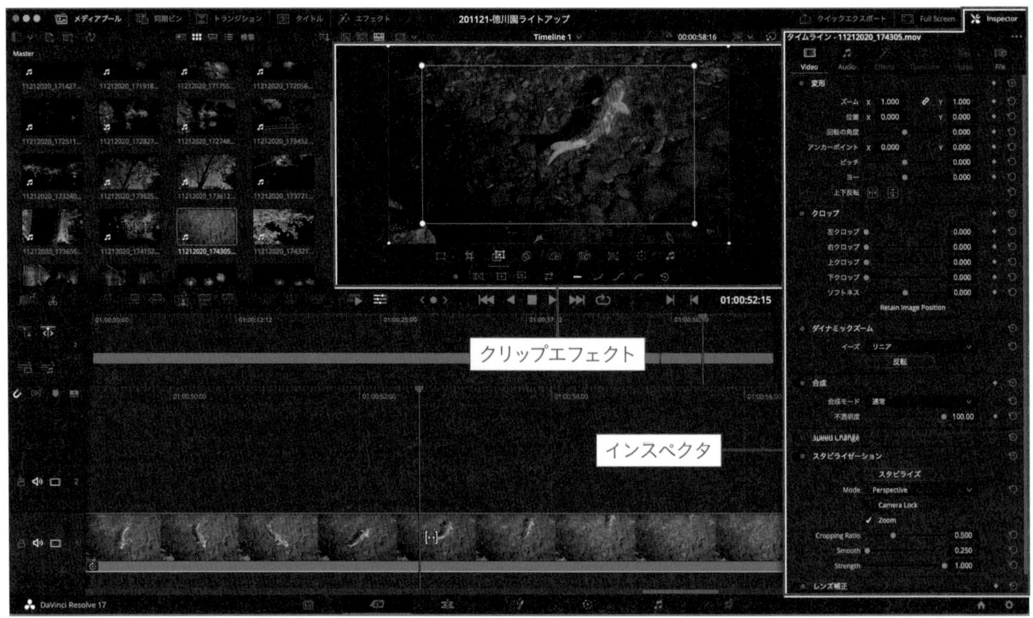

カットページのクリップエフェクトとインスペクタ

クリップエフェクトを表示させる

ビューアの左下にある「ツール」ボタンをクリックするとビューアの映像が少し小さくなり、映像の下にクリップエフェクトが表示されます。クリップエフェクトの上段にあるのはエフェクトの種類を選択するためのアイコンで、下段には選択したエフェクトで調整可能な項目が表示されます。

ツールボタンをクリックするとクリップエフェクトが表示される

表示されるエフェクトは「変形」「クロップ」「ダイナミックズーム」「合成」「速度」「スタビライゼーション」「レンズ補正」「自動カラー」「オーディオ」の9種類です。

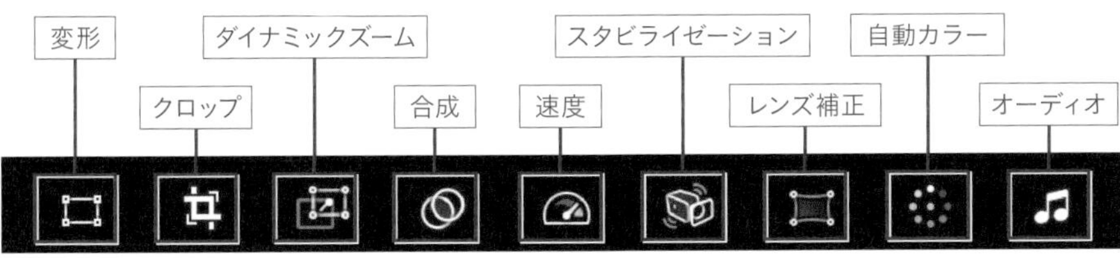

クリップエフェクトは9種類ある（見やすくするためアイコンを明るく加工しています）

ヒント：動画だけでなく画像やテロップにも適用できる

クリップエフェクトのうち、変形・クロップ・ダイナミックズーム・合成は画像やテロップにも適用できます。

変形

クリップを拡大縮小・移動・回転・反転させることができます。

クロップ

クリップの表示範囲を上下左右から狭くして、切り抜いたように見せることができます。

ダイナミックズーム

クリップ全体をズームインまたはズームアウトしたり、パンやチルトしたように見せることができます。

合成

クリップにクリップを重ねているときの透明度や合成モード（スクリーンや乗算など）を指定できます。これによって、重ねたクリップの白い部分または黒い部分だけを透明にすることなどができます。

速度

クリップの再生速度を変更できます。

スタビライゼーション（Stabilization）

手ぶれ補正をする（スタビライザーを適用する）ことができます。

レンズ補正（Lens Correction）

レンズの歪みを調整できます。ただし、無料版でこの機能を使用するとロゴと透かしが表示されます。

自動カラー（Color）

再生ヘッドの位置にあるフレームを基準に自動でクリップの色補正を行います。

オーディオ

クリップの音量を調整するためのスライダーが表示されます。

補足情報：チルト

チルト：カメラの位置は動かさずに横方向に回転させるように動かして撮影することをパンと言いますが、縦方向に回転させるように動かして撮影することをチルトと言います。

クリップエフェクトの共通操作

クリップエフェクトを選択したときに下段に表示される項目の中には、多くのエフェクトで共通しているものが2つあります。

1つは左端に表示される赤いスイッチのようなもので、これをクリックしてグレーにすることでエフェクトを無効（適用されていない状態）にできます。もう一度クリックすると再度赤くなって有効になります。

もう1つは右端のアイコンで、これをクリックすると現在のクリップエフェクトで変更した設定値をすべて初期状態に戻すことができます。

ほとんどのエフェクトで共通して表示されるボタン

ヒント：数値項目の入力とリセットの仕方

数値は左右にドラッグして値を変えられるほか、ダブルクリックすることで値をキーボードから入力できるようになります。また、値を変化させたあとにその左側にあるアイコンにポインタをのせると、アイコンがリセット可能であることを示す形状に変化し、それをクリックすることでその項目だけをリセットできます。

変形（拡大縮小・移動・回転・反転）

変形は、タイムライン上で選択したクリップを拡大縮小・移動・回転・反転させるエフェクトです。

クリップエフェクトの「変形」ボタンをクリックすると、その下に次のような10種類の設定項目が表示されます。これらの項目の多くは、ビューア上に表示される白丸やクリップ自体（枠の内側）をドラッグすることでも同じ結果が得られます。

クリップエフェクトの「変形」で設定可能な項目

補足情報：「変形」の白丸の操作

ビューア上の角の白丸をドラッグすると、縦横の比率を保った状態で拡大縮小ができます。各辺の中央の白丸をドラッグするとその方向にのみ拡大縮小が行われ、縦横の比率が変わります。クリップの中央から白い線でつながっている白丸をドラッグすると、クリップが回転します。クリップの上の何もないところをドラッグすると、クリップが移動します。

❶ ズームの幅

クリップの映像の幅を拡大または縮小します。このとき、❷のズームリンクがオンになっていると高さも連動して（縦横の比率を維持するように）変化します。

❷ ズームリンク

アイコンが白くなっているときは、ズームの幅または高さを変更する際に縦横の比率を維持します（幅と高さが連動して変化します）。グレーになっているときは縦横の比率を維持せず、一方向にのみ変化します。

❸ ズームの高さ

クリップの映像の高さを拡大または縮小します。このとき、❷のズームリンクがオンになっていると幅も連動して（縦横の比率を維持するように）変化します。

❹ X位置

クリップを横方向に移動します。

❺ Y位置

クリップを縦方向に移動します。

❻ 回転の角度

クリップの映像を回転します。ビューア上で回転の中心となっている白丸は、ドラッグすることで移動できます。

❼ ピッチ

3Dで上側または下側が遠くにあるような形状に変形（X軸で回転）します。

❽ ヨー

3Dで右側または左側が遠くにあるような形状に変形（Y軸で回転）します。

❾ 横フリップ

クリップを左右に反転します。

❿ 縦フリップ

クリップを上下に反転します。

クロップ（切り抜き）

クロップは、タイムライン上で選択したクリップの映像を切り抜くためのエフェクトです。

クリップエフェクトの「クロップ」ボタンをクリックすると、その下に次の5種類の設定項目が表示されます。これらのうち最初の4項目は、ビューア上に表示される白丸や枠の内側をドラッグすることでも同じ結果が得られます。

用語解説：クロップ

写真におけるトリミングと同じ意味です。動画編集において「トリミング」は、たとえば10秒の映像の前後2秒ずつを取り去るような時間的に短くする作業のことを指します。それと明確に区別するために、映像の見える範囲を狭くする作業のことを「クロップ」と呼んでいます。

クリップエフェクトの「クロップ」で設定可能な項目

補足情報：「クロップ」の白丸の操作

クリップの角の白丸をドラッグすると、縦横の比率に関係なく自由な方向に移動してクロップできます。各辺の中央の白丸は、向かい合う辺の方向にのみ移動させることができます。白い枠の内側をドラッグすることで、枠の形状を保ったまま枠全体を移動させることができます。

❶ 左をクロップ

白い枠の左の辺を左右に移動させて、クリップの見える範囲を変更します。

❷ 右をクロップ

白い枠の右の辺を左右に移動させて、クリップの見える範囲を変更します。

❸ 上をクロップ

白い枠の上の辺を上下に移動させて、クリップの見える範囲を変更します。

❹ 下をクロップ

白い枠の下の辺を上下に移動させて、クリップの見える範囲を変更します。

❺ ソフトネス

クリップの見えている範囲の周囲をぼかします。値をプラスにすると、枠の外側に向かってぼかした状態になります。値をマイナスにすると、枠の内側に向かってぼかした状態になります。

ダイナミックズーム(ズーム・パン・チルト)

ダイナミックズームを適用することで、カメラを固定して撮影した映像であってもズームインさせたり、ズームアウトさせることができます。このエフェクトは、映像全体を見せている状態から徐々に拡大した状態にするなど、あくまで撮影した映像の範囲内で映像を部分的に拡大して見せることによって実現させる機能です。単純にズームさせるだけでなく、映像を横に移動させたり縦に移動させることも可能です。

操作は簡単で、クリップの先頭で表示させる領域（緑色の枠）と末尾に表示させる領域（赤い枠）をビューア上で設定するだけです。枠の大きさを変更するには枠の角の○をドラッグしてください。枠の内部をドラッグすることで、枠の大きさを変えることなく移動させることもできます。これらの操作を行うことで、ダイナミックズームは自動的に有効になります。

ヒント：枠をまっすぐに移動させるときは [shift] キー

緑または赤い枠をドラッグして移動させるときに [shift] キーを押していると、垂直または水平方向にしか動かなくなります。

たとえば初期状態では、ビューアのクリップ全体が赤い枠で囲われ、それよりも内側に少し小さな緑色の枠があります。緑の枠は最初の状態ですので、はじめは緑色の枠の範囲の映像が拡大して表示され、そこから徐々に全体が表示されるようにズームアウトします。枠を小さくすればするほど映像の拡大率が大きくなって荒れた映像になる点に注意してください。

ダイナミックズームでは、次の8つの項目が表示され操作できます。これらのボタンは、❹の「反転」を境界に❶～❸の枠のプリセットと❺～❽のイーズボタンの3つに分類できます。

用語解説：イーズ、イージング

映像に動きを与える場合、最初から最後まで一定の速度で動かす方が自然に見えるものもあれば、ゆっくりと動きだして徐々に速くなる方が自然に見えるものもあります。このように、あるものの動きに対する速度変化の調整を行うことを「イーズ」または「イージング」と言います。

クリップエフェクトの「ダイナミックズーム」で設定可能な項目

❶ ズームプリセット

緑と赤の枠を、ズームアウトするプリセットの枠に変更します。

❷ パンプリセット

緑と赤の枠を、右から左へパンをするプリセットの枠に変更します。

❸ アングルプリセット

緑と赤の枠を、右上から左下へと移動するプリセットの枠に変更します。

❹ 反転

緑色の枠と赤い枠を入れ替えます。

❺ リニア

映像の動く速度を一定にします。

❻ イーズイン

映像がゆっくり動き出してその後少し速くなるようにします。

⑦ イーズイン&アウト

映像がゆっくり動き出して少し速くなり、最後の方でまたゆっくりになるようにします。

⑧ イーズアウト

最後の方で映像の動きがゆっくりになるようにします。

合成（合成モードと透明度）

合成は、タイムライン上で選択した上のビデオトラックのクリップを、下のビデオトラックのクリップとどのように合成するかを設定するエフェクトです。下にビデオトラックがない場合は黒と合成されます。

このエフェクトで設定可能な項目は「合成モード」と「不透明度」だけです。

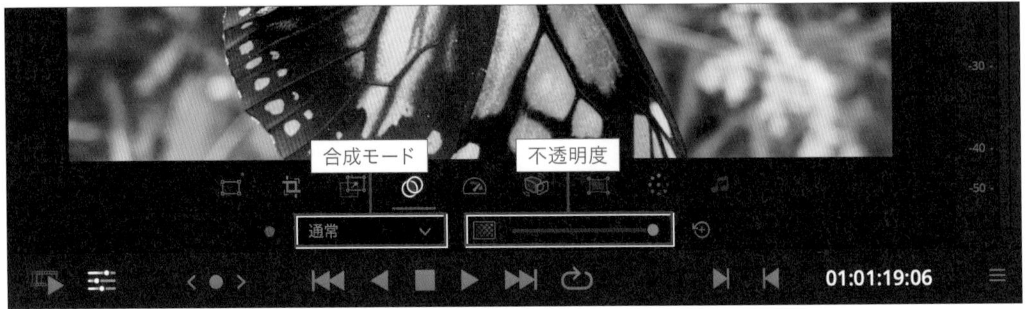

クリップエフェクトの「合成」で設定可能な項目

合成モード

黒のピクセルを0、白のピクセルを1、その間の階調の色は小数の値として行う演算の種類をメニューで選択して指定します。選択した演算の種類（合成モード）によって、映像の一部を透明にしたり、露出を変更することなどができます。

ヒント：白または黒の部分を透明にしたいときは？

上のビデオトラックの白い部分を透明にしたい場合は、そのクリップを選択し「合成モード」のメニューから「マルチプライ（乗算）」を選択してください。黒い部分を透明にしたい場合は「スクリーン」を選択します。

不透明度

選択したクリップの不透明度をスライダーで設定できます。

速度（再生速度の変更）

速度は、タイムライン上で選択したクリップの再生速度を変更するためのエフェクトです。

クリップエフェクトの「速度」ボタンをクリックすると、その下に次の2つの項目が表示されます。これらのうち値の変更が可能なのは「速度」だけで、「長さ」の方は速度の変更によりクリップの長さがどう変化するのかを確認するために使用します。

ヒント：再生速度を変えたときの音の高さへの影響

再生速度の変更は映像と音声の両方に適用されます。音声の速度が変わった場合、Windows版とLinux版のDaVinci Resolveでは音声の高さ（ピッチ）が変化しますが、macOS版では自動的にピッチ補正が行われますので音の高さは変化しません。音の高さを自分で調整したい場合は、インスペクタの「Audio（オーディオ）」→「Pitch（ピッチ）」を使用してください。

クリップエフェクトの「速度」で設定可能な項目

速度

ビューアに表示されているクリップの再生速度を変更します。元の速さが「1.00」で、倍速なら「2.00」、半分の速度なら「0.50」のように値を変更します。「-1.00」のようにマイナスの値を指定すると、逆再生になります。

長さ

クリップの長さを「時：分：秒：フレーム数（2桁ずつ）」で表示します。

スタビライゼーション（手ぶれ補正）

スタビライゼーションは、タイムライン上の選択したクリップの手ぶれ補正を行うためのエフェクトです。

クリップエフェクトの「スタビライゼーション」ボタンをクリックすると、次の2つの項目が表示されます。

用語解説：スタビライゼーション（Stabilization）

「stabilize（スタビライズ）」は、「一定の状態をキープさせる」という意味を持つ英単語です。カメラに取り付けて手ぶれを抑えるスタビライザーという装置がありますが、ここでいうスタビライゼーションとは撮影済みの動画の手ぶれを補正する動画編集ソフトの機能のことを指しています。

ヒント：手ぶれ補正の効果は映像によって大きく異なる

スタビライゼーションを適用した結果どのようになるかは映像によって違ってきます。映像に対して適切なオプションが選択されていない場合、逆に不自然な映像になってしまうこともありますので注意してください。

「スタビライゼーション」で設定可能な項目

❶ スタビライズの方法

この項目はメニューになっており、「Perspective」「Similarity」「Translation」の中から1つを選択できます。スタビライザーを適用した後にこの項目を変更した場合、スタビライザーの再適用が必要となります。

- ・Perspective（遠近の分析あり）：遠近・パン・チルト・ズーム・回転の分析を行って手ぶれを補正します。
- ・Similarity（遠近の分析なし）：パン・チルト・ズーム・回転の分析を行って手ぶれを補正します。
- ・Translation（縦横のみ）：パンとチルトの分析のみを行って手ぶれを補正します。

❷ 「スタビライズ」ボタン

スタビライザーを適用します。

ヒント：インスペクタではさらに細かく調整が可能

インスペクタの「スタビライゼーション」では、さらに細かい設定ができます。カメラを固定して撮影したように見せたい場合などには、インスペクタの「スタビライゼーション」を使用するとさらに良い結果が得られる可能性があります。

ヒント：スタビライズの再適用が必要なケース

スタビライザーを適用したあとからトリミングを調整してクリップを長くした場合、長くした部分の映像だけが縮小された状態になります（実際は長くした部分以外が拡大されています）。スタビライザーを適用したあとにトランジションを適用した場合も、クリップのトリミングされていた部分を追加して使うようになるため同様にトランジション中に映像の大きさが変わります。このような場合には、スタビライザーを再適用することで一定の大きさで表示されるようになります。

自動カラー（色補正）

自動カラーは、タイムライン上で選択したクリップの色を自動補正するためのエフェクトです。

クリップエフェクトの「自動カラー」ボタンをクリックすると、その下にさらに次のような「Auto Color」ボタンが表示され、それをクリックすると色の自動補正（自動カラーコレクション）が行われます。

このボタンをクリックすると色の自動補正が行われる

オーディオ（音量の調整）

オーディオは、タイムライン上で選択したクリップのボリュームを調整するためのエフェクトです。

クリップエフェクトの「オーディオ」ボタンをクリックすると次のようなスライダーが表示され、ビューアに表示されているクリップの音量を調整することができます。

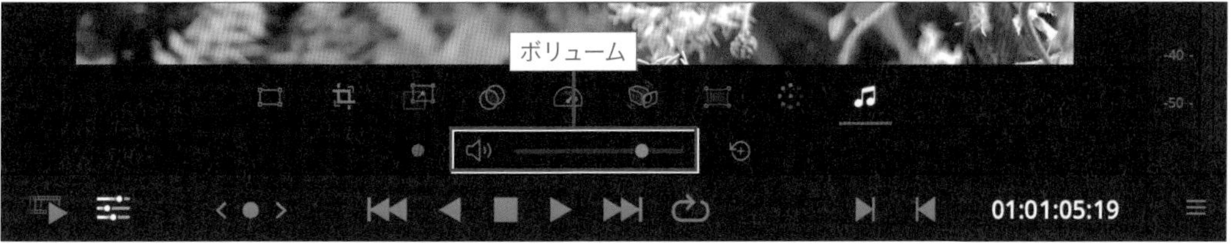

クリップエフェクトの「オーディオ」ではボリュームが設定できるのみ

インスペクタの使い方

クリップエフェクトと同様のエフェクトは、画面右上のインスペクタでも適用できます。クリップエフェクトは表示面積が狭いためアイコンだけで機能を判別しなければならないのに対し、表示面積の広いインスペクタではテキストのラベルがついているため非常にわかりやすくなっています。また、「スタビライゼーション」のように設定可能な項目が圧倒的に多いエフェクトやクリップエフェクトでは設定できない機能も多くあります。

インスペクタについて

インスペクタはカットページの右側に表示できるエフェクトおよび属性値の変更機能です。クリップエフェクトはタイムラインに配置されているクリップにしか適用できないのに対し、インスペクタはタイムラインとメディアプールの両方のクリップに適用可能です。

クリップエフェクトと比較すると、インスペクタの方が設定可能な項目数は圧倒的に多いのですが、ビューア上に枠を表示させて操作することはできません。そのため、ダイナミックズームのような一部の機能に関しては、少なくとも最初の設定はクリップエフェクトで行う必要があります。スタビライゼーション（手ぶれ補正）に関しては、インスペクタを使用した方が詳細な設定が可能です。

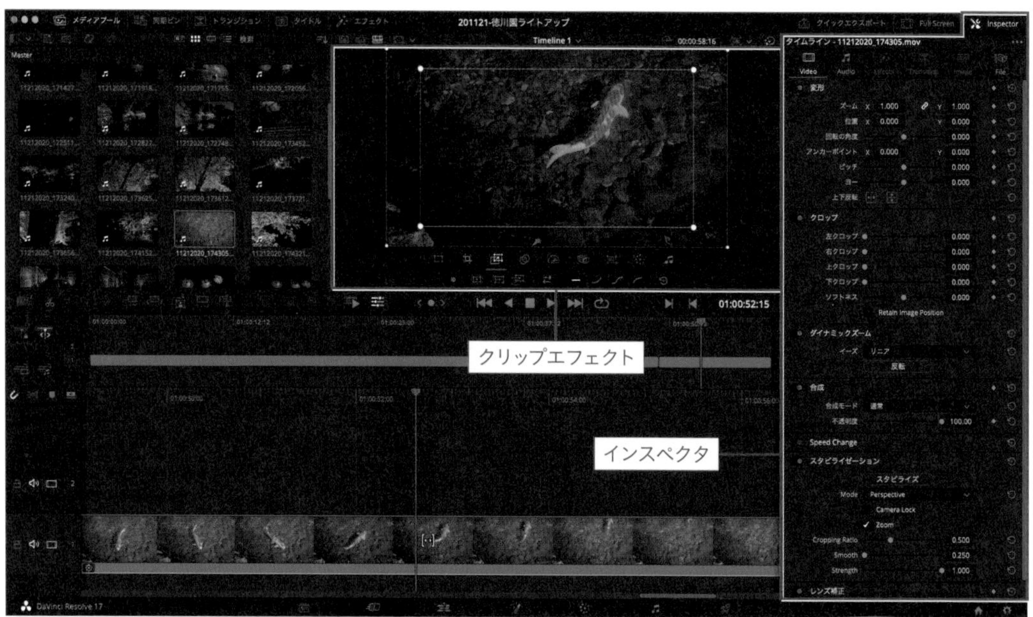

カットページのクリップエフェクトとインスペクタ

ヒント：クリップエフェクトとインスペクタは同時に使える！

重複している項目に関しては、クリップエフェクトとインスペクタは連動して動作します。そのため、クリップエフェクトで表示させた枠をインスペクタで操作することもできますし、枠を動かすことでインスペクタの値も変更できます。

インスペクタを表示させる

インスペクタを表示させるには、画面右上の「Inspector」タブをクリックしてください。もう一度クリックするとインスペクタは消えます。

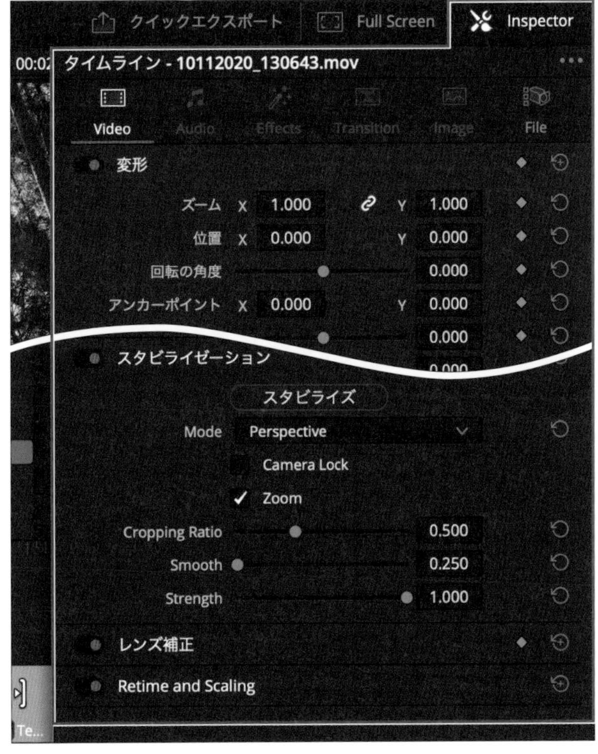

画面右上の「Inspector」タブをクリックするとインスペクタが表示される

インスペクタで設定可能な項目は大きく6種類に分けられており、それぞれの画面は上部のタブをクリックすることで表示できます。これらの項目は常に全てが使用できるわけではなく、画面左上の「トランジション」や「エフェクト」を適用することで設定可能になる項目もあります。

6つのタブで画面を切り替えて使用する（見やすくするためアイコン部分を明るく加工しています）

ビデオ (Video)

「変形」「クロップ」「ダイナミックズーム」「合成」「速度を変更」「スタビライゼーション」などの適用・設定ができます。

オーディオ (Audio)

「ボリューム」「パン」「ピッチ」「イコライザー」の適用・設定ができます。

エフェクト (Effects)

タイムラインで適用したエフェクトに関する設定ができます。

トランジション（Transition）

タイムラインで適用したトランジションを映像と音声に分けて設定できます。

イメージ（Image）

RAW形式のビデオクリップの設定ができます。

ファイル（File）

クリップの「ファイル名」「クリップ名」「コーデック」「フレームレート」「解像度」「クリップカラー」「コメント」などが確認・設定できます。

インスペクタの共通操作

インスペクタの個別の使い方について説明する前に、各項目で共通している操作方法について説明しておきます。

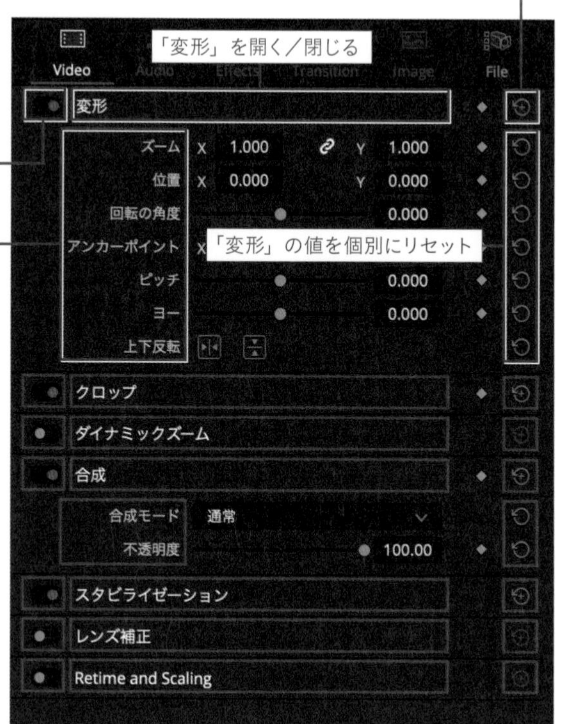

インスペクタの各項目で共通している操作

開く／閉じる

インスペクタの各種項目は、項目の名前をクリックすることで設定内容を表示させたり、非表示にすることができます。たとえば「変形」なら、「変形」と書かれた部分をクリックすることで設定内容を開いたり閉じたりすることができます。

有効／無効

インスペクタの各種項目は、項目名の左に表示されている赤いスイッチのようなものをクリックすることで有効／無効を切り替えられます。有効のときは色が赤くなり、無効のときはグレーになります。

リセット（項目全体）

項目名の右端に表示されているアイコンをクリックすると、その項目全体がリセットされます。たとえば「変形」なら、「変形」のすべての設定値が初期状態に戻ります。

リセット（項目内で個別）

インスペクタの項目を開いた状態の時に、各種設定値の右端にあるアイコンをクリックすると、その行の設定値だけをリセットできます。たとえば「変形」の「ズーム」なら、「位置」や「回転の角度」の値は変更せずに「ズーム」のXとYの値だけが初期状態に戻ります。また、各種設定値の左端にある「各種設定値の名称部分」をダブルクリックしても、その行の設定値だけをリセットできます。

ヒント：インスペクタの数値の入力方法

数値は左右にドラッグして値を変えられるほか、ダブルクリックすることでキーボード入力が可能となります。

ヒント：数値を矢印キーで変更する方法

数値をダブルクリックした直後は数値全体が選択された状態になっており、上下の矢印キーで値を増減できます。このとき、左右の矢印キーを押すことで増減させる桁を変更することが可能です。

補足情報：リセットアイコンの左にある◆は何？

キーフレームを追加するときに使用します。詳しくは「7-06 その他」の「キーフレームでインスペクタの値を変化させる」を参照してください。

変形（拡大縮小・移動・回転・反転）

変形は、選択中のクリップを拡大縮小・移動・回転・反転させるエフェクトです。

インスペクタを表示させて「変形」の項目を開くと、クリップエフェクトの「変形」とほぼ同じ項目が設定できます。ただし、クリップエフェクトとは異なり、インスペクタでビューア上に枠を表示させることはできません。

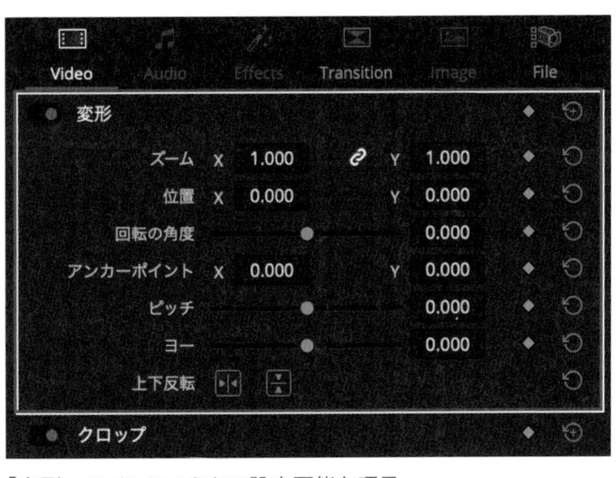

「変形」のインスペクタで設定可能な項目

ズーム

「X」はクリップの映像の幅を、「Y」はクリップの映像の高さを拡大または縮小します。このとき、「X」と「Y」の間にあるリンクアイコンが白くなっている状態だと縦横の比率を維持します（幅と高さが連動して変化します）。このアイコンがグレーになっているときは縦横の比率を維持せず、一方向にのみ変化します。

位置

「X」はクリップを横方向に、「Y」はクリップを縦方向に移動させます。

回転の角度

クリップの映像を回転します。

アンカーポイント

「回転の角度」の回転の中心を、「X」は横方向に「Y」は縦方向に移動します。

ピッチ

3Dで上側または下側が遠くにあるような形状に変形（X軸で回転）します。

ヨー

3Dで右側または左側が遠くにあるような形状に変形（Y軸で回転）します。

上下反転

クリップの映像を左右または上下に反転します。

クロップ（切り抜き）

クロップは、選択中のクリップの映像を切り抜くためのエフェクトです。

インスペクタを表示させて「クロップ」の項目を開くと、クリップエフェクトの「クロップ」とほぼ同じ項目が設定できます。ただし、クリップエフェクトとは異なり、インスペクタでビューア上に枠を表示させることはできません。

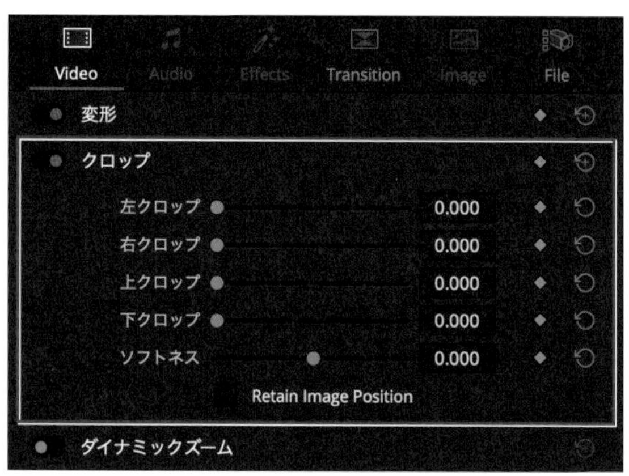

「クロップ」のインスペクタで設定可能な項目

左クロップ

左から右方向へ、クリップの見える範囲を狭くします。

右クロップ

右から左方向へ、クリップの見える範囲を狭くします。

上クロップ

上から下方向へ、クリップの見える範囲を狭くします。

下クロップ

下から上方向へ、クリップの見える範囲を狭くします。

ソフトネス

クリップの見えている範囲の周囲をぼかします。値をプラスにすると、映像の外側に向かってぼかした状態になります。値をマイナスにすると、映像の内側に向かってぼかした状態になります。

Retain Image Position

この項目をチェックすると、変形(拡大縮小・移動・回転・反転)とは無関係に表示領域（プロジェクト設定の「タイムライン解像度」で設定してある領域）をクロップします。この項目のチェックがはずれていると、変形エフェクトの影響はクロップを適用した範囲にも及びます。

したがって、たとえば映像の上下に黒い帯を表示させて映画のように横長に見せたいような場合はチェックを入れてください。そうすることで、上下の黒い帯は固定されて変形の影響を受けなくなります。

そのような用途ではなく、たとえば映像を正方形にクロップして、それを正方形のままで移動させたいような場合はチェックは外したままにしておいてください。

ダイナミックズーム(ズーム・パン・チルト)

ダイナミックズームは、選択中のクリップをズームやパンしているように見せるエフェクトです。このエフェクトは、ビデオクリップの映像のうちの最初に見せる領域と最終的に見せる領域を指定することで、その間の映像が滑らかに変化するように自動設定するものです。

ただし、最初に見せる領域と最終的に見せる領域の指定はインスペクタでは行えません。領域の指定はクリップエフェクトの「ダイナミックズーム」で行ってください。

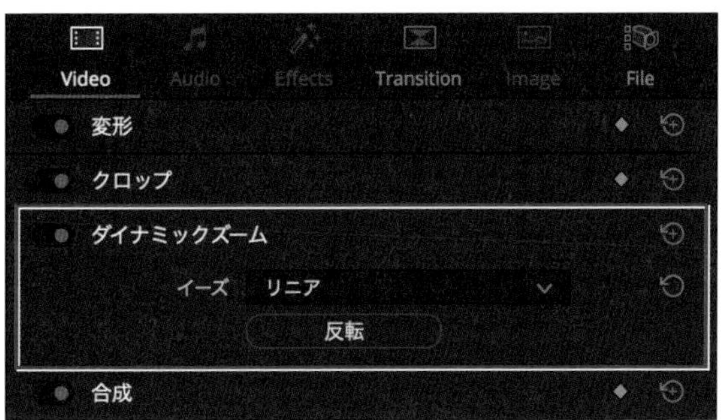

「ダイナミックズーム」のインスペクタで設定可能な項目

インスペクタの「ダイナミックズーム」で指定できるのは、次の項目だけです。

イーズ

ズームやパンを行う速度変化のパターンをメニューで選択して指定します。「リニア」「イーズイン」「イーズアウト」「イーズイン＆アウト」のいずれかを指定できます。

反転

クリップエフェクトの「ダイナミックズーム」で指定した緑色の枠と赤い枠を入れ替えます。

合成（合成モードと透明度）

合成は、選択中のクリップを下のビデオトラックのクリップとどのように合成するかを設定するエフェクトです。

インスペクタを表示させて「合成」の項目を開くと、クリップエフェクトの「合成」と同じ項目が設定できます。

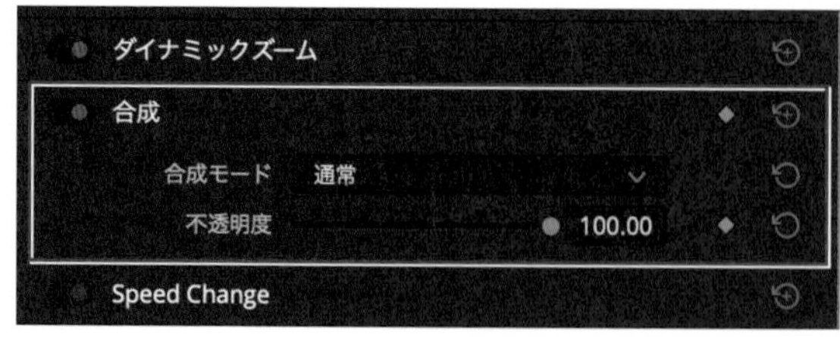

「合成」のインスペクタで設定可能な項目

合成モード

合成を行う際の演算の種類をメニューで選択して指定します。白い部分を透明にしたい場合は「マルチプライ（乗算）」、黒い部分を透明にしたい場合は「スクリーン」を選択してください。

不透明度

選択したクリップの不透明度をスライダーで設定できます。

Speed Change（速度を変更）

Speed Change（速度を変更）は、選択中のクリップの再生速度を変更するためのエフェクトです。

インスペクタを表示させ「Speed Change」の項目を開くと、クリップエフェクトの「速度」よりも多くの項目が設定できます。ただし、「Duration（長さ）」は速度の変更によって長さがどう変化するのかを確認するためもので、値を変更することはできません。

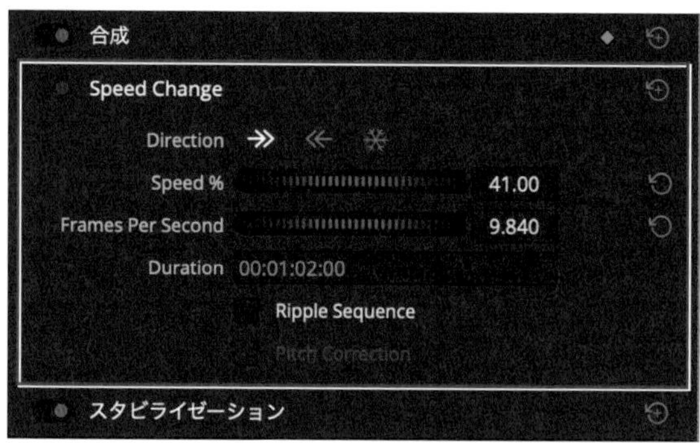

「Speed Change」のインスペクタで設定可能な項目

ヒント：速度を細かく制御できる別の方法もある

実は速度はタイムライン上で変更することもできます。その方法だと1つのクリップ内で何度でも速度を速くしたり遅くしたりできます。詳しくは「7-01 リタイムコントロール（p.232）」を参照してください。

Direction

再生する方向をアイコンで指定します。左から順に「順再生」「逆再生」「フリーズフレーム」となっています。ここでフリーズフレームを選択すると、選択中のクリップは再生ヘッドの直前で分割されます。そして分割された後半のクリップはすべて再生ヘッドの位置のフレームのフリーズフレームとなります。

用語解説：フリーズフレーム

動画の中の1フレームを静止画のように止めた状態で見せる機能（またはそれを適用した映像）をフリーズフレームと言います。数秒のあいだ時間が止まったかのような演出をする際などに使用します。

Speed %

ビューアに表示されているクリップの再生速度を変更します。元の速さが「1.00」で、倍速なら「2.00」、半分の速度なら「0.50」のように値を変更します。「−1.00」のようにマイナスの値を指定すると、逆再生になります。

Frames Per Second

クリップの再生速度をフレームレート（fps）で指定します。

Duration

クリップの長さを「時：分：秒：フレーム数（2桁ずつ）」で表示します。

Ripple Sequence

この項目がチェックされていると、速度の変化と連動してクリップの長さも変化します（遅くすると長くなり、早くすると短くなります）。このとき、後続のクリップはリップルします。この項目がチェックされていない場合は、速度を変更してもクリップの長さは変わりません。

Pitch Correction

この項目がチェックされていると、速度が変化しても音の高さは変化しません。この項目がチェックされていないと、速度の変化と連動して音の高さも変わります（遅くすると低い音になり、早くすると高い音になります）。

スタビライゼーション（手ぶれ補正）

スタビライゼーションは、選択中のクリップの手ぶれ補正を行うためのエフェクトです。

インスペクタを表示させて「スタビライゼーション」の項目を開くと、クリップエフェクトの「スタビライゼーション」よりも多くの項目が設定できます。

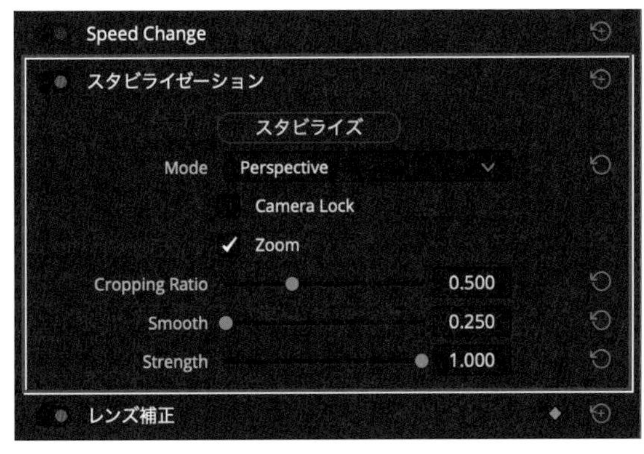

「スタビライゼーション」のインスペクタで設定可能な項目

スタビライズ ボタン

選択されているクリップにスタビライザーを適用します。

Mode（スタビライズの方法）

この項目はメニューになっており、「Perspective」「Similarity」「Translation」の中から1つを選択できます。スタビライザーを適用した後にこの項目を変更した場合、スタビライザーの再適用が必要となります。

・Perspective（遠近の分析あり）：遠近・パン・チルト・ズーム・回転の分析を行って手ぶれを補正します。
・Similarity（遠近の分析なし）：パン・チルト・ズーム・回転の分析を行って手ぶれを補正します。
・Translation（縦横のみ）：パンとチルトの分析のみを行って手ぶれを補正します。

Camera Lock（カメラロック）

この項目をチェックすると、手持ちでカメラをできるだけ動かさずに撮影した映像が、カメラを三脚に固定して撮影したような映像に仕上がります。「Cropping Ratio」「Smooth」「Strength」は設定できなくなります。

Zoom（ズーム）

手ぶれ補正は、内部的にはフレームごとに映像を上下左右に移動させるなどして行いますが、その結果として周囲に黒い部分ができてしまいます。その黒い部分が見えなくなるように映像を拡大するのがこの項目で、初期状態でチェックされています。この項目のチェックをはずすと、周囲にわずかに黒い部分が表示されるようになり、手ぶれは補正できても画面のまわりが揺れているような映像になります。

Cropping Ratio（クロップ比率）

「Zoom」は拡大するかどうかを設定する項目ですが、「Cropping Ratio」はどれだけ拡大してクロップするかを設定する項目です。「1.0」にするとまったく拡大しない状態になり、そこから値を小さくするほど映像が拡大され、クロップされる範囲も大きくなります。スタビライザーを適用した後にこの項目を変更した場合は、スタビライズの再適用が必要となります。

Smooth（スムース）

映像でのカメラの動きをスムーズなものにするために、カメラが動いている最中の余分な揺れをどれだけ除去するかを数値で設定する項目です。数値を大きくするほどスムーズな映像になります。スタビライザーを適用した後にこの項目を変更した場合は、スタビライザーの再適用が必要となります。

Strength（強度）

スタビライザーの適用強度を数値で設定する項目です。値を「1」にすると、最大限の強度でスタビライザーを適用します。ただし最大限に適用すると映像が不自然なものになってしまうことがありますので、その場合は値を小さくしてください。値を「−1」にすると、スタビライザーが適用されていない状態になります。

オーディオ（ボリューム・パン・ピッチ）

クリップを選択してインスペクタの「Audio」タブをクリックすると、「Volume」「Pan」「Pitch」「Equalizer」などの調整項目が表示されます（表示される項目はクリップの種類や状態によって変化します）。

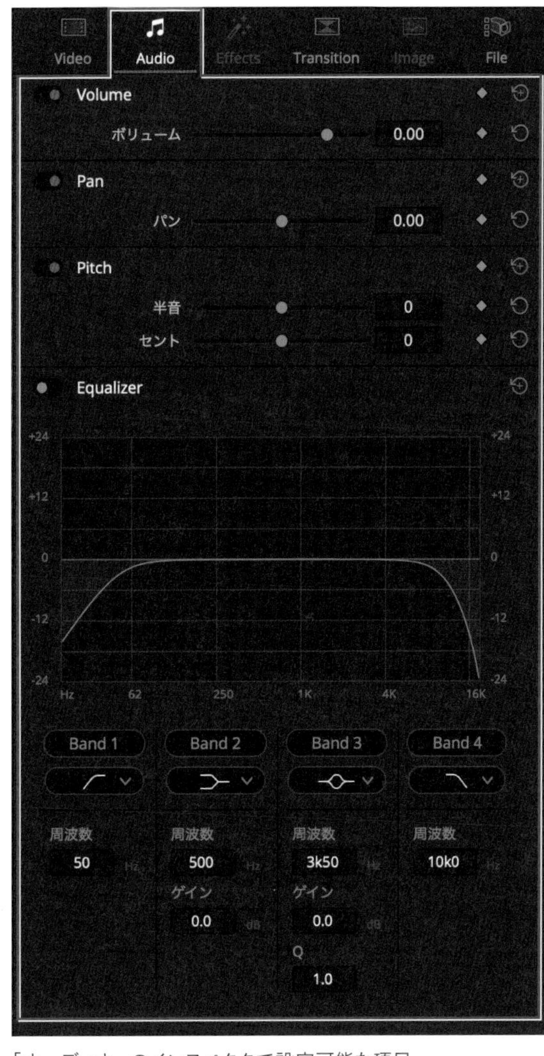

「オーディオ」のインスペクタで設定可能な項目

Volume（ボリューム）

選択しているクリップの音量を調整できます。

Pan（パン）

選択しているクリップの音声のパン（ステレオ録音された音が聞こえてくる左右の方向）を調整できます。

Pitch（ピッチ）

選択しているクリップの音声のピッチ（音の高さ）を調整できます。「半音」と「セント」の2つの単位で変更できますが、「セント」は「半音の100分の1の高さ」をあらわします。したがって、「半音」でおおまかな高さを決めたあとに「セント」で微調整する、という手順で使用するとよいでしょう。

Equalizer（イコライザー）

選択しているクリップの音声を、4バンドのパラメトリックイコライザー（特定の高さの音だけを連続可変で大きくしたり小さくしたりできる機能）で調整できます。

ファイル（クリップ情報）

クリップを選択してインスペクタの「File」タブをクリックすると、クリップのデータ形式（コーデック、フレームレート、解像度など）が表示され、さらにその下にはクリップに関する編集可能な情報が表示されます。

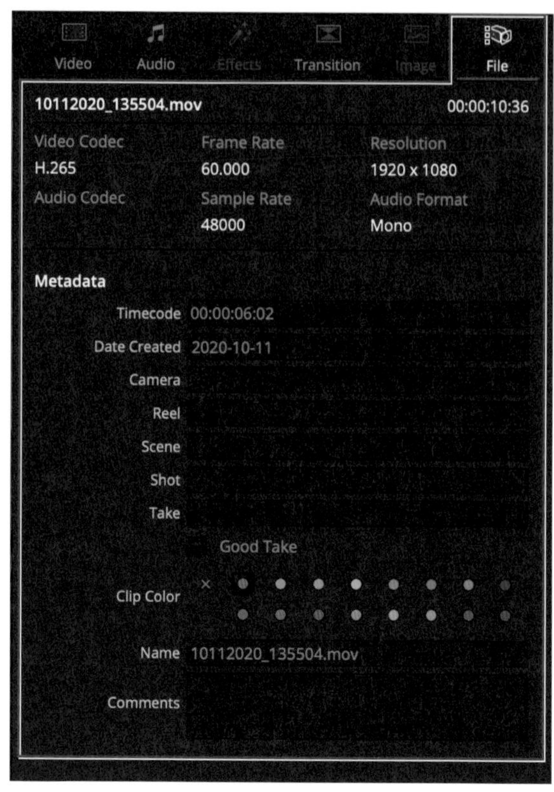

「File」のインスペクタで設定可能な項目

10

マーカーの使い方

音楽に合わせて映像を切り替えるときなどに、その切り替えのポイントとなるフレームに目印を付けておけると便利です。マーカーは、そのような用途で使用できるタイムライン上の目印です。マーカーは色で分類することができ、それぞれに名前やメモを入力しておくこともできます。入力したメモは、そのフレームに再生ヘッドを合わせたときにビューアの映像に重ねて表示されます。

マーカーとは?

マーカーは、タイムラインの任意のフレームに付けることのできる小さな目印です。色が選択でき、1つのフレームに付けられるだけでなく、幅を広げて範囲を示すこともできます（下図の下のタイムラインの左のマーカーを参照）。目安やきっかけとなるフレームにマーカーを付けておくことで、編集作業が効率的に行えるようになります。

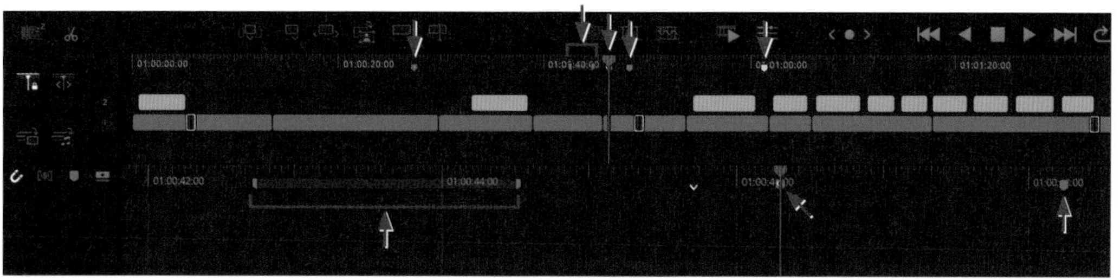

マーカーはタイムライン上の任意のフレームに付けられる目印

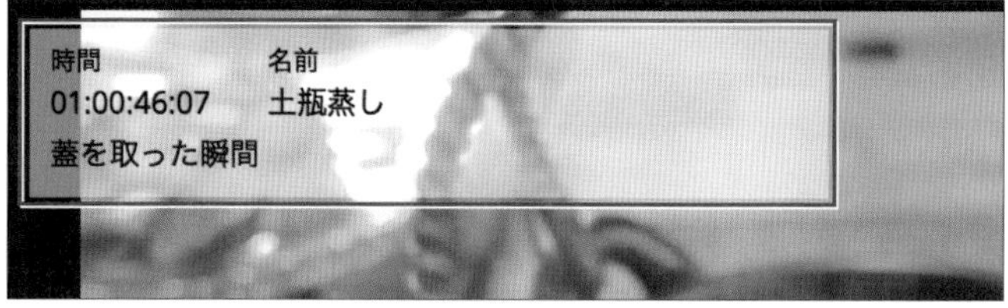

マーカー部分に再生ヘッドが来ると情報が表示される

マーカーには次のような情報を入力しておくことができます。情報の入力されたマーカーの位置に再生ヘッドを移動させると、ビューアの左上にその情報が表示されます（上図を参照）。

ヒント：メモが記入されたマーカーには丸い印がつく

マーカーのメモに情報を入力するとそのマーカーの中央付近に丸い印がつき、メモが入力されていることがわかるようになっています。

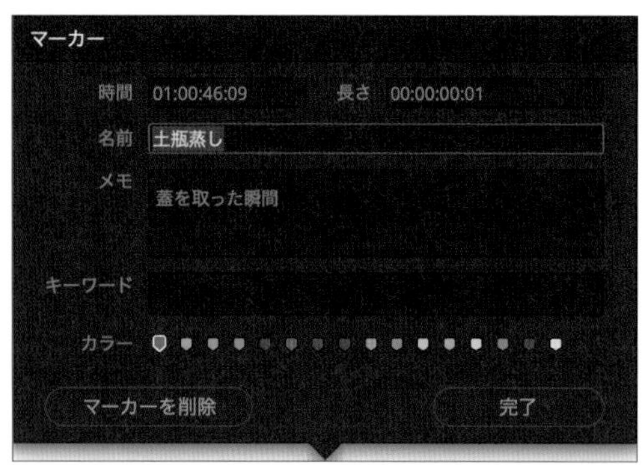

マーカーには名前やメモ、キーワードが入力できる

補足情報：マーカーの表示・非表示のコントロール

「表示」メニューの「マーカーを表示」を選択して表示される項目のうち「すべて」のチェックをはずすことで、すべてのマーカーを非表示にすることができます。その状態で同じメニューから特定の色を選択することで、その色のマーカーだけを表示させることもできます。

マーカーの追加と編集

マーカーを追加するには、追加したいフレームに再生ヘッドを合わせた状態で、タイムラインの左側にある「マーカーを追加」ボタンを押すか［M］キーを押してください。

追加されたマーカーをダブルクリックするとそのマーカーの名前やメモなどの情報を入力するダイアログが表示されます。また、[command (Ctrl)] + ［M］を入力してマーカーを追加すると、追加と同時に情報を入力するダイアログが開きます。

マーカーはドラッグして移動できます。マーカーを削除するには、マーカーを選択して［delete］キーを押してください。マーカー関連の編集作業はすべて「マーク」メニューから行うことができ、それぞれにキーボードショートカットも用意されています。

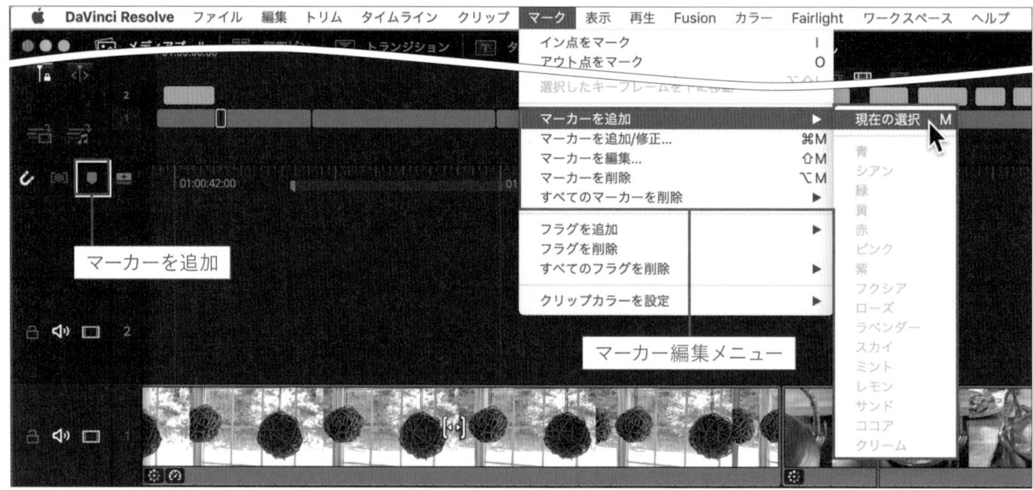

マーカーを追加するボタンと編集のためのメニュー項目

ヒント：マーカーで範囲を示すには？

[option (Alt)] キーを押しながらマーカーをドラッグすると、マーカーの幅が広がります。

ヒント：マーカーからマーカーへの再生ヘッドの移動

[shift] キーを押した状態で上の矢印キーを押すと、再生ヘッドは前のマーカーへと移動します。[shift] キーを押した状態で下の矢印キーを押すと、再生ヘッドは次のマーカーへと移動します。

Chapter

4

テロップの入れ方

DaVinci Resolveには、テロップを入れるための複数のツールが用意されています。ここでは、それらの違いと基本的な使用方法、そしてそれらの中でもっとも高機能な「テキスト+」の使い方について詳しく解説します。

テロップの種類

DaVinci Resolveにはさまざまな種類のテロップが用意されています。もっとも多機能な「テキスト+」のほか、直感的に使用できる「テキスト」、内容を自動的にスクロールさせる「スクロール」、映像とは別の独立したデータとして扱うことのできる「字幕」などがあります。ここでは、そのような各種テキストツールの特徴と使い方のヒントを紹介します。

動画編集ソフトにおける用語について

DaVinci Resolveをはじめとする多くの動画編集ソフトでは、「テロップ」という用語は使用されていません。日本において一般的に使用されている「テロップ」とほぼ同じような意味で「タイトル」という用語が使用されています。「タイトル」とは言っても「題名」や「表題」のテキストだけを指しているわけではなく、普通の日本人がイメージする「テロップ」や「字幕」のような「画面上に表示させる文字全般」のことを指している点に注意してください。

また、動画編集ソフトにおいては「字幕」も通常よりは少し限定された意味で使用される場合があります。DaVinci Resolveの「字幕」はタイトルの一種ではありますが、映像の上に重ねて表示させるだけの他のテロップとは異なり、映像とは別に独立して書き出したり読み込んだりすることができる特別な形式のテロップのことを指しています。

テキスト+

「テキスト+」はDaVinci Resolve 15で追加されたテキストツールで、テレビのバラエティ番組で見かけるような何重にも縁取られた凝ったテロップを作成する場合にはこのツールを使う必要があります。

「テキスト+」で装飾したテキストの例

テキストツールの中ではもっとも詳細かつ自由に文字装飾ができるツールですが、設定できる項目が多い上にインスペクタでの項目名がほぼ英語のままになっていますので、慣れるまでは少々扱いにくいかもしれません。

テキスト

「テキスト」は、「テキスト+」が登場するまではDaVinci Resolveの主要なテキストツールとして使用されていました。設定可能な項目は「テキスト+」と比較するとかなり少ないですが、各種項目名はほとんど日本語化されており、シンプルで初心者でも比較的扱いやすいものとなっています。また、DaVinci Resolveのタイトルの中ではこの「テキスト」だけが唯一ビューア上でクリックして選択可能となっています（「テキスト+」はビューア上では選択できず、部分的に色やフォントサイズなどを変更するにはFusionページに移動して作業する必要があります）。

「テキスト」で装飾したテキストの例

ヒント：「テキスト」の文字の縁取りは「ストローク」で調整

インスペクタの「ストローク」という項目にある「サイズ」の値を大きくすると、「テキスト」の縁取りの線が太くなります。

このツールでも一重の縁取りであれば追加可能ですが、縁取りの線を太くすると外側だけでなく内側にも線が拡張されるため、文字本体の部分がどんどん細くなってしまうという欠点があります。縁取りとは別に影（ドロップシャドウ）を付けることは可能です。

スクロール

「スクロール」は、テキストを下から登場させて徐々に上に移動させ、やがてテキストが見えなくなる、という演出を行うためのテキストツールです。

テキストの移動速度は、タイムライン上でのこのクリップの幅で調整します（幅を広げて表示時間を長くするとテキストがゆっくり移動するようになります）。このツールでは文字に対して設定可能な項目が少なく、特に行間が設定できないのが難点です。

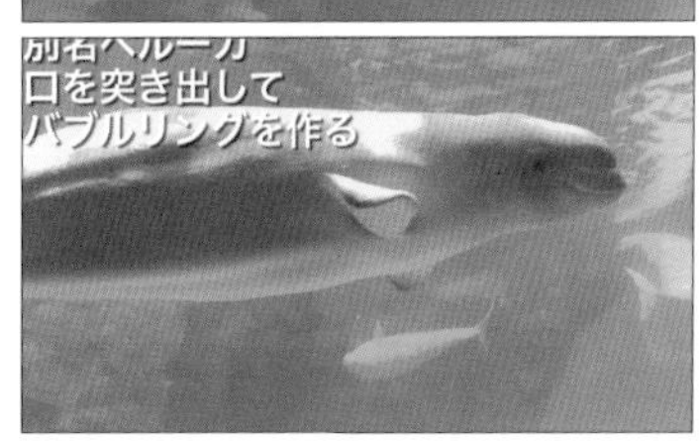

「スクロール」のテキストの表示例

字幕

「字幕」は、洋画の日本語字幕のような字幕を表示させたいときに使用するテキストツールです。タイムラインに配置すると、ビデオトラックの上に字幕専用のトラックが自動的に生成され、そこに配置されます。ある程度の文字の装飾は可能ですが、同じトラック上に配置したテキストにはすべて同じ装飾が適用されます（同じトラック上の一部のテキストだけ色を変えるようなことはできません）。日本語の字幕のほかに英語の字幕なども作成できるように、字幕のトラックは複数作成できます。文字の装飾は、トラックごとに変えることができます。

重要

「字幕」はカットページでは扱うことができません。「字幕」の操作をする際にはエディットページを使用してください。

「字幕」のテキストの表示例

補足情報：字幕を読み込むには？

エディットページで「メディアプール」を表示させ、クリップのないところで右クリックして「字幕の読み込み...」を選択してください。対応している字幕のフォーマットは「SubRip (.srt)」です。

補足情報：字幕を書き出すには？

エディットページを開き、「ファイル」メニューから「書き出し」→「Subtitle...」を選択するか、書き出したい字幕トラックのトラックヘッダーを右クリックして「字幕の書き出し...」を選択してください。また、デリバーページのレンダー設定にある「字幕設定」の項目で「字幕の書き出し」にチェックを入れ、「書き出し方法」で「別ファイル」を選択しても書き出せます。書き出し可能な字幕のフォーマットは「SubRip (.srt)」と「WebVTT (.webvtt)」です。

補足情報：動画を書き出したら字幕が映ってない!?

クイックエクスポートで書き出しても、字幕はほかのタイトルのように映像の上には出力されません。字幕を映像の上に表示させた状態で書き出すには、デリバーページのレンダー設定にある「字幕設定」の項目で「字幕の書き出し」にチェックを入れ、「書き出し方法」で「ビデオに焼き付け」を選択してください。

その他

DaVinci Resolveのタイトルには「テキスト+」「テキスト」「スクロール」「字幕」以外のものも多く用意されています。それらは異なる太さやサイズのフォントを組み合わせたものであったり、立体的な文字であったり、ほかのパーツとテキストを組み合わせたものであったり、それらにアニメーションを加えたものであったりします。ここではその中の一部を紹介しておきます。

「Left Lower Third」のテキストの表示例

「Middle Lower Third」のテキストの表示例

「Right Lower Third」のテキストの表示例

「Call Out」のテキストの表示例

「Clean and Simple Heading Lower Third」のテキストの表示例

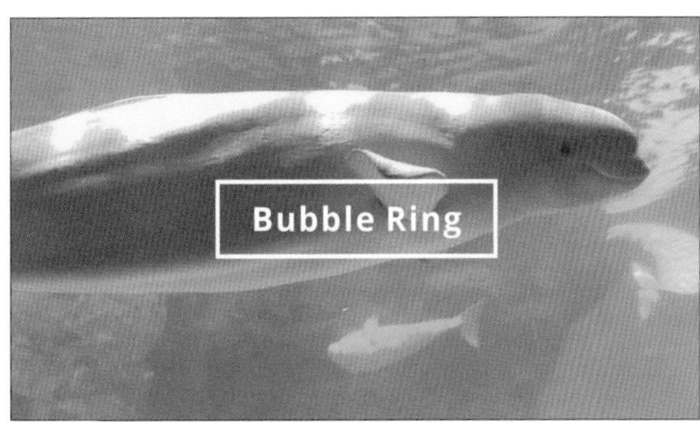

「Text Box」のテキストの表示例

タイトルの基本的な使い方

「字幕」がエディットページでしか扱えない点を除けば、タイトルに関してはカットページでもエディットページでも同じ機能が利用できます。ここでは、タイトルをタイムラインに配置する方法、タイトルのインスペクタを開く方法、よく使うタイトルを「お気に入り」に追加する方法、といったタイトルの基本操作について説明します。

タイムラインへの配置（カットページ）

カットページでタイトルをタイムラインに配置するには次のように操作してください。

1 「タイトル」タブをクリックする

画面左上にある「タイトル」タブをクリックします。

2 使用するタイトルを探す

タイトルが一覧表示されますので、その中から使用するものを探します。このとき、各タイトルの上にポインタをのせると、そのタイトルがビューアに表示されます。アニメーションを伴うタイトルの場合は、タイトルの上でポインタを左から右へと動かすことでその動きも確認できます。

3 使用するタイトルをタイムラインにドラッグする

使用するタイトルが決まったら、そのタイトルをタイムラインにドラッグ&ドロップしてください。

ヒント：タイトルはビデオトラックに配置する

タイトルが配置できる場所はビデオクリップと同じです。ビデオトラック内であればどこにでも配置できます。ビデオトラック1に配置すると、黒い背景にタイトルだけが表示されます。

ヒント：配置されるタイトルの長さは5秒

タイムラインに配置されるタイトルの長さは初期状態では5秒になります。この長さを変えるには、「DaVinci Resolve」メニューから「環境設定...」→「ユーザー」→「編集」を選択して表示される画面の中にある「標準ジェネレーターの長さ」の値を変更してください。

タイムラインへの配置（エディットページ）

エディットページでタイトルをタイムラインに配置するには次のように操作してください。

1 「エフェクトライブラリ」タブをクリックする

エフェクトライブラリが表示されていない場合は、画面左上にある「エフェクトライブラリ」タブをクリックします。

2 「ツールボックス」から「タイトル」を選択する

エフェクトライブラリの左側に表示されている「ツールボックス」という項目の中にある「タイトル」をクリックします。

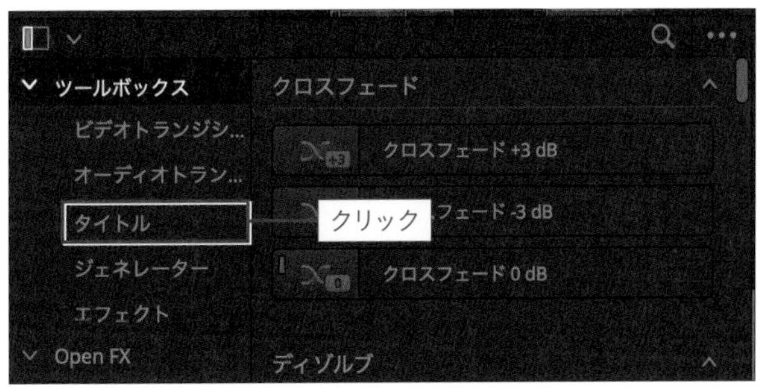

3 使用するタイトルを探す

タイトルが一覧表示されますので、その中から使用するものを探します。このとき、各タイトルの上にポインタをのせると、そのタイトルがビューアに表示されます。アニメーションを伴うタイトルの場合は、タイトルの上でポインタを左から右へと動かすことでその動きも確認できます。

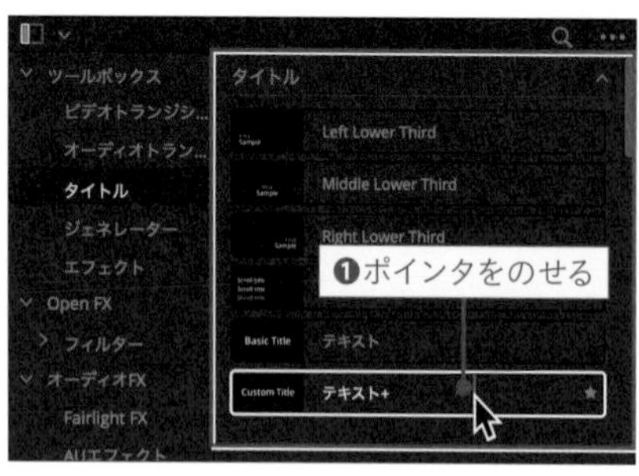

4 使用するタイトルをタイムラインにドラッグする

使用するタイトルが決まったら、そのタイトルをタイムラインにドラッグ&ドロップしてください。

ヒント：タイトルにはビデオクリップと同じエフェクトが適用できる

ビデオクリップと同様に、タイトルもエフェクト（拡大縮小・移動・回転など）が適用できます。また、フェーダーハンドルを使ってフェードさせることも可能です。

補足情報：字幕は字幕トラックに配置される

字幕をタイムラインにドラッグ&ドロップした場合は、自動的に字幕トラックが作られ、そこに配置されます。

インスペクタの開き方

カットページおよびエディットページでタイトルのインスペクタを開くには次のように操作してください。以下はカットページの画面で説明します。

1 タイトルのクリップを選択する

インスペクタで調整したいタイトルのクリップをタイムライン上で選択します。インスペクタでの調整がビューアで確認できるように、再生ヘッドをタイトルのある位置に移動させておきましょう。

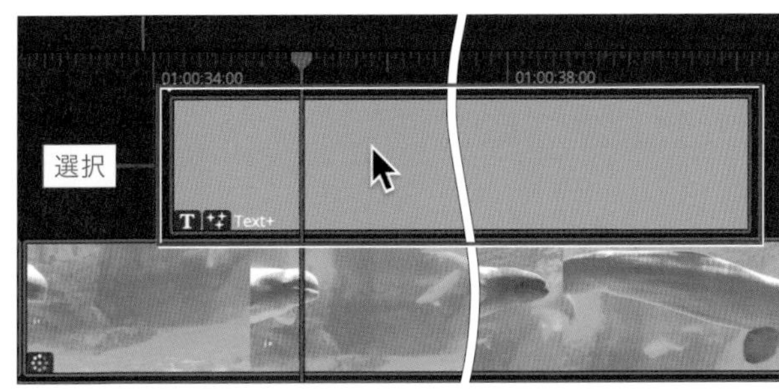

2 「Inspector」タブをクリックする

インスペクタが表示されていない状態であれば、画面右上の「Inspector」タブをクリックしてください。インスペクタが表示されている状態で「Inspector」タブをクリックすると、インスペクタは消えます。

3 インスペクタが表示される

タイトルの「インスペクタ」が表示されました。

補足情報：タイトルのインスペクタは「Video」タブに含まれている

タイトルが選択されている状態でインスペクタを開くと、インスペクタ内の「Video」のタブの内容が「Title」と「Settings」の2つに分かれてタブで切り替えられるようになります。「変形」や「クロップ」などは「Settings」のタブをクリックすることで表示できます。

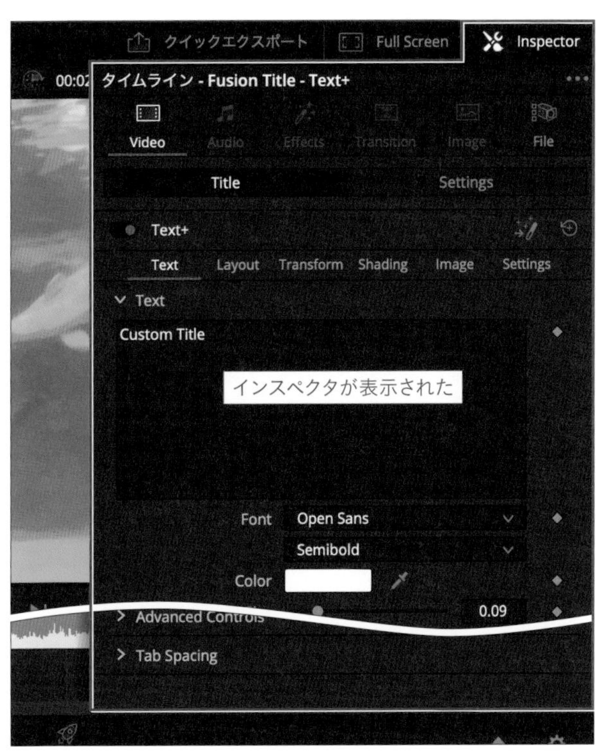

タイトルをお気に入りに追加する

よく使うタイトルは「お気に入り」に追加しておくことで、探す手間をかけずにすぐに適用できるようになります。タイトルを「お気に入り」に追加するには次のように操作してください。以下はカットページの画面で説明します。

1 タイトルの一覧を表示させる

画面左上の「タイトル」のタブをクリックして、タイトルの一覧を表示させます。

2 名前の右横にある★をクリックする

「お気に入り」に追加したいタイトルの上にポインタをのせると、名前の右側に星印（★）が表示されます。それをクリックするとグレーだった星印が白くなり、「お気に入り」に追加されます。

補足情報：右クリックでも追加できる

タイトルを右クリックして「お気に入りに追加」を選択しても、お気に入りに追加できます。

3 お気に入りに追加された

「お気に入り」のタブをクリックすると画面が切り替わり、お気に入りに追加されているタイトルだけが表示されます。

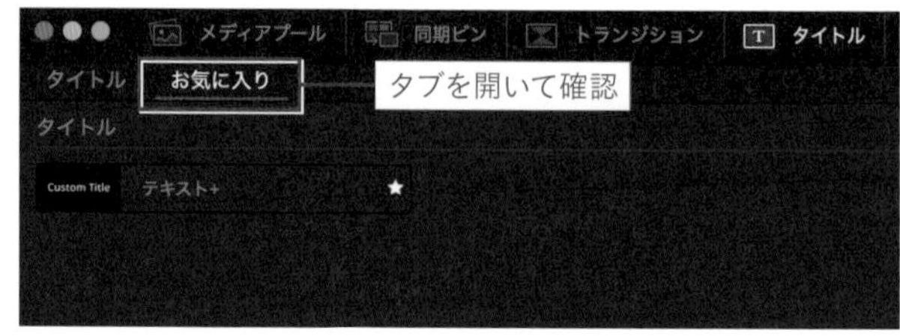

ヒント：お気に入りから削除するには？

白くなった星印をもう一度クリックすると色がグレーに変わり、お気に入りから削除されます。

補足情報：「お気に入り」の操作は共通

「お気に入り」に追加したり削除したりする操作は、カットページでもエディットページでも共通しています。また、トランジションやエフェクトなどでも同じ操作ができます。

03

テキスト+の使い方

「テキスト+」はFusionの機能で実装されているため、ある程度Fusionについての知識を持った上で、Fusionページで使用しなければ理解しにくい部分があります。ここでは、Fusionについての知識がほとんどない状態でも「テキスト+」が使えるように、一般的なテロップでよく見られるパターンのものを作るための作業手順を解説していきます。

テキスト+の基本操作

「テキスト+」のインスペクタの内容はカットページでもエディットページでも同じです。最上部には次のように6つのタブがありますが、一般に多く使用されるのは「Text」「Layout」「Shading」の3つのタブです。

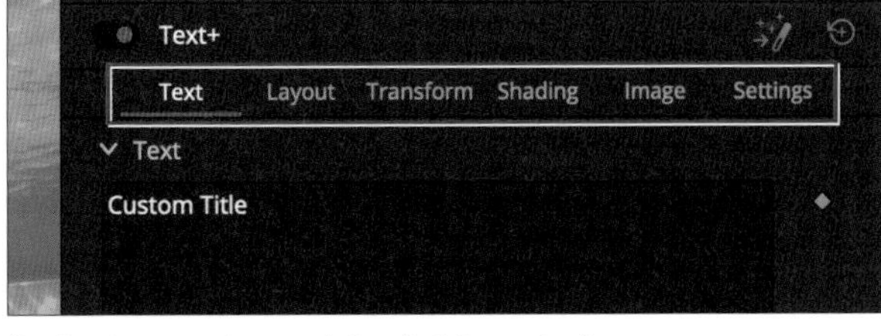

「テキスト+」のインスペクタにある6つのタブ

初期状態で表示されている「Text」のタブでは、次の項目が調整可能です。スクロールすることでさらに多くの項目が表示されますが、ほかの項目に関しては必要に応じて別途説明していきます。

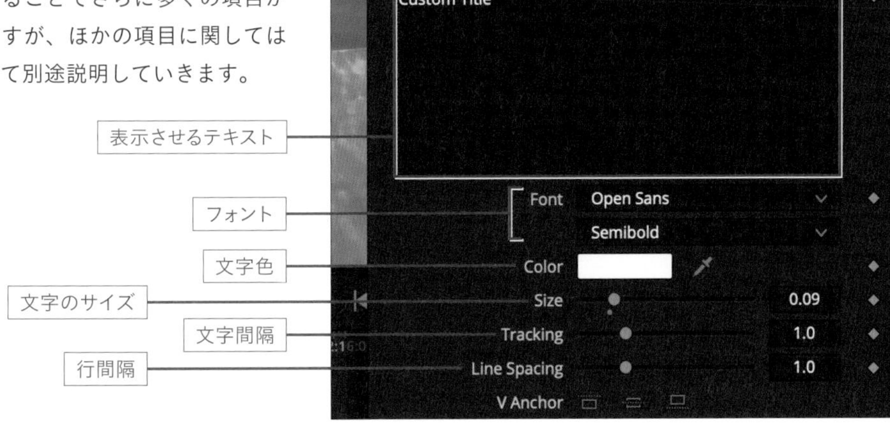

「Text」タブでよく使われる項目

補足情報：「文字のサイズ」の単位は？

「テキスト+」で指定する文字のサイズは、ピクセルやポイントなどの単位の付く数値ではありません。映像の幅に対する相対値です。

「Layout」タブではレイアウトモードが切り替えられるほか、文字の配置位置を調整できます。レイアウトモードについては次の節で説明します。

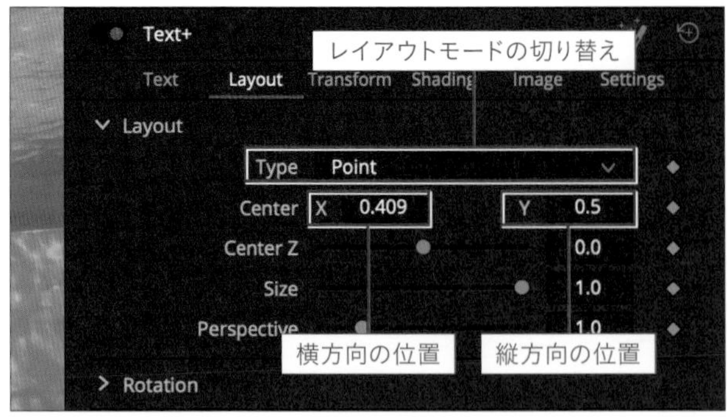

「Layout」タブでよく使われる項目

ヒント：タイトルには各種エフェクトも適用できる

ビデオクリップに適用可能なエフェクトの多くは、タイトルに対しても使用できます。たとえば、変形（拡大縮小・移動・回転・反転）のエフェクトを使用して文字の大きさや位置が指定できますし、文字を回転させることもできます。

テキスト+のレイアウトの種類

テキスト+には4種類のレイアウトモードがあり、「Layout」タブを開くと一番上にある「Type」メニューで切り替えられるようになっています。

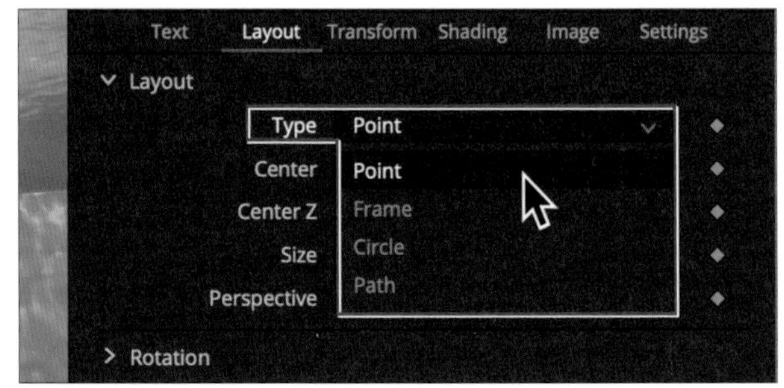

「Layout」タブで変更可能な4種類のレイアウトモード

「Circle」モードを除き、カットページやエディットページではモードを切り替えてみても違いはよくわかりません。しかし、Fusionページではテキストに対して緑と赤のガイドが表示されますので違いが確認できます。ここでは、Fusionページでどう表示されるのかを確認しながら、各レイアウトモードの違いを把握しておきましょう。

Point（点モード）

「点」を中心にテキストを配置するシンプルなモードです。テキストの移動は、この点を動かすことで行います。テキスト+の初期状態では、このモードになっています。

Frame (枠モード)

テキストを四角形の「枠」の中に配置するモードです。枠の中に配置するといっても、テキストが多ければ枠からはみ出した状態で表示されます。しかし、左揃えにすると左側で揃う状態になり、右揃えにすると右側で揃う状態になります。上または下に揃えることも可能です。枠の大きさや位置は自由に調整できます。

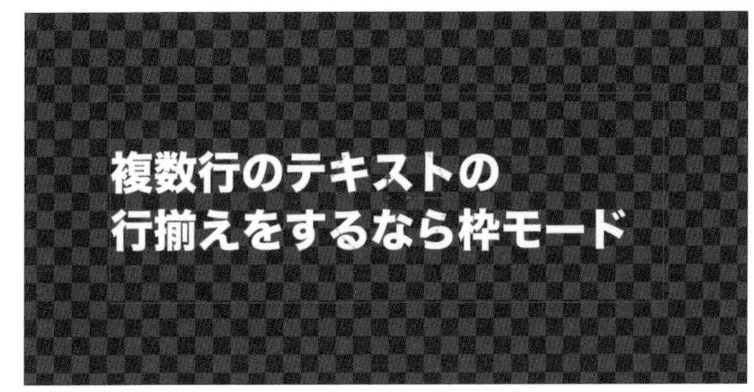

Circle (円モード)

「円または楕円」の形状に沿ってテキストを配置するモードです。円の大きさなどは調整可能です。

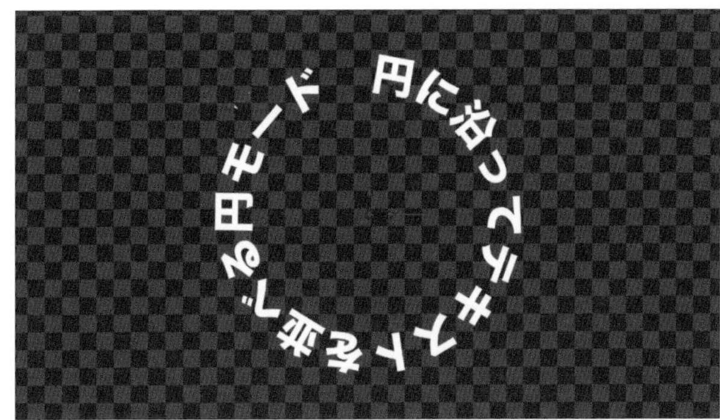

Path (パスモード)

自分で描いたパス（ベジェ曲線）に沿ってテキストを配置するモードです。パスを描いたり調整する作業はFusionページで行います。

ヒント：レイアウトモードの基本的な使い分け

1行のシンプルなテキストを配置するなら「Point (点モード)」が簡単で便利です。行揃えの必要な複数行のテキストを配置するなら「Frame (枠モード)」を使うのが基本ですが、「Point (点モード)」でも同様の表示にすることは可能です。

テキスト+での行揃え

テキスト+で行揃えを行うには次のように操作してください。以下はカットページの画面で説明します。

1 テキスト+をタイムラインに配置して文字を入力する

テキスト+をタイムラインに配置し、インスペクタで文字を入力した状態にします。必要に応じてフォントの種類やサイズ、行間などを調整しておいてください。

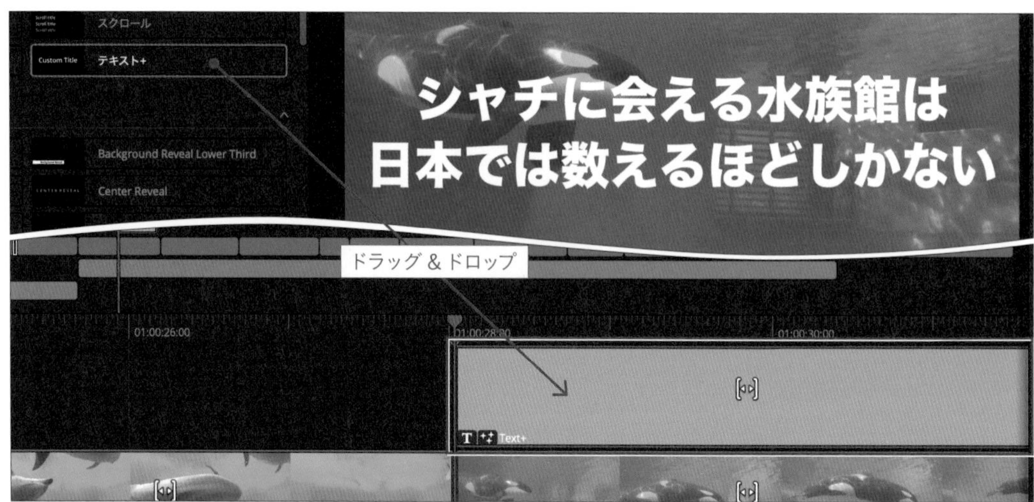

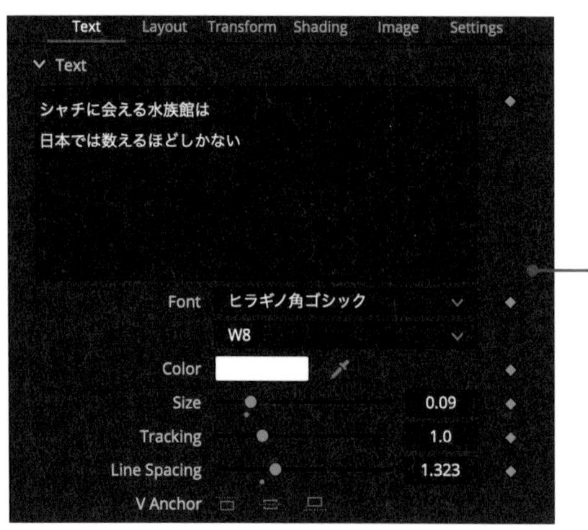

2 行揃えと上下の揃えを設定する

インスペクタで「Text」タブが選択されている状態で下の項目を見ていくと、「V Anchor」と「H Anchor」という項目があります。

「V Anchor」は「上揃え」「中央揃え」「下揃え」を設定できます。同様に「H Anchor」では「左揃え」「中央揃え」「右揃え」が設定できますので、必要な方向に揃えてください。この例では「下揃え」と「左揃え」を選択しています。

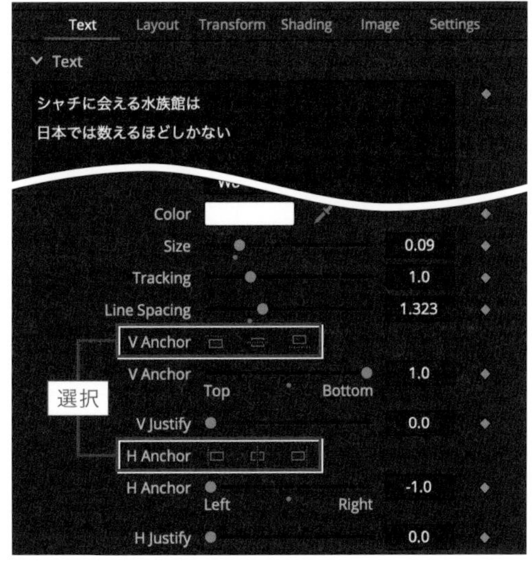

ヒント：「Point（点モード）」でも行揃えは可能

この時点では「Point（点モード）」になっていますので、中央の点にテキストの下と左が揃えられている状態になっています。この状態から、点を左下に移動させることで普通の左揃えと同じように表示させることができます。点を移動させるには「Layout」タブを開き、「X」と「Y」で位置を調整してください。変形エフェクトで移動させることもできます。

3 「Layout」タブをクリックする

インスペクタ上部の「Layout」タブをクリックして画面を切り替えます。

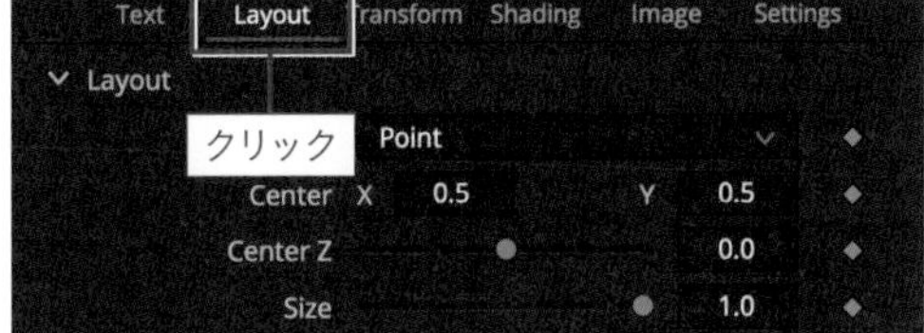

4 「Type」を「Frame」に変更する

「Type」メニューを開くと「Point」が選択された状態になっていますので、「Frame」に切り替えます。これでレイアウトが「枠モード」になります。

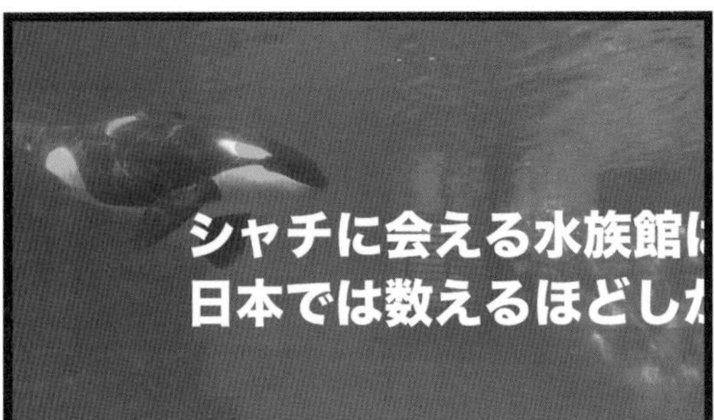

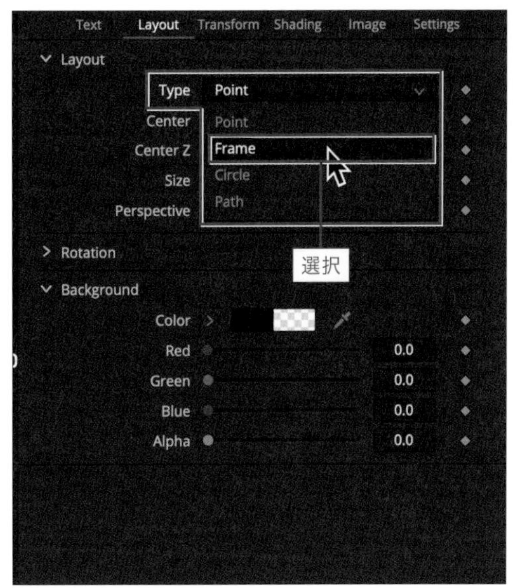

5 Fusionページを開く

必ずしもFusionページに移動する必要はないのですが、この例では枠の状態を確認するためにFusionページに移動します。タイムラインでテキスト+のクリップが選択されていることを確認の上（選択されていなければ選択して）、Fusionページに移動してください。

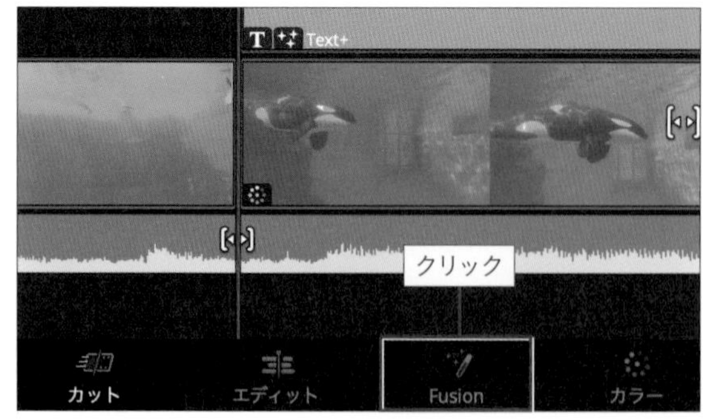

6 枠の幅と高さを調整する

Fusionページでは、緑色の枠が表示されます。インスペクタの「Layout」にある「Width」で枠の幅を、「Height」で枠の高さを調整してください。必要に応じて「X」と「Y」で枠自体の位置も調整できます。インスペクタの内容はFusionページでもカットページでもエディットページでも共通しているため、この操作はどのページでもできます。慣れてきたらFusionページを開かずに、カットページまたはエディットページだけで処理を完了できます。

ヒント：値を初期状態に戻す方法

インスペクタ上の「Width」や「Height」のような項目名をダブルクリックすることで、変更済みの値を初期値に戻すことができます。DaVinci Resolveで共通している操作方法として、リセットのアイコンが表示されている場合はそれでリセットできますが、ない場合は項目名をダブルクリックすることで初期値に戻せます。

Shadingタブの役割

「Shading」は、文字に縁取りなどの装飾を付け加える際に使用するタブです。装飾を追加するために、番号の付けられた8つの階層（レイヤーと同等のもの）が用意されており、初期設定では番号の大きい階層に配置された装飾ほど後方（下）に表示されるようになっています。

各階層に配置できる装飾は、次の4種類のうちの1つだけです。「Text」タブで入力したテキストは「Text Fill（文字本体）」に設定されており、一番手前の1の階層に配置されています。

- **Text Fill（文字本体）**
- **Text Outline（文字の縁取り）**
- **Border Fill（文字の背景）**
- **Border Outline（文字の背景の縁取り）**

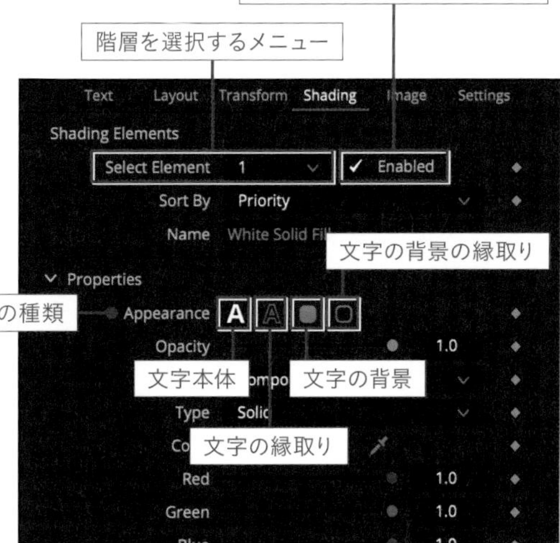

Shadingタブの主要な機能

Shadingタブの3種類のプリセット

Shadingタブの装飾を配置できる8つの階層のうち、2～4にはあらかじめ「文字の縁取り」「文字本体（影）」「文字の背景」がセットされており、初期状態では「非表示（Enabledのチェックを外した状態）」になっています。したがって、「文字の縁取り」「文字の影」「文字の背景」のいずれかを表示させたいときには、該当する階層を選択してEnabledにチェックを入れるだけですぐに表示させられます。

階層の番号	装飾の種類	初期状態での表示／非表示
1	文字本体	表示
2	文字の縁取り	非表示
3	文字本体（影）	非表示
4	文字の背景	非表示
5	文字本体	非表示
6	文字本体	非表示
7	文字本体	非表示
8	文字本体	非表示

補足情報：階層3は文字本体による影

階層3は装飾の種類として「文字本体」にはなっていますが、文字色を黒にして表示位置をずらし、縁をぼかすことで影として表示させています。

階層2のEnabledをチェックすると、「文字の縁取り」が表示される

階層3のEnabledをチェックすると、「影」が表示される

階層4のEnabledをチェックすると、「文字の背景」が表示される

文字に縁取りを付ける（階層2の使い方）

「Shading」の階層2のプリセットを使って文字に縁取りを付けるには、次のように操作してください。以下はカットページの画面で説明します。

1 テキスト+をタイムラインに配置して文字を入力する

テキスト+をタイムラインに配置し、インスペクタで文字を入力した状態にします。必要に応じてフォントの種類やサイズ、文字色などを調整しておいてください。

2 「Shading」タブをクリックする

インスペクタ上部の「Shading」タブをクリックして画面を切り替えます。

3 階層2を選択する

「Select Element」と書かれたメニューから「2」を選択します。

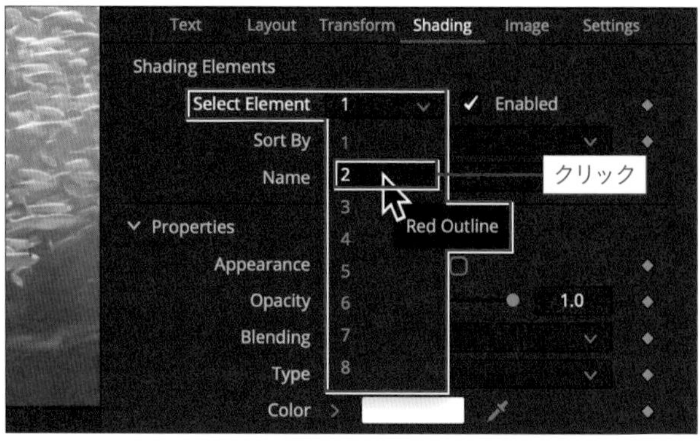

4 「Enabled」にチェックを入れる

「Enabled」という項目をクリックしてチェックされた状態にすると、文字に赤い縁取りが表示されます。

5 縁取りを調整する

縁取りの線の太さや色などを調整します。

ヒント：縁取りの線をスライダーの限界よりも太くするには？

縁取りの線をスライダーの一番右側よりもさらに太くしたい場合は、スライダーの右横の数値を入力し直して、現在の値よりも大きくしてください。スライダーのスケールが更新され、さらに右側に動かせるようになります。

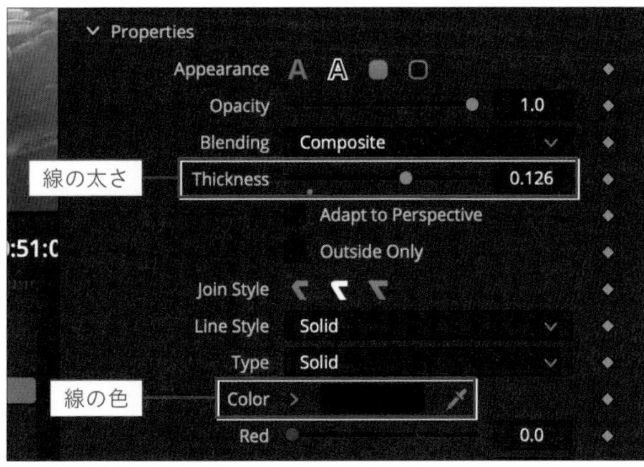

縁取りの太さや色が変わる

6 縁取りをぼかす

縁取りのまわりのぼかし具合は「Softness」の「X」と「Y」で調整できます。「X」は横方向のぼかし具合で、「Y」は縦方向のぼかし具合です。

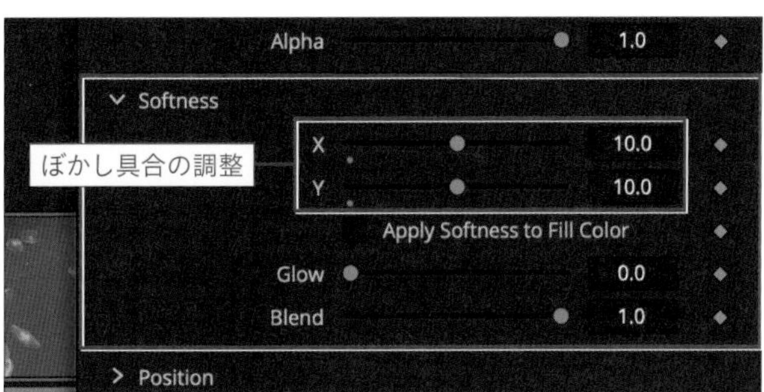

縁取りにぼかしが入る

文字に影を表示させる（階層3の使い方）

「Shading」の階層3のプリセットを使って文字に影を付けるには、次のように操作してください。

1 テキスト+をタイムラインに配置して文字を入力する

テキスト+をタイムラインに配置し、インスペクタで文字を入力した状態にします。必要に応じてフォントの種類やサイズ、文字色などを調整しておいてください。

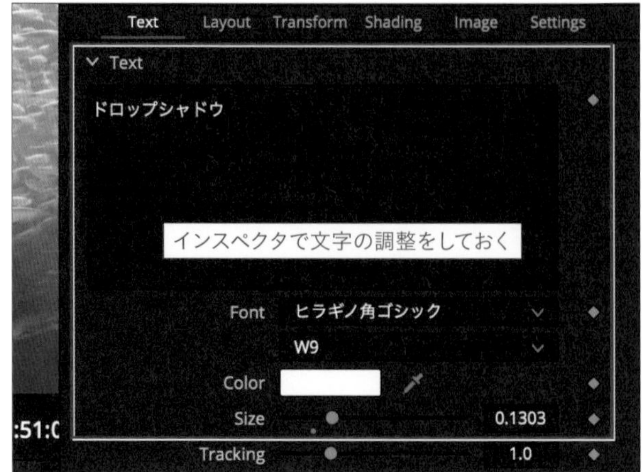

2 「Shading」タブをクリックする

インスペクタ上部の「Shading」タブをクリックして画面を切り替えます。

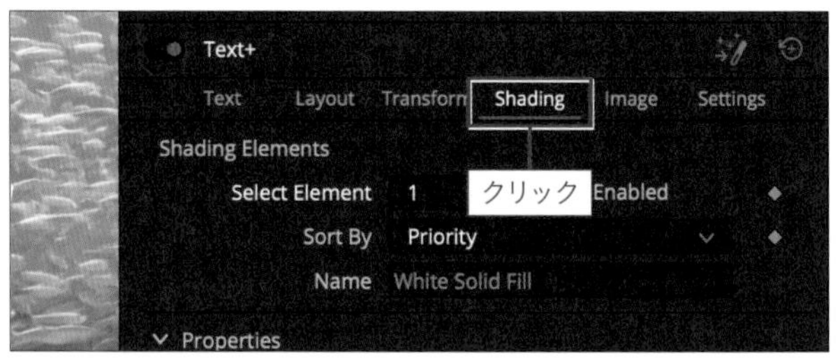

3 階層3を選択する

「Select Element」と書かれたメニューから「3」を選択します。

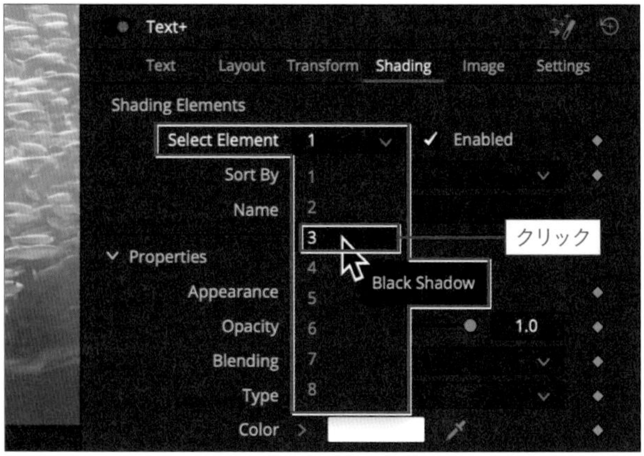

4 「Enabled」にチェックを入れる

「Enabled」という項目をクリックしてチェックされた状態にすると、影が表示されます。

5 影の透明度を調整する

必要に応じて影の透明度を調整します。また、影の色を変更することも可能です。

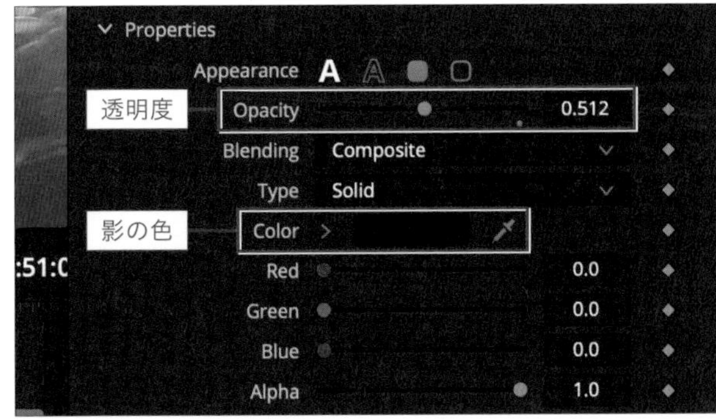

影の色や透明度が変わる

6 影の位置を調整する

影の位置は、「Position」の「Offset X」と「Y」で調整できます。「X」は横方向の位置、「Y」は縦方向の位置です。

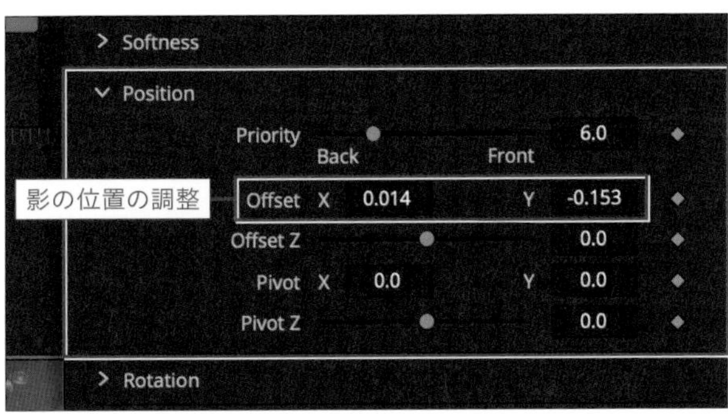

影の位置が変わる

7 影のぼかし具合を調整する

影のまわりのぼかし具合は、「Softness」の「X」と「Y」で調整できます。「X」は横方向のぼかし具合、「Y」は縦方向のぼかし具合です。

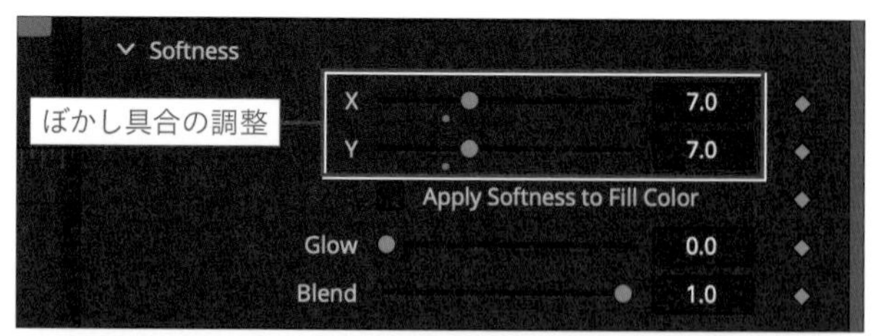

文字に背景を表示させる（階層4の使い方）

「Shading」の階層4のプリセットを使って文字の背景を表示させるには、次のように操作してください。

1 テキスト+をタイムラインに配置して文字を入力する

テキスト+をタイムラインに配置し、インスペクタで文字を入力した状態にします。必要に応じてフォントの種類やサイズ、文字色、文字間隔などを調整しておいてください。

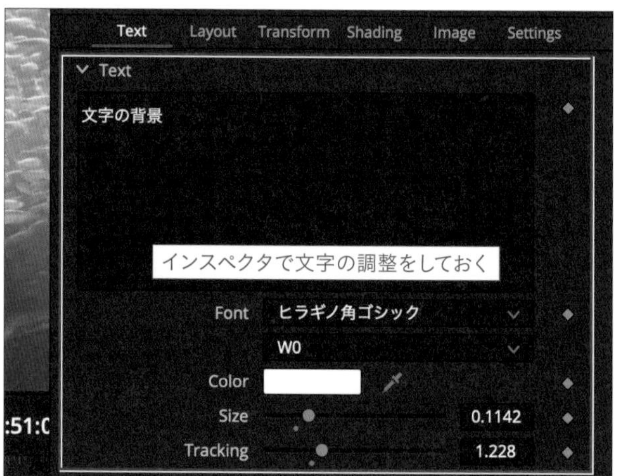

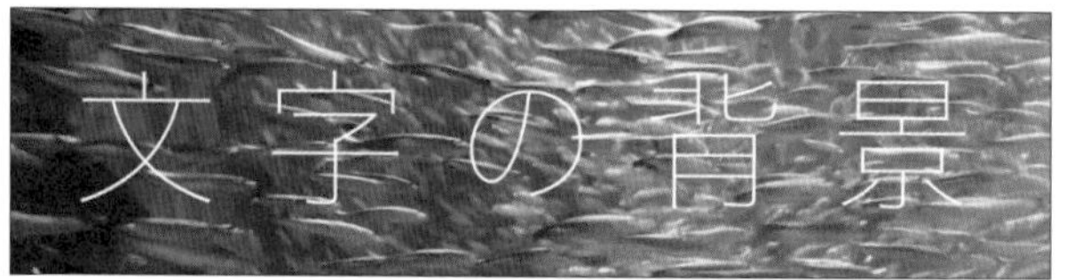

2 「Shading」タブをクリックする

インスペクタ上部の「Shading」タブをクリックして画面を切り替えます。

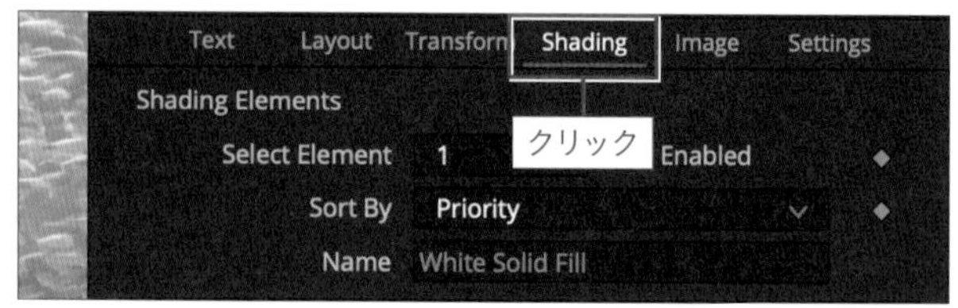

3 階層4を選択する

「Select Element」と書かれたメニューから「4」を選択します。

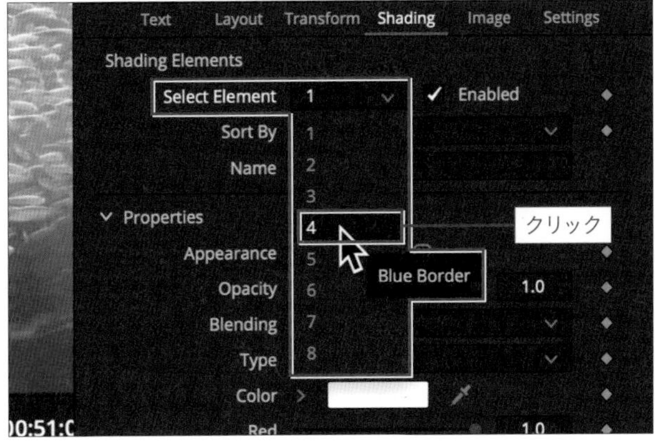

4 「Enabled」にチェックを入れる

「Enabled」という項目をクリックしてチェックされた状態にすると、文字ごとに青い背景が表示されます（この例では背景が文字ごとに表示されていることがわかるように文字間隔を広くしてあります）。

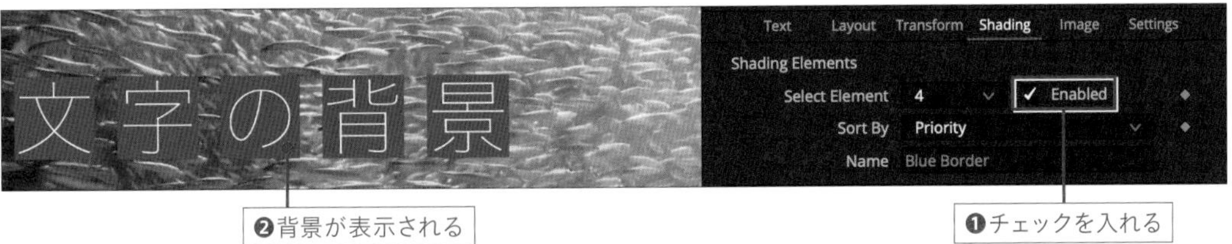

5 背景をどの単位で表示させるのかを設定する

背景はテキスト全体に付けることもできますし、1文字ごとまたは1行ごとに付けることもできます。ここでは、背景をどの単位で付けるのかを「Level」というメニューから選択して指定します。

Levelの値	背景を付ける単位
Text	テキスト全体
Line	行ごと
Word	単語ごと （日本語では行ごとになる）
Character	1文字ごと

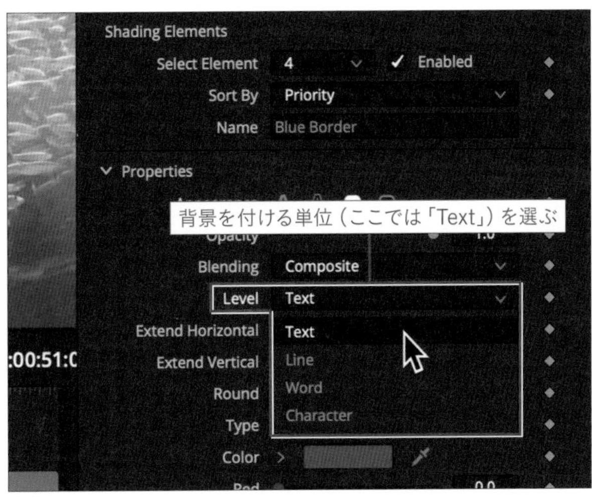

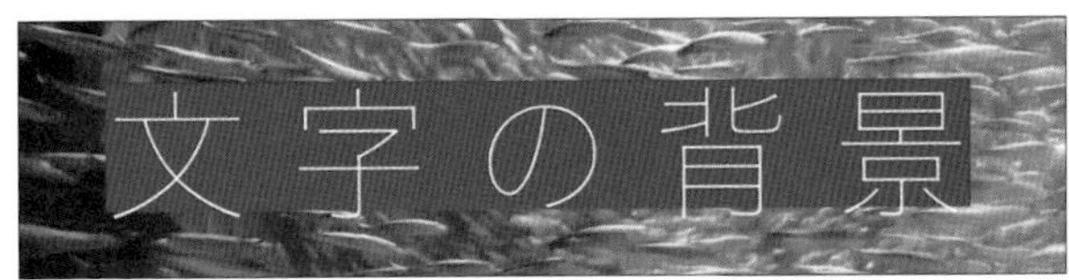

6 背景の透明度・幅と高さ・角の丸さ・色を調整する

背景の透明度や幅と高さ、角の丸さ、色などを調整します。

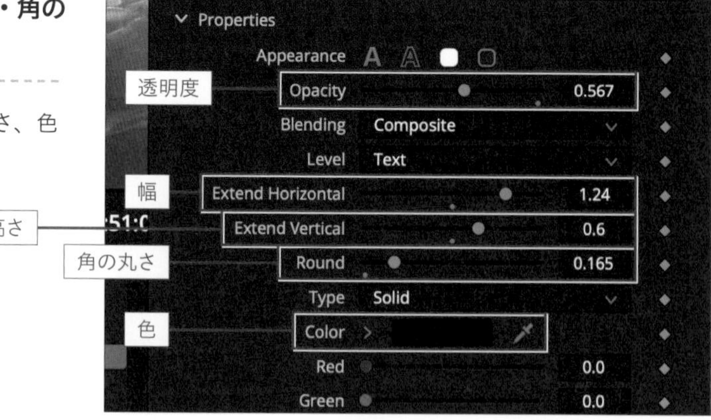

背景の透明度や幅、高さなどが変わる

7 背景のぼかし具合を調整する

背景のまわりのぼかし具合は「Softness」の「X」と「Y」で調整できます。「X」は横方向のぼかし具合、「Y」は縦方向のぼかし具合です。

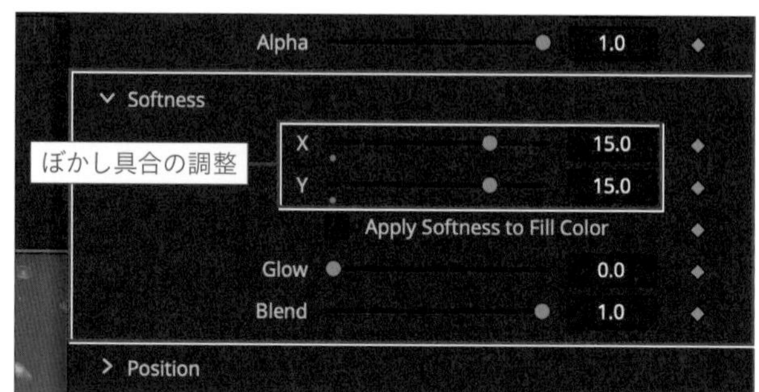

文字の背景

背景にぼかしが入る

文字の縁取りを追加する

「Shading」の階層2のプリセットに加えて更に文字の縁取りを追加するには、次のように操作してください。

1 テキスト+のクリップを選択してインスペクタを開く

すでに階層2の縁取りを付けたテキスト+のクリップをタイムライン上で選択し、インスペクタを開いた状態にします。

2 「Shading」タブをクリックする

インスペクタ上部の「Shading」タブをクリックして画面を切り替えます。

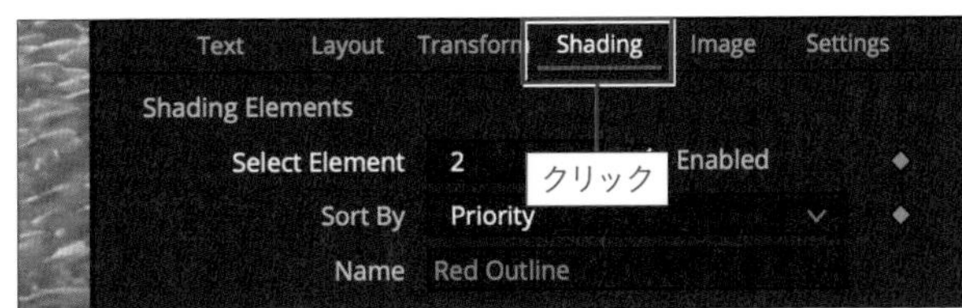

3 階層5以降を選択する

「Select Element」と書かれたメニューから「5」以降の未使用の階層を選択します。

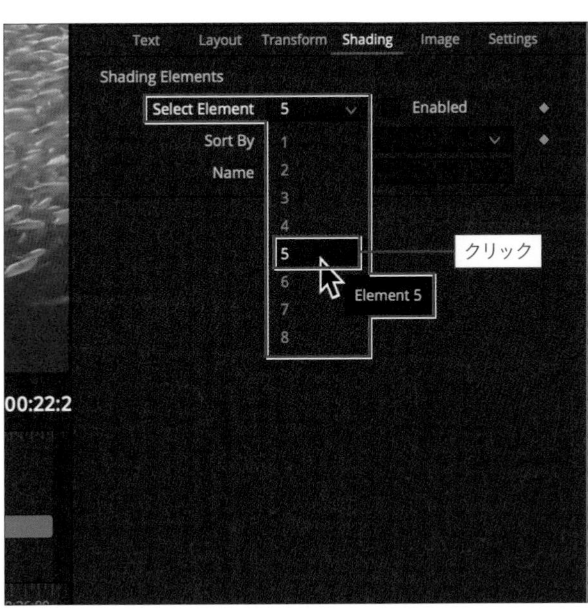

ヒント：使用する階層は 5～8のどれでもOK

一般に2つめの縁取りを追加する場合には階層5を使用することが多いと思いますが、未使用の階層ならどれでも使用可能です。階層は1～8までしかなく、数字が大きいほど後方に表示されるというルールさえ理解していれば、どの階層を使用してもOKです。

4 「Enabled」にチェックを入れる

「Enabled」という項目をクリックしてチェックします。

5 「Text Outline」を選択する

「Appearance」という項目にある4つのアイコンのうち、左から2番目の「Text Outline」を選択します。

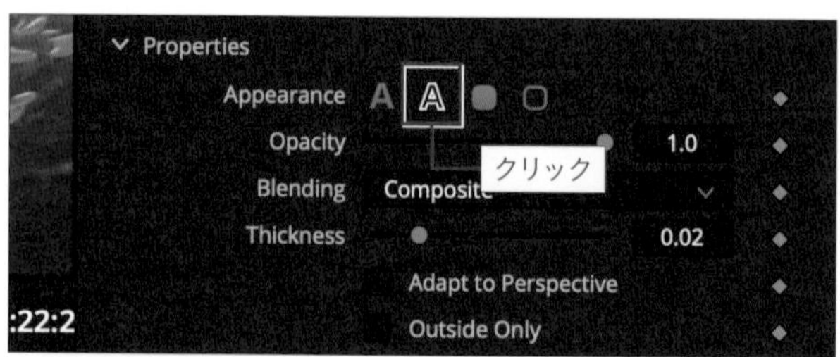

6 縁取りを調整する

縁取りの太さや色などを調整します。

補足情報：縁取りは太くするまで見えない場合もある

階層2で付けた縁取りの太さにもよりますが、この時点ではまだ追加した縁取りは見えていない場合もあります。階層5以降は階層2よりも後方（下）に表示されていますので、縁取りが階層2よりも太くなった段階で見えるようになります。

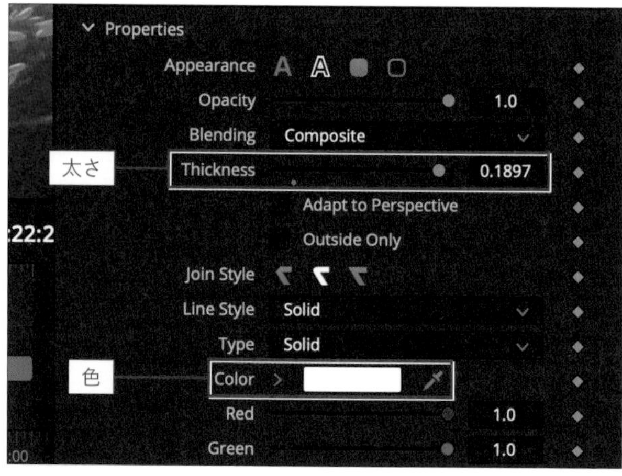

文字の背景に縁取りをつける

ここでは、「Shading」の階層4のプリセットで表示させた背景に加えて、更に背景の縁取りを追加する例を紹介します。

背景を階層4に表示させている場合、その縁取りを階層5以降に表示させると背景の後方に表示されることになり、**背景の外側にある部分**しか見えない状態になります。ここで紹介する例では、縁取りの線を背景の上に表示させますので、縁取りは**階層3のプリセット**を変更して表示させることにします。背景を階層6～8で表示させている場合は、背景の縁取りを階層5で表示させても問題ありません。

1 テキスト+のクリップを選択してインスペクタを開く

すでに階層4で背景を表示させているテキスト+のクリップをタイムライン上で選択し、インスペクタを開いた状態にします。

2 「Shading」タブをクリックする

インスペクタ上部の「Shading」タブをクリックして画面を切り替えます。

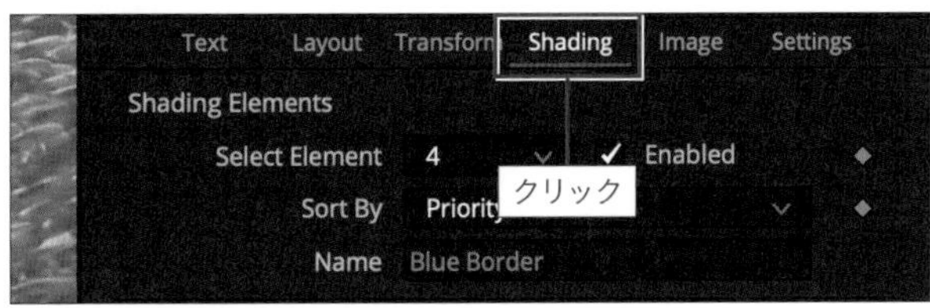

3 階層3を選択する

「Select Element」と書かれたメニューから「3」を選択します。

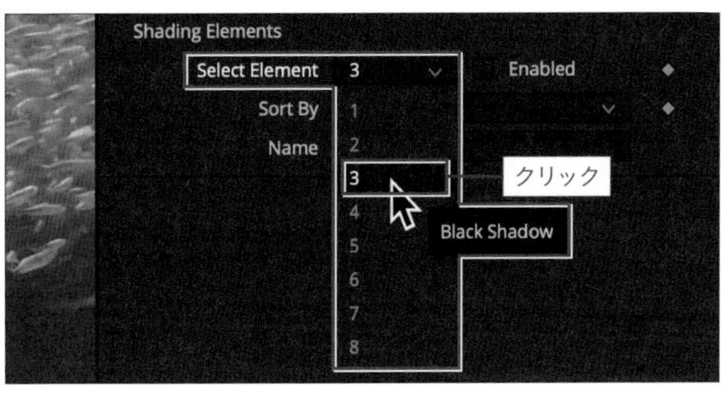

4 「Enabled」にチェックを入れる

「Enabled」という項目をクリックしてチェックします。

5 「Border Outline」を選択する

「Appearance」という項目にある4つのアイコンのうち、一番右にある「Border Outline」を選択します。

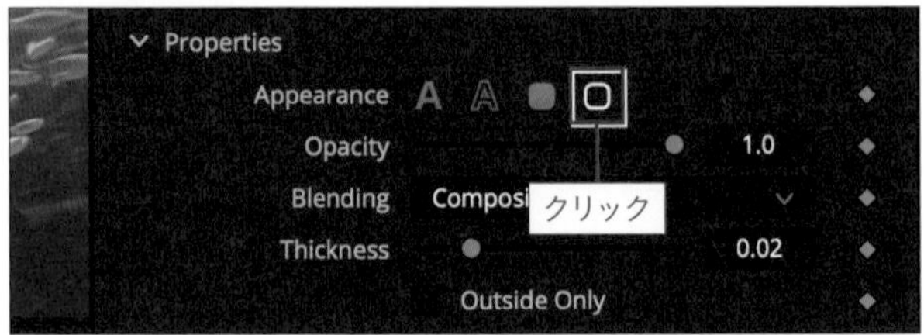

6 縁取りの色を設定する

この段階で黒い縁取りの線が表示されているのですが、見にくいので色を変更します。この例では線を白にしています。

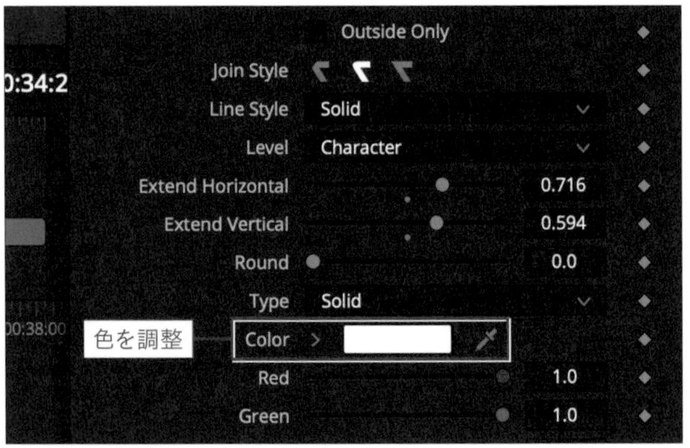

文字の縁取りが確認できる

7 縁取りをどの単位で表示させるのかを設定する

縁取りはテキスト全体に付けることもできますし、1文字ごとまたは1行ごとに付けることもできます。縁取りをどの単位で付けるのかを「Level」というメニューから選択して指定してください。この例では「Text」を選択しています。

Levelの値	背景を付ける単位
Text	テキスト全体
Line	行ごと
Word	単語ごと (日本語では行ごとになる)
Character	1文字ごと

重要

背景とその縁取りの大きさをぴったりと合わせるには、両方で同じLevelを選択している必要があります。

8 階層3の影向けの設定をクリアする

この段階では線にぼかしがかかっており、表示位置も右下にずれています。これは影のプリセットの設定が残っているためです。「Softness」の「X」と「Y」を「0」にし、「Position」の「Offset X」と「Y」も「0」にしてください。

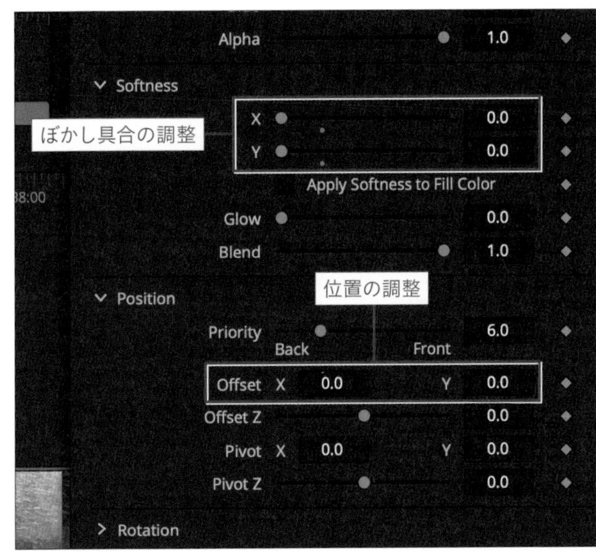

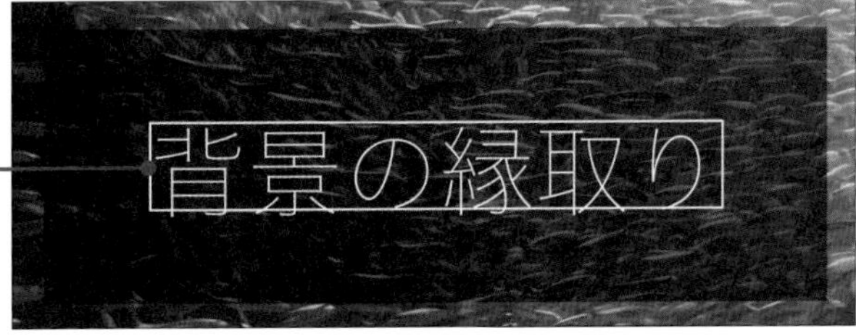

9 縁取りの透明度・線の太さ・幅と高さ・角の丸さを調整する

縁取りの線の表示を調整します。必要に応じて透明度・線の太さ・幅と高さ・角の丸さを調整してください。

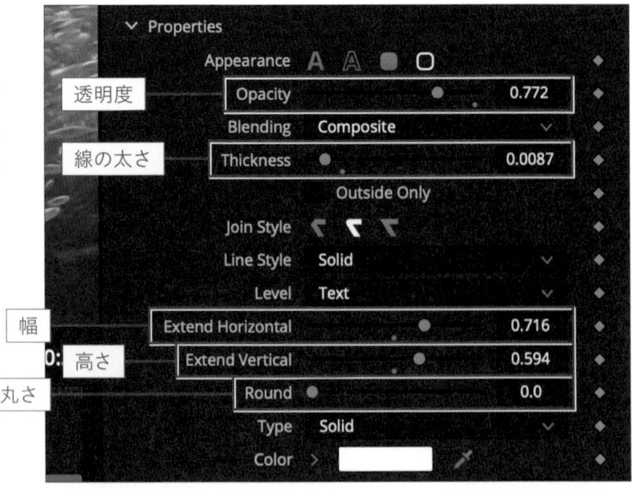

縁取りの透明度や幅、高さなどが変わる

文字の色をグラデーションにする

文字の色をグラデーションにするには、次のように操作してください。

1 テキスト+のクリップを選択してインスペクタを開く

文字の色をグラデーションにするテキスト+のクリップをタイムライン上で選択し、インスペクタを開いた状態にします。

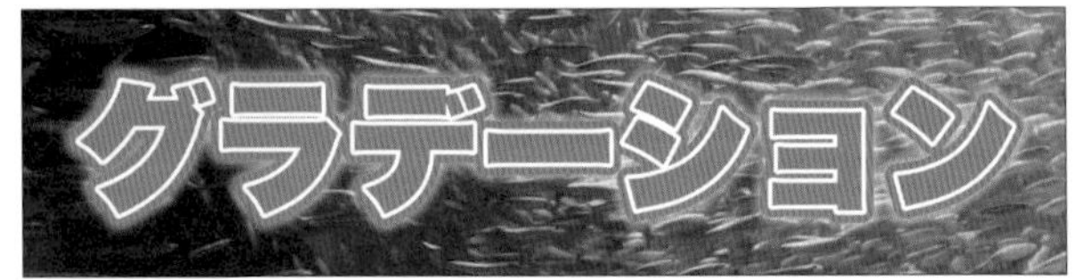

2 「Shading」タブをクリックする

インスペクタ上部の「Shading」タブをクリックして画面を切り替えます。

3 階層1を選択する

「Select Element」が1以外に設定されている場合は、「1」を選択します。

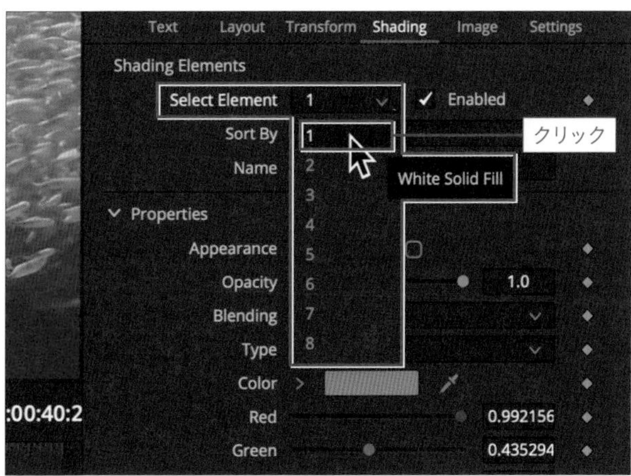

補足情報：文字の縁取りや背景もグラデーションにできる

文字本体以外の装飾（文字の縁取り・文字の背景・文字の背景の縁取り）の色も、すべて同じ操作でグラデーションにすることができます。

4 「Type」を「Gradient」に変更する

「Type」という項目のメニューから、一番下の「Gradient」を選択します。

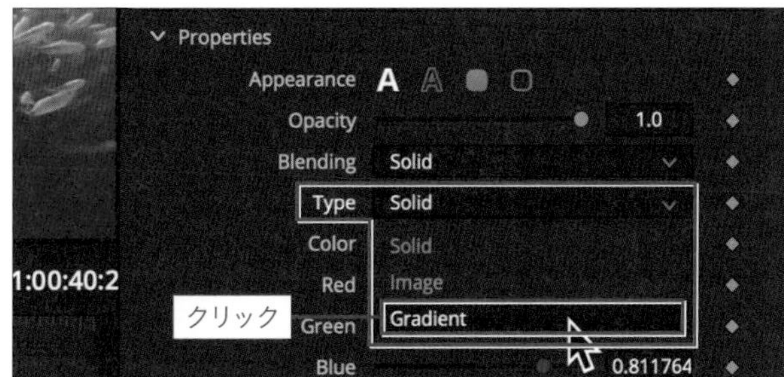

5 右の△を選択し、開始色を選択する

グラデーションカラーバーが表示されますので、その右下にある△をクリックして選択します。
選択された△は、白で少し大きな三角になります（選択されていない三角は色がグレーで小さく表示されます）。その状態で色を選択すると開始色（文字の最上部の色）になります。

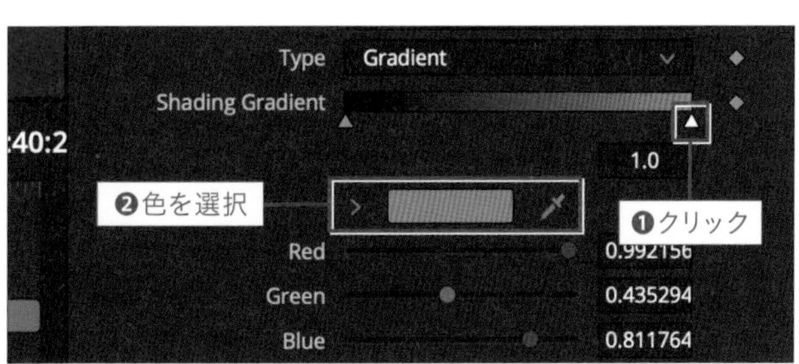

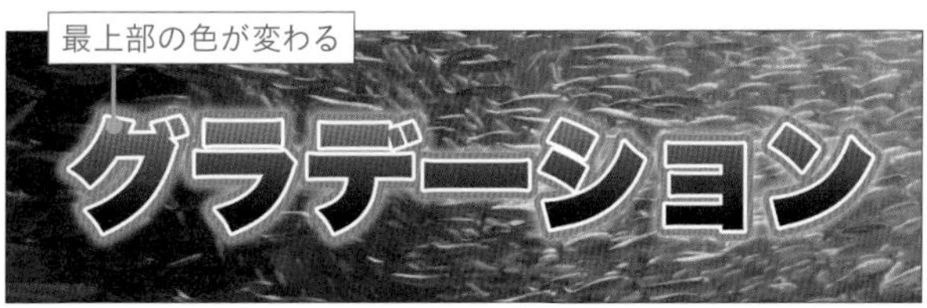

6 左の△を選択し、終了色を選択する

グラデーションカラーバーの左下にある△をクリックして選択し、色を選択すると終了色（文字の最下部の色）になります。

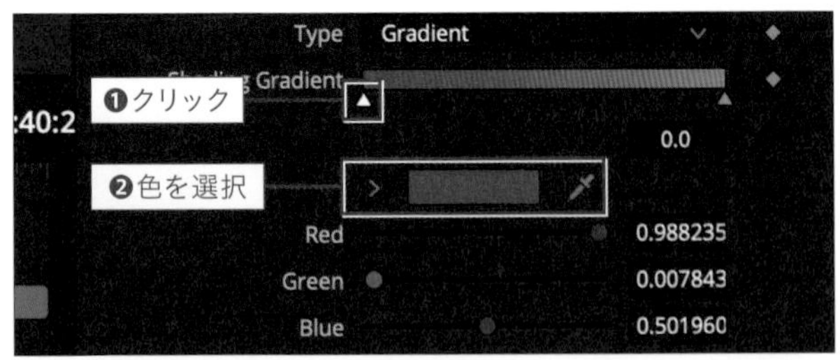

最下部の色が変わる

7 △を左右に移動させて調整する

グラデーションカラーバーの下にある△は、左右にドラッグして移動可能です。これによって色の変化の具合を調整できますので、必要に応じて微調整してください。

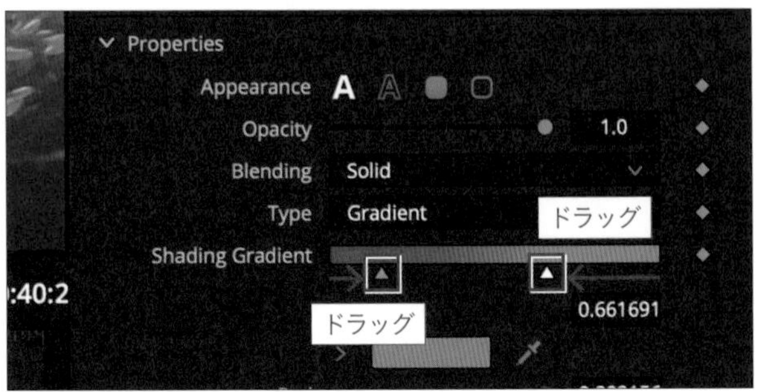

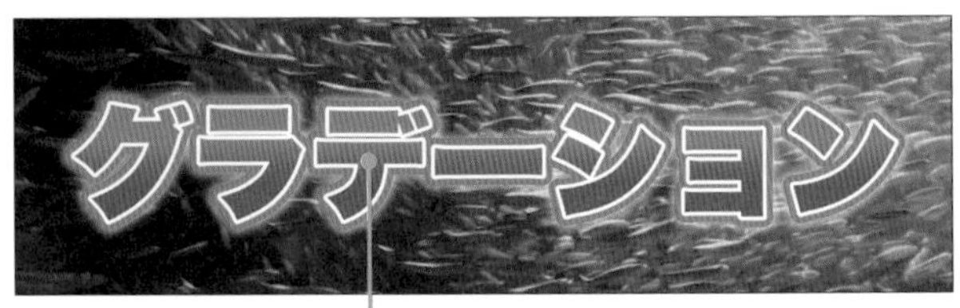

グラデーションの色が変化する

> **ヒント：グラデーションは3色以上にできる**
>
> グラデーションカラーバーの上をクリックするとその位置に△が表示され、途中の色が指定できるようになります。△を削除するには、選択して［delete］キーを押すか、「グラデーションカラーバー」の上にドラッグしてください。この△は、［command（Ctrl）］キーを押しながらドラッグすることで複製できます。

縦書きにする

テキスト+のクリップを縦書きにするには、次のように操作してください。

1 テキスト+のクリップを選択してインスペクタを開く

縦書きにするテキスト+のクリップをタイムライン上で選択し、インスペクタを開いた状態にします。

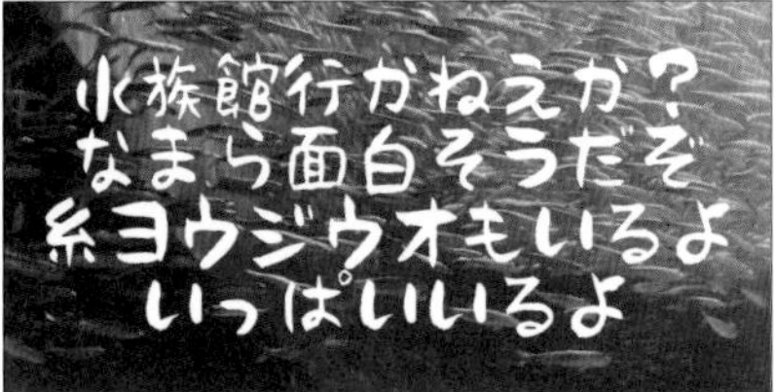

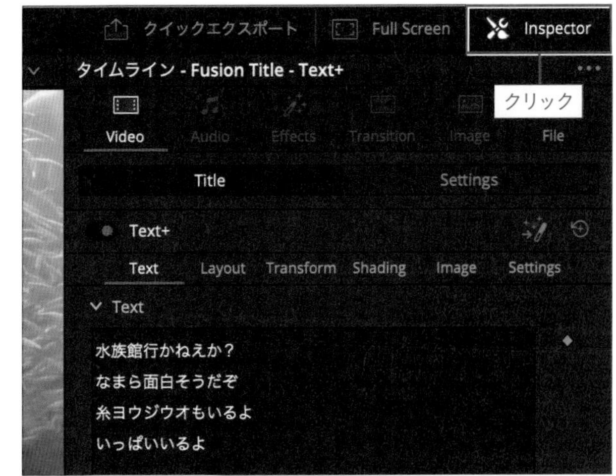

2 「Text」タブが開いた状態にする

インスペクタ上部の「Text」タブが開いた状態になっていなければ、「Text」タブをクリックしてください。

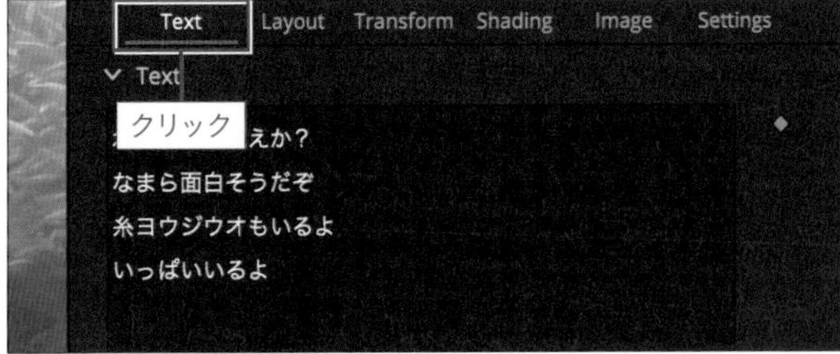

3 「Direction」を「Top Down」にする

「Direction」を「Top Down」に変更してください。これで縦書きになります。

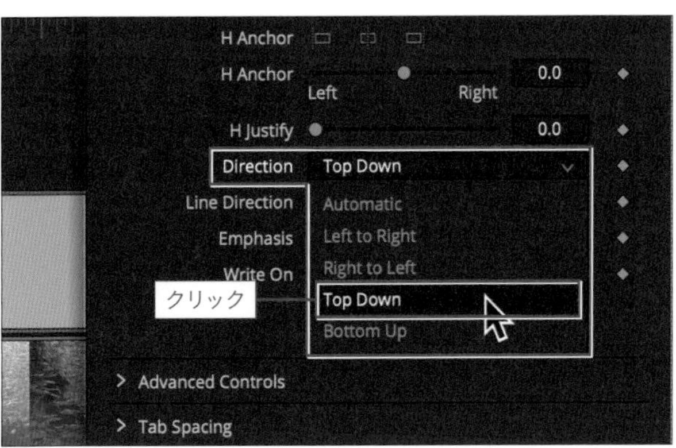

4 文字サイズや行間などを調整する

縦書きになったテキストに合わせて文字サイズや行間などを調整してください。なお、縦書きの状態では文字間隔（Tracking）は変更できません。

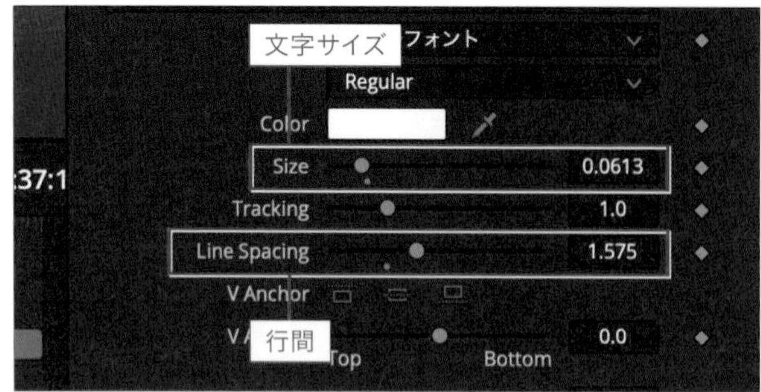

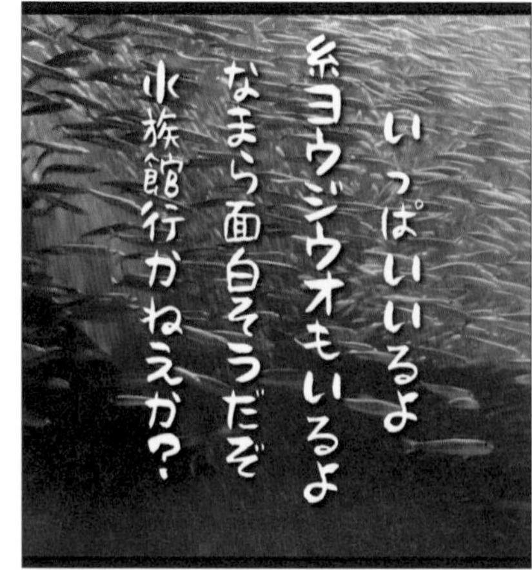

5 「Line Direction」を「Down-Up or Right-Left」にする

この時点では左から右へと読み進める縦書きになっていますので、「Line Direction」を「Down-Up or Right-Left」に変更してください。これで右から左へと読み進める縦書きになります。

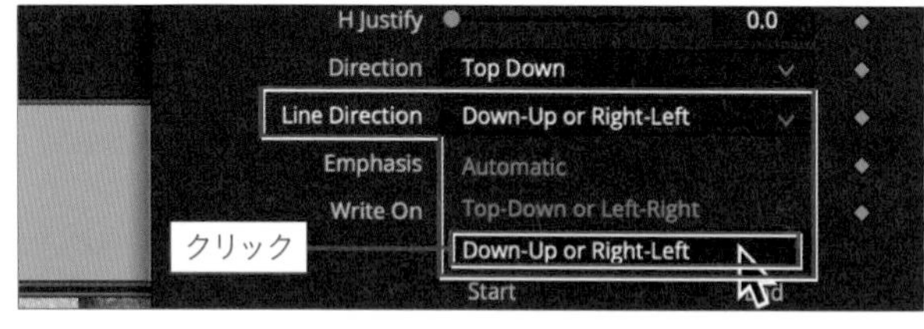

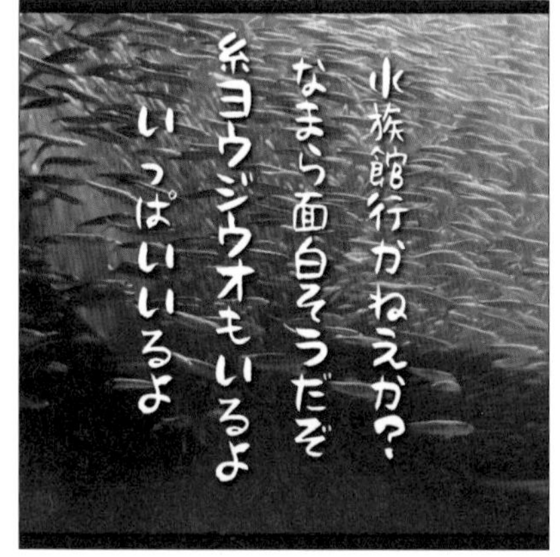

6 「V Anchor」を「Bottom」にする

各行を上で揃えるには、「V Anchor」の3つのアイコンのうち右のアイコン（Bottom）をクリックします。

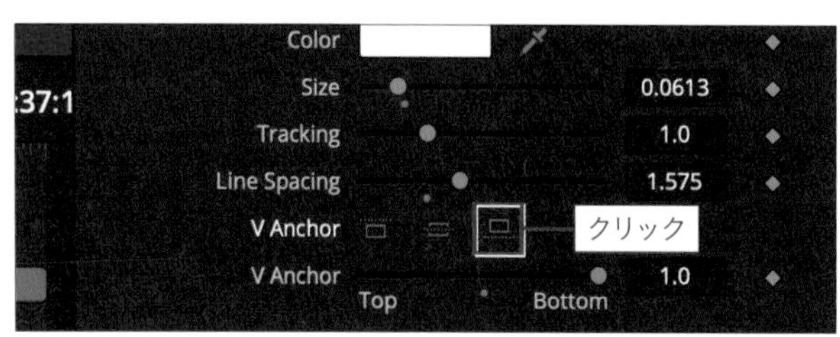

7 テキストの表示位置を調整する

「Layout」タブを開いて「X」と「Y」を変更するか、「Settings」タブの「変形」の「X」と「Y」を変更するなどしてテキストの表示位置を調整してください。

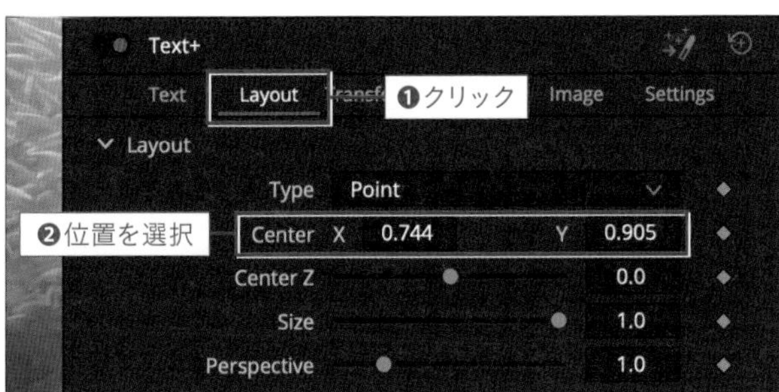

ヒント：句読点・促音・長音記号などは正しく表示されない

上の例の「いっぱい」という部分を見ると、「っ」の位置が縦書きとしてはおかしいことがわかります。テキストに「、」や「。」が含まれている場合も同様に、縦書きの正しい位置（マスの右上）ではなく、横書きの位置（マスの左下）に表示されます。また、「ー」や「〜」は縦書きにしても縦にはならずに横のままで表示されます。
現時点でのこれらに対するもっとも簡単な対処法は、それらの文字を使用しないことです。テレビのテロップを見ても、縦書きの場合は句読点はほとんど使用されていません。「っ」などの位置調整に関しては、次の節の「部分的に文字間隔を調整する（カーニング）」で解説する方法でも移動させることは可能ですが、選択した文字と実際に移動する文字にズレが生じるため少々面倒です。どうしても「っ」や「ー」や「〜」などを使う必要がある場合は、元のテキストではその部分を全角スペースにしておき、別のトラックにその文字だけを配置して重ねることで、位置の調整や回転などが自由に行えるようになります。

部分的に文字間隔を調整する（カーニング）

テキスト+の文字間隔を部分的に調整するには、次のように操作してください。

用語解説：カーニング

文字間隔が自然に見えるように、隣接する文字に合わせて調整することをカーニングと言います。

1 テキスト+のクリップを選択してFusionページを開く

部分的に文字間隔を調整するテキスト+のクリップをタイムライン上で選択し、Fusionページを開いてください。

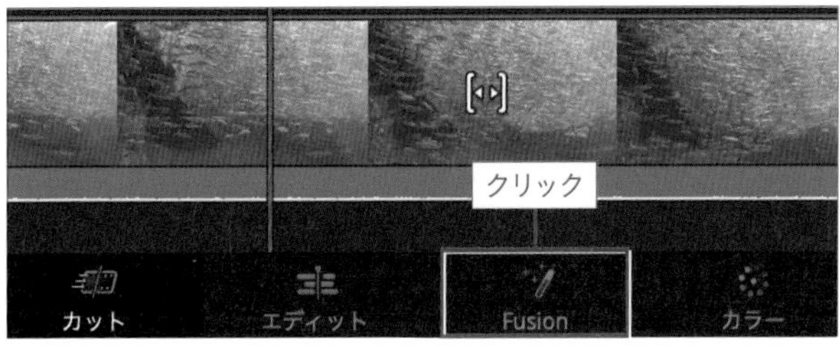

2 「Allow manual kerning」アイコンをクリックする

ビューアの左上にあるアイコンのうち、左から2番目にある「Allow manual kerning」アイコンをクリックして有効に（白く）します。

3 移動させたい文字を選択する

各文字の下に小さな点が表示されますので、1文字のみ選択する場合はその点をクリックしてください。連続する複数の文字を選択する場合は、それらの点をドラッグして囲ってください。選択された文字の上下には枠が表示されます。

4 選択した文字を矢印キーで移動させる

文字が選択された状態で左または右の矢印キーを押すと、文字がその方向に移動します。このとき、[command（Ctrl）]キーを同時に押すとより細かく、[shift] キーを同時に押すとより大きく移動します。また、上下の矢印キーを使って上下に移動させることも可能です。3と4の操作は必要なだけ繰り返すことができます。

ヒント：ドラッグでも移動できる

点はマウスでドラッグして自由な位置に配置することも可能です。

部分的に色やサイズなどを変える

テキスト+の色やサイズなどを部分的に変更するには、次のように操作してください。

1 テキスト+のクリップを選択してFusionページを開く

部分的に色やサイズなどを変えるテキスト+のクリップをタイムライン上で選択し、Fusionページを開いてください。

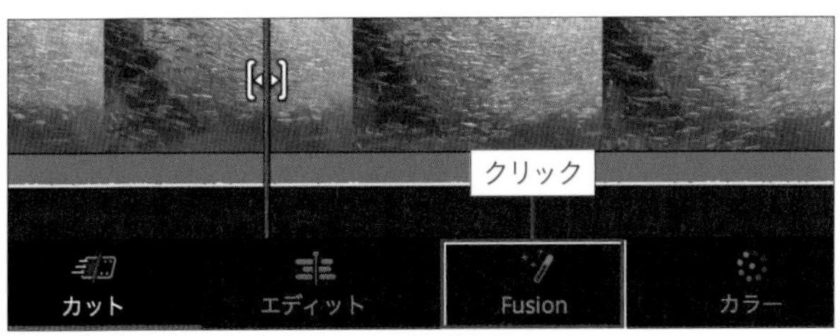

2 右クリックして「Character Level Styling」を選択する

インスペクタが開いていなければ表示させ、テキスト入力欄の内部を右クリックして「Character Level Styling」を選択してください。

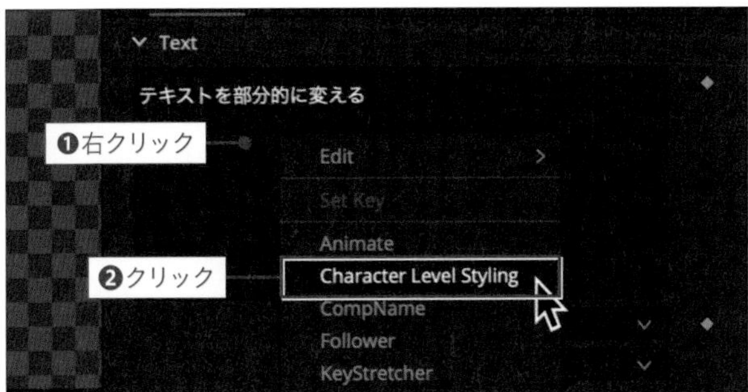

3 「Modifiers」タブをクリックする

インスペクタの上部にある「Modifiers」タブをクリックします。

4 色やサイズなどを変えたい文字を選択する

色やサイズなどを変えたい文字をビューア上で囲うようにドラッグして選択します。選択された文字は上下に枠が表示され、インスペクタの表示が切り替わります。

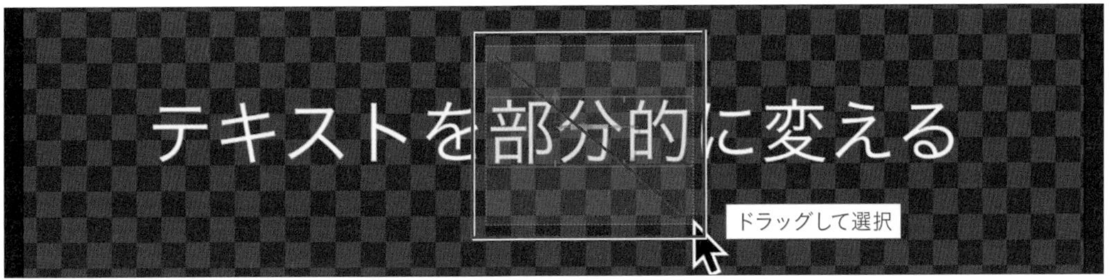

5 「Text」タブでフォントの種類やサイズを変更する

インスペクタの「Text」タブでは、選択しているテキストのフォントの種類やサイズなどが変更できます。

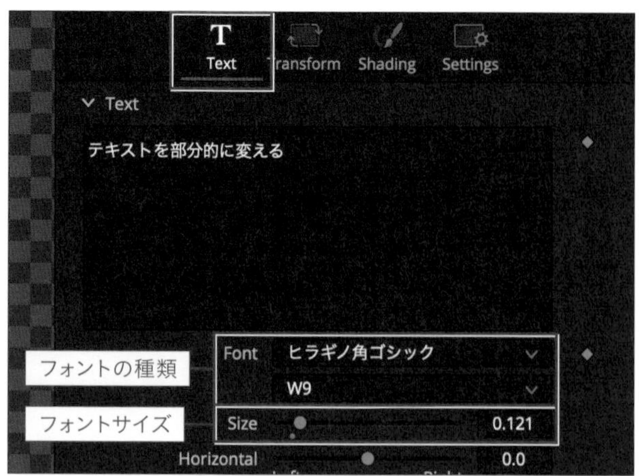

6 「Shading」タブで文字色などを変更する

インスペクタの「Shading」タブでは文字色が変更できます。なお、「Shading」タブでは8つの階層が使用でき、文字に縁取りや影をつけることができます（ただし、2～4の階層にプリセットは割り当てられていません）。

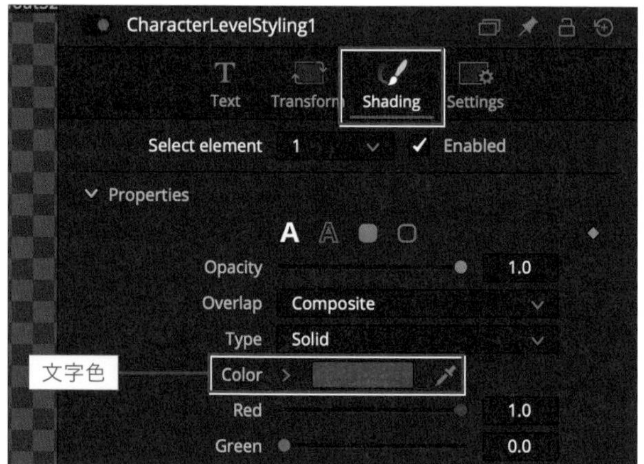

Chapter

5

音に関連する作業

動画においてもっとも重要なのは音声であるとも言われています。この章では、ボリュームのさまざまな調整方法のほか、音声のノイズを減らして聞きやすくする方法、ナレーションの録音の仕方などについて解説します。

音量の調整

音量の調整は、カットページ・エディットページ・Fairlightページのいずれかで行います。音量を調節する方法はいくつもあり、複数のページで共通している操作方法もあれば、そのページでなければできない操作方法もあります。ここでは、3つのページそれぞれで可能な音量調整の方法について説明します。

クリップエフェクトでの音量調整

カットページでは、クリップエフェクトで音量調整をすることができます。

クリップエフェクトを表示させるには、ビューアの左下にあるツールボタンをクリックしてください。クリップを選択した状態でクリップエフェクトのオーディオボタンをクリックすると、ボリュームスライダーが表示され音量調整ができます。

クリップエフェクトで表示されるボリュームスライダー

インスペクタでの音量調整

カットページとエディットページ、およびFairlightページでは、インスペクタの「Audio」タブで音量調整ができます。

インスペクタで表示されるボリュームスライダー

キーボードでの音量調整

カットページとエディットページ、およびFairlightページでは、キーボードショートカットで音量調整ができます。キーボードを使用すると、再生中でも音量を調整できるので便利です。

キーボードで音量を調整するには、音量を調整するクリップを選択した状態で次のキーを押してください。

機能	Mac	Windows
1dB上げる	[option] + [command] + [=]	[Alt] + [Ctrl] + [=]
1dB下げる	[option] + [command] + [-]	[Alt] + [Ctrl] + [-]
3dB上げる	[option] + [shift] + [=]	[Alt] + [Shift] + [=]
3dB下げる	[option] + [shift] + [-]	[Alt] + [Shift] + [-]

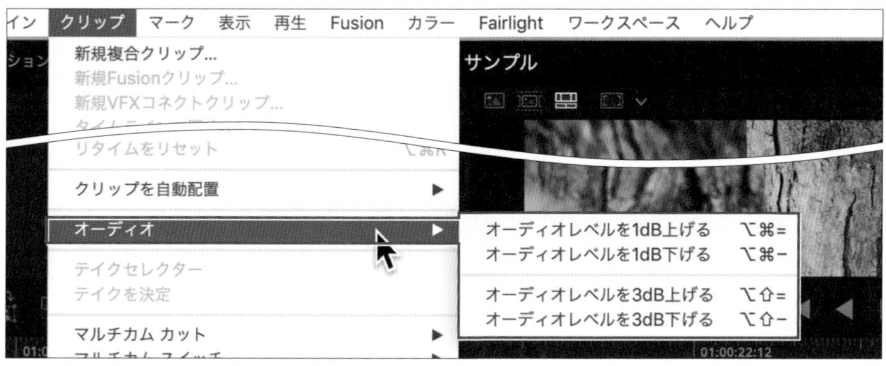

これらのショートカットは「クリップ」→「オーディオ」のサブメニューの項目に割り当てられている

ヒント：1dB上げると音はどれくらい大きくなるのか？

音を1dB上げると、音の大きさは約1.1倍になります。3dB上げると、約1.4倍になります。

ヒント：キーボードショートカットはカスタマイズできる

Macでは、最初から割り当てられているこのショートカットは少々使いにくいかもしれません。DaVinci Resolveではキーボードショートカットは自分の使いやすいように変更可能です。詳しくは第7章の「ショートカットキーのカスタマイズ」を参照してください。

コラム　エディットページのタイムラインでオーディオ波形が表示されていない場合

エディットページのタイムラインにあるオーディオクリップの波形の表示／非表示は、「タイムライン表示オプション」で切り替えられます。

「タイムライン表示オプション」をクリック

「タイムライン表示オプション」のアイコンをクリックすると右図のようなパレットが表示されますので、右上の「オーディオ波形」のアイコンをクリックしてください。クリックするたびに、表示／非表示が切り替わります。

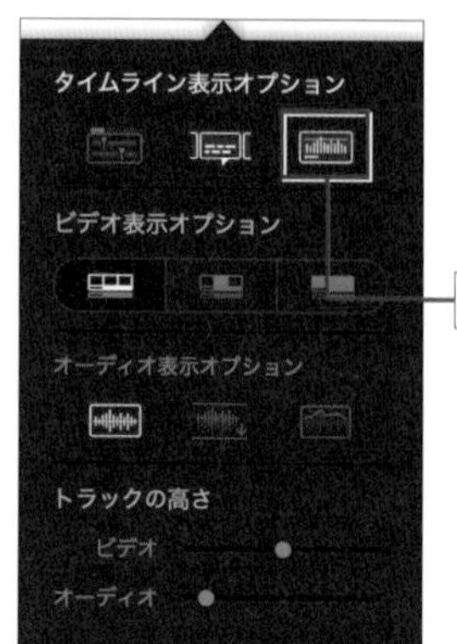

「オーディオ波形」をクリックすると波形が表示される

また、このパレットではビデオトラックとオーディオトラックの高さの調整など、いくつかの表示オプションが用意されています。ここで波形が見やすくなるように調整しておくといいでしょう。

コラム　波形が見やすいようにトラックの高さを変更する方法

エディットページとFairlightページでは、タイムラインでの音量調整がしやすいようにオーディオトラックの高さを変更することができます。

オーディオトラックごとに高さを調整するには、トラックヘッダーのトラックの下部（次のトラックとの境界）付近にポインタを移動させてください。ポインタの形状が図のように変化したら上下にドラッグして高さを変更できます。

トラックの高さは、トラックヘッダーでドラッグして変更できる

オーディオトラックのすべてのトラックの高さをまとめて変更するには、オーディオトラックの上にポインタを置き、[shift] キーを押しながらスクロールの操作を行ってください。

なお、タイムラインの上で [option (Alt)] キーを押しながらスクロールの操作を行うことで、クリップの幅を伸縮させることができます。

タイムラインでの音量調整

エディットページとFairlightページでは、タイムライン上で音量調整ができます。

タイムライン上のオーディオクリップには音量を示す白い横線があります。その線の上にポインタをのせると、ポインタの形状が図のように変化します。この状態で線を上下にドラッグすることで音量を変えることができます。

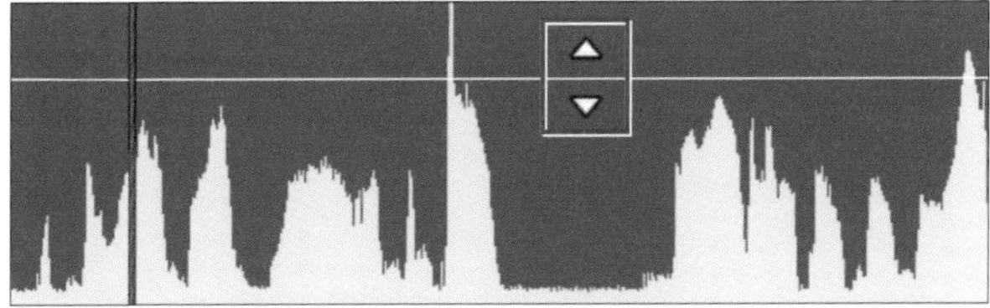

白い横線を上下にドラッグすることで音量を調整できる

補足情報：波形をステレオ表示にする方法

Fairlightページでは、ステレオ録音されたクリップは左右2つの波形が上下に並んだ形で表示されます。しかしエディットページではステレオ録音されたクリップでも波形は1つしか表示されません。エディットページで左右両方の波形を表示させるには、クリップを右クリックして「各オーディオチャンネルを表示」を選択してください。

キーフレームによる音量調整

エディットページとFairlightページではタイムライン上のクリップに音量を示す白い横線が表示されますが、この線は**折れ線グラフ**のように折り曲げることができます。これによって、1つのクリップ内で自由に音量を変えられます。

用語解説：キーフレーム

音量や映像の拡大縮小率、表示位置などの値はクリップ全体にまとめて1つ設定できるだけでなく、クリップ内の特定のフレームに対しても設定できます。そのように値を設定したフレームのことを**キーフレーム**と言います。1つのクリップ内に値の異なるキーフレームがあると、その間の値は次の値に向かってフレームごとに段階的に変化します。これによって、1つのクリップ内で音量を変化させたり、映像を徐々に拡大して見せることなどが可能になります。

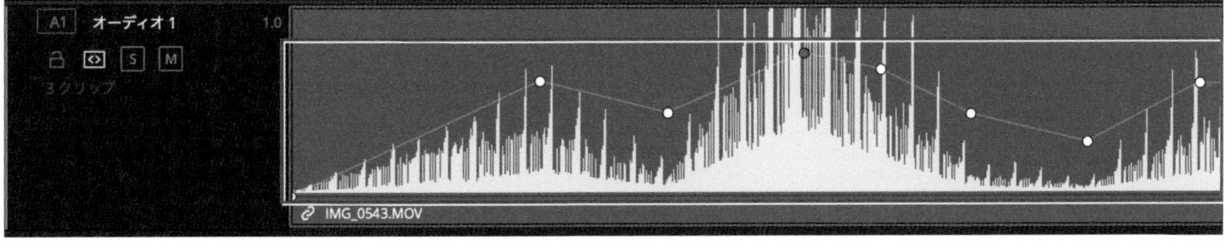

音量を示す白い横線は折れ線グラフのように折り曲げることができる

[option (Alt)] キーを押しながら白い線をクリックするとその位置に○が表示され、その部分で線が折れ曲がるようになります（○は2箇所以上に設定する必要があります）。

○はドラッグして上下左右に移動させることができます。○を削除するには、クリックして選択した上で［delete（Backspace)］キーを押してください。

補足情報：キーフレームはインスペクタでも設定できる

インスペクタ内の多くの項目はキーフレームに対応しており、音量もインスペクタ内でキーフレームごとに設定できるようになっています。インスペクタでのキーフレームの設定方法については「7-06 その他」の「キーフレームでインスペクタの値を変化させる (p.277)」を参照してください。

補足情報：イーズも指定可能

エディットページでは、○を右クリックすることで「リニア」「イーズイン」「イーズアウト」「イーズイン&イーズアウト」などが指定できます。ただし、イーズを指定しても線の見た目に変化はありません。イーズを視覚的に確認・調整したい場合は、次に説明する「カーブエディター」を使用してください。

カーブエディターによる音量調整

エディットページでは、キーフレームによる音量を示す線の曲がり角をなめらかな曲線に変更できる**カーブエディター**が使用できます。

カーブエディターを表示させるには、オーディオクリップの右下にあるカーブエディターボタンをクリックしてください。このボタンをクリックするたびに、カーブエディターの表示／非表示が切り替わります。カーブエディターはクリップの下に表示されます。

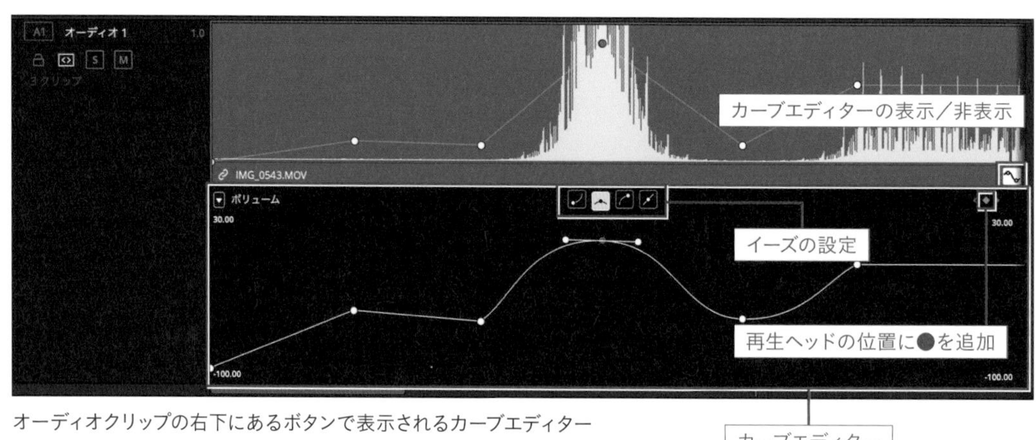

オーディオクリップの右下にあるボタンで表示されるカーブエディター

カーブエディターの上部にはイーズを設定するボタンが用意されており、○を選択した状態でこれらを押すことで**イーズの設定**ができます。一番右側の「リニア」以外を選択するとそのカーブは**ベジェ曲線**になり、カーブを細かく調整できます。

カーブエディターでも［option（Alt)］キーを押しながら白い線をクリックすることで○を追加できますが、カーブエディターの右上にあるボタンをクリックすることで再生ヘッドの位置に○を追加することもできます。

フェードインとフェードアウト

エディットページとFairlightページでは、ビデオクリップをフェードイン・フェードアウトさせるのと同様の操作で音量のフェードインとフェードアウトできます。

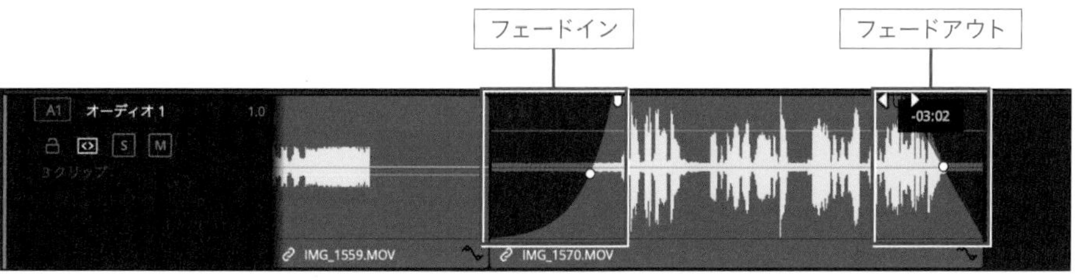

フェーダーハンドルを移動させるだけでフェードイン・フェードアウトが可能

タイムライン上のオーディオクリップの上にポインタをのせると、クリップの左上と右上に白いフェーダーハンドルが表示されます。フェードさせたい側のフェーダーハンドルの上にポインタをのせると、ポインタが「◁　▷」の形状に変わりますので、クリップの中央側に向けて横にドラッグするとフェードが適用されます。ドラッグ中は「-03:02（3秒と02フレームでフェードアウト）」のようにどれだけフェードさせているのかが表示され、フェードが適用された範囲は斜めに黒っぽい色に変化します。

ヒント：フェーダーハンドルが表示されないときは？

トラックの高さが最低限に近い状態になっていると、フェーダーハンドルは表示されません。フェーダーハンドルを表示させるには、トラックを一定以上の高さにする必要があります。

ヒント：オーディオクリップの場合は曲線のフェードにできる

ビデオクリップをフェードさせた場合は常に直線的な（リニアの）フェードにしかなりませんでしたが、オーディオクリップの場合はフェーダーハンドルとの間にもう1つ○が表示され、それを調整することでフェードを曲線にすることができます。

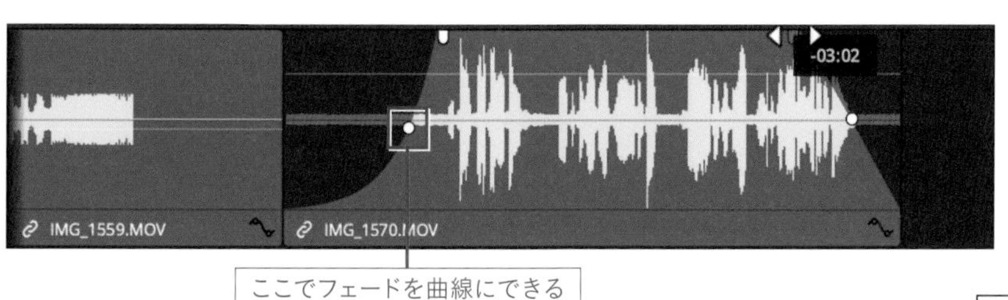

音声関連のその他の操作

ここでは、ピンマイクなどで録音したモノラルの音声が左チャンネルからしか聞こえないときの対処法、ノイズを減らしたり急激に大きくなる音量を抑えて人の声を聞きやすくするエフェクトの使用方法、DaVinci Resolveでナレーションなどの音声を直接録音する方法について説明します。

左からしか聞こえない音を両方から出す（トラック）

ピンマイクを使って撮影された動画など、音声がモノラルのクリップをステレオのトラックに配置すると、左のチャンネルからしか音が聞こえなくなることがあります。これはモノラルの音声がそのままステレオの左チャンネルに格納され、右チャンネルは空の状態になることから生じる現象です。

こうなった場合に、音声が左右両側から聞こえるようにする最も簡単な方法は、トラックをモノラルに変更することです。オーディオトラックをモノラルに変更するには、エディットページまたはFairlightページで次のように操作してください。

1 エディットページまたはFairlightページを開く

この操作はカットページでは行えませんので、エディットページまたはFairlightページを開いてください。

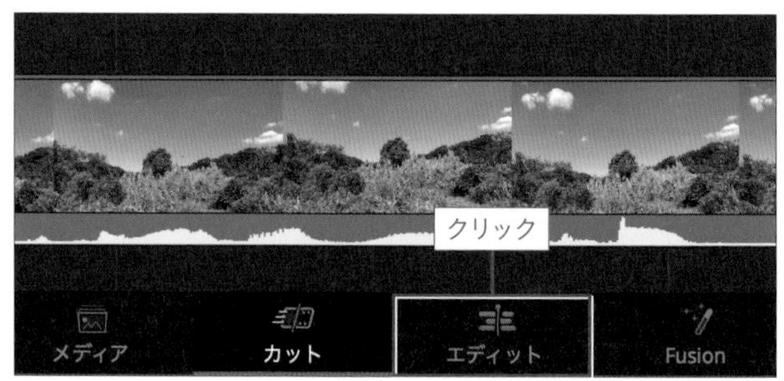

2 モノラルにするトラックのヘッダーを右クリックする

モノラルに変更したいオーディオトラックのトラックヘッダーを右クリックします。

3 「トラックの種類を変更 >」から「Mono」を選択する

「トラックの種類を変更 >」から「Mono」を選択すると、そのトラックの音声はモノラルになります。

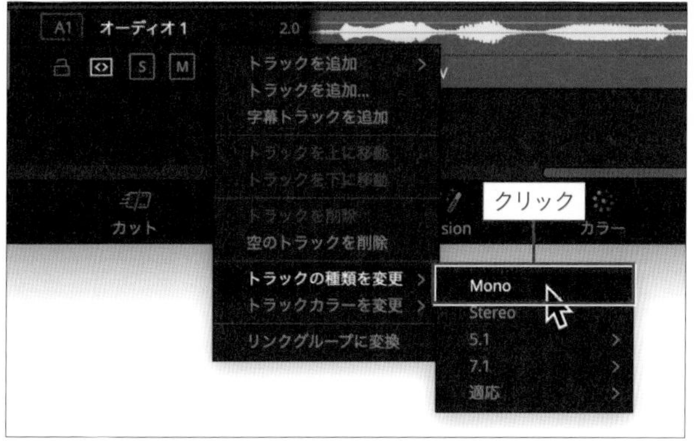

左からしか聞こえない音を両方から出す（クリップ）

モノラル録音の音声が左チャンネルからしか聞こえない場合、トラックごとモノラルに変更するのではなく、トラックはステレオのままでクリップごとに左右のチャンネルから音が聞こえるようにする方法もあります。

モノラル録音のクリップを左右両方のチャンネルから音が聞こえるようにするには、エディットページまたはFairlightページで次のように操作してください。

1 エディットページまたはFairlightページを開く

この操作はカットページでは行えませんので、エディットページまたはFairlightページを開いてください。

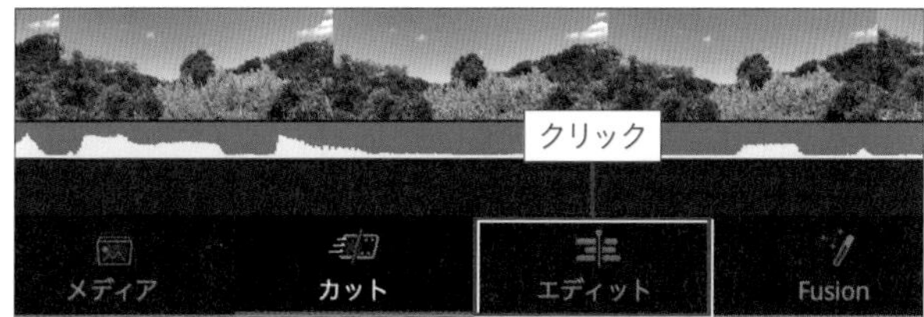

2 クリップを右クリックして「クリップ属性...」を選択する

モノラルに変更したいオーディオトラックのクリップを右クリックして「クリップ属性...」を選択してください。

> **ヒント：複数まとめて処理できる**
>
> クリップは複数選択してまとめて処理することも可能です。また、タイムラインのクリップだけでなく、メディアプール内のクリップをタイムラインに配置する前に処理しておくことも可能です。

3 「音声」のタブを開く

クリップ属性のダイアログが表示されますので、「音声」のタブを開いてください。

4 「フォーマット」を「Stereo」にする

「フォーマット」が「Mono」になっていますので、「Stereo」に変更します。

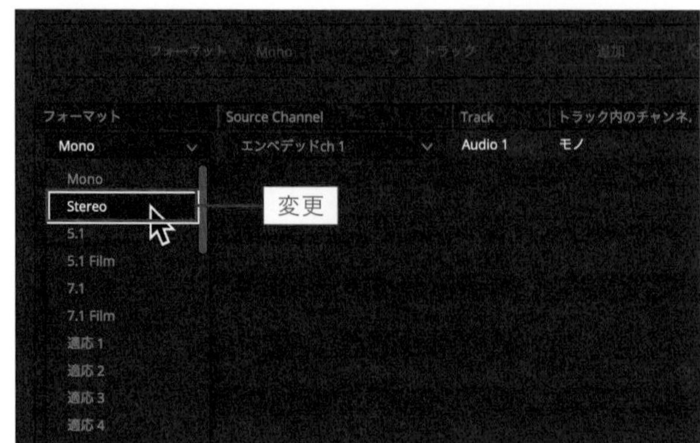

5 「Source Channel」の「ミュート」を「エンベデッドch 1」にする

「フォーマット」を「Stereo」に変更すると、「Source Channel」に「ミュート」という項目（右チャンネル）が追加されます。これをその上と同じ「エンベデッドch 1」に変更してください。これで左チャンネルだけでなく右のチャンネルからもモノラルの音が聞こえるようになります。

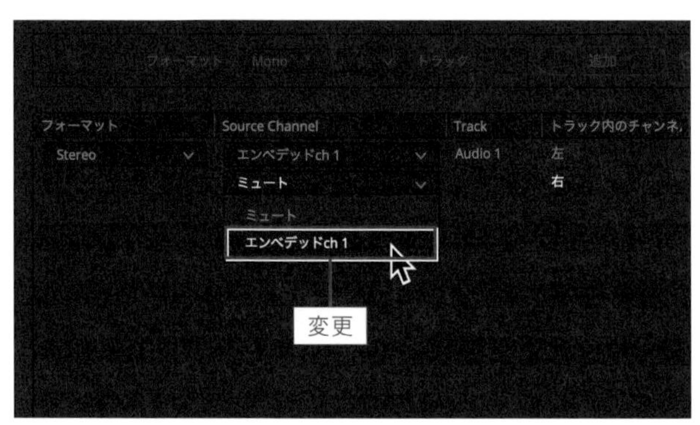

6 「OK」ボタンをクリックする

右下の「OK」ボタンをクリックすると処理の完了です。

ノイズを減らす（ノイズリダクション）

「Noise Reduction」というエフェクトをクリップまたはトラックに適用することで、エアコンの音や風切り音などのノイズを低減させることができます。「Noise Reduction」を適用するには次のように操作してください。

1 「エフェクト」を一覧表示させる

カットページなら「エフェクト」、エディットページとFairlightページの場合は「エフェクトライブラリ」のタブを開き、エフェクトの一覧を表示させます。
以下はエディットページの画面で説明します。

2 一覧から「Noise Reduction」を探す

カットページなら「オーディオ」の中に、エディットページとFairlightページなら「オーディオFX」の中の「Fairlight FX」の中に「Noise Reduction」がありますので、それを探して表示させます。

> **ヒント：エフェクトは検索するのが簡単**
>
> エフェクト一覧の右上には検索のための入力欄がありますので、そこで「Noise」の先頭の2文字である「no」を入力して [enter] を押すとすぐに「Noise Reduction」が表示されます。また、トランジションやタイトルと同様の操作で「お気に入り」に追加できます。

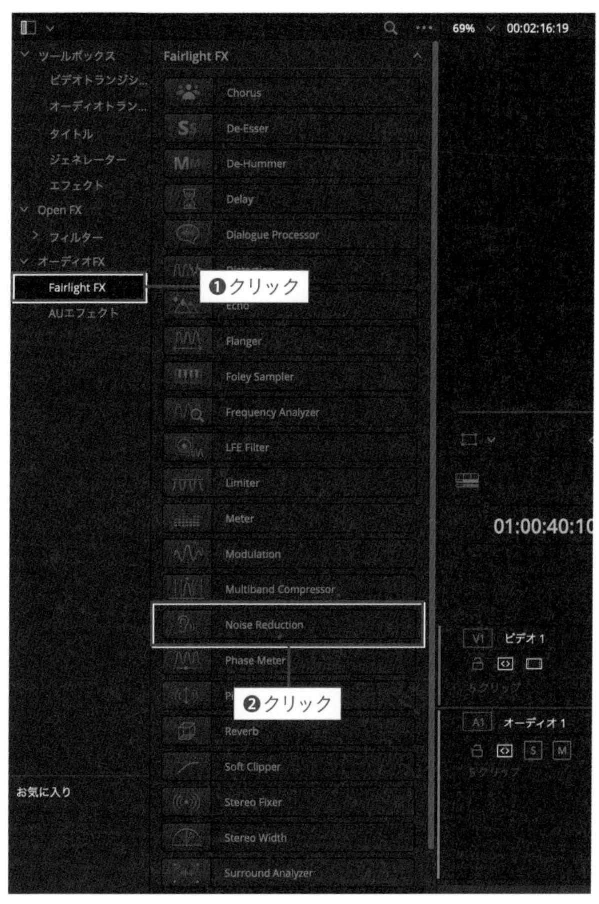

3 「Noise Reduction」を適用対象にドラッグする

「Noise Reduction」はクリップまたはトラックに適用可能です。クリップの場合はタイムライン上の適用対象のクリップに、トラックの場合は適用対象のトラックのトラックヘッダーにドラッグ＆ドロップしてください。なお、カットページではトラックに適用することはできません。

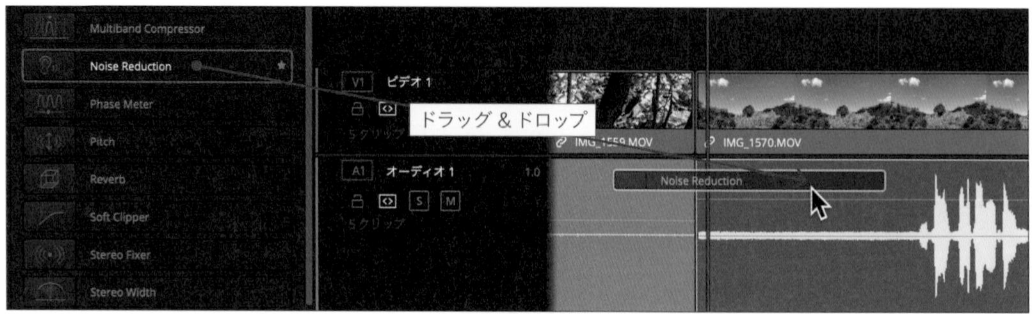

4 「自動」か「手動」かを選択する

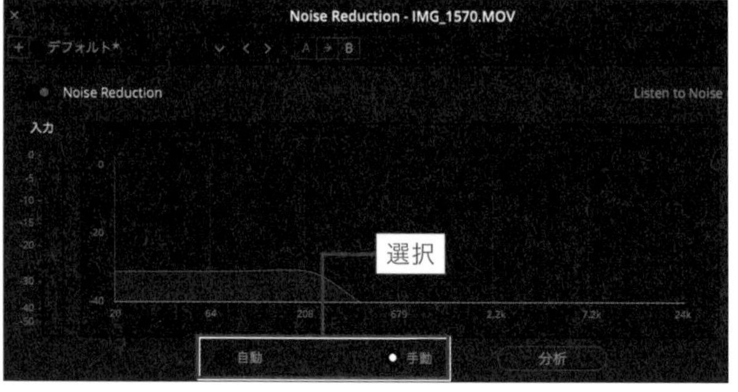

次のような「Noise Reduction」の設定のためのダイアログが表示されますので、「自動」で適用させたい場合は「自動」をクリックして選択してください。
この「自動」は「自動スピーチモード」を意味しており、これを選択した場合は人の声が自動的に検出され、それ以外の音をノイズとして低減させます。「自動」を選択した場合の作業はこれで完了です。

「手動」を選択した場合は、続けて次の操作を行ってください。

5 ノイズだけが再生される位置に再生ヘッドを移動させる

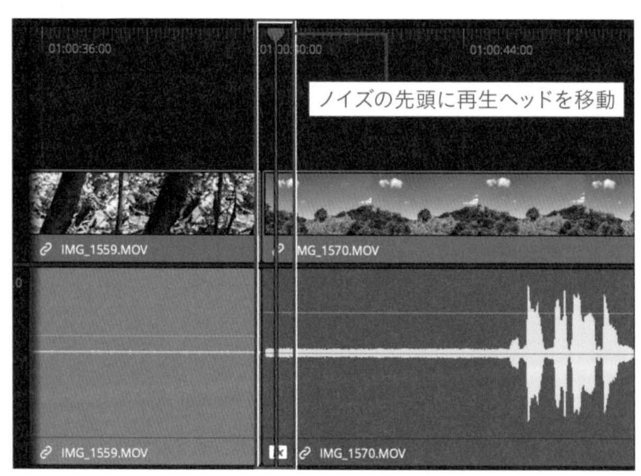

どの音が除去したいノイズなのかをDaVinci Resolveに認識させるために、クリップのノイズだけが聞こえる範囲を再生して分析させる必要があります。はじめに、ノイズだけが聞こえる部分の先頭に再生ヘッドを移動させてください。

6 「分析」ボタンをクリックして分析を開始する

「手動」の右にある「分析」ボタンをクリックしてください。これによって分析が開始されます。

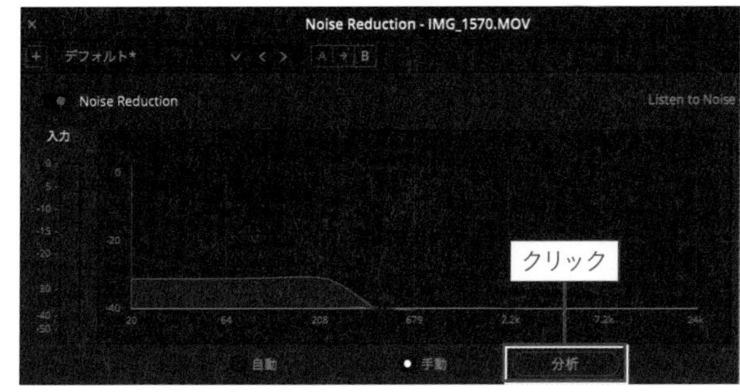

7 ノイズを再生する

スペースキーを押すなどしてクリップのノイズだけが聞こえる範囲の再生を開始すると、その音がノイズとして認識されます。

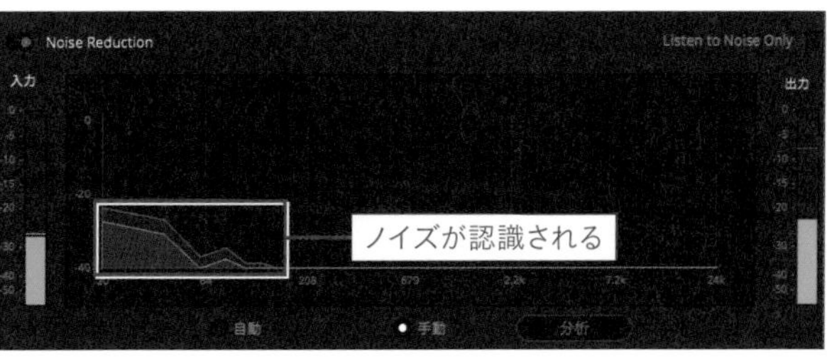

8 ノイズではない音が再生される前に停止する

ノイズ以外の音（出演者の声など）が再生される前に、もう一度スペースキーを押すなどしてクリップの再生を停止してください。

9 「分析」ボタンをクリックして分析を終了させる

「分析」ボタンをクリックして分析を終了させます。DaVinci Resolveがノイズとして認識した音がグラフ上に紫色で表示され、その音が低減されることを示します。「手動」の作業はこれで完了です。

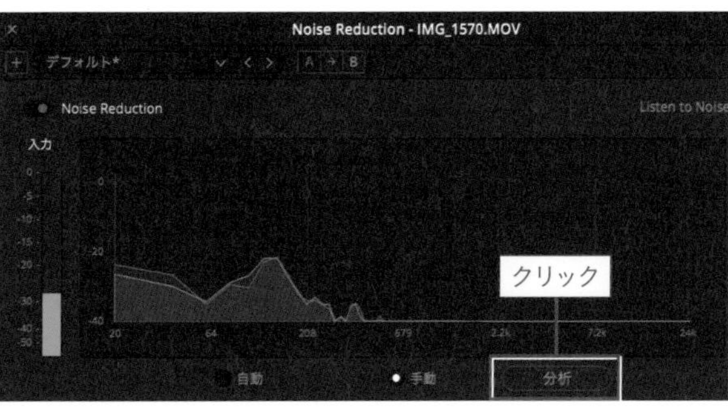

コラム　エフェクトの削除の仕方と設定ダイアログの開き方

エフェクトを削除するにはまず、適用したクリップまたはトラックを選択した状態でインスペクタを開いてください（トラックを選択するにはトラックヘッダーをクリックします）。Effectsタブを開き、削除したいエフェクトの名前の右側にあるゴミ箱アイコンをクリックすると、そのエフェクトは削除されます。

「Noise Reduction」や「Vocal Channel」の設定ダイアログを再度開くには、インスペクタのゴミ箱アイコンの右にあるアイコンをクリックしてください。

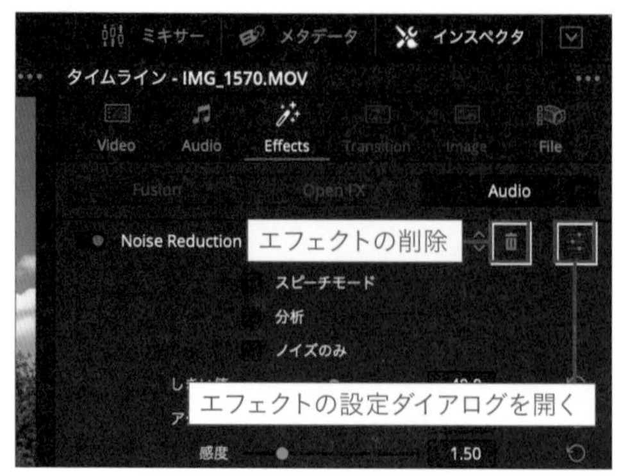

エフェクトを削除するアイコンと設定ダイアログを開くアイコン

声を聞きやすくする（ボーカルチャンネル）

「Vocal Channel」は、人の話す声を聞きやすくするための専用エフェクトです。具体的には「ハイパスフィルター」「イコライザー」「コンプレッサー」という3種類のエフェクトの組み合わせでできており、ノイズを低減させたり、特定の周波数の音を増減させたり、部分的に大きくなってしまった声の音量を抑えることなどができます。「Vocal Channel」を適用するには次のように操作してください。

1 「エフェクト」を一覧表示させる

カットページなら「エフェクト」、エディットページとFairlightページの場合は「エフェクトライブラリ」のタブを開き、エフェクトの一覧を表示させます。以下はカットページの画面で説明します。

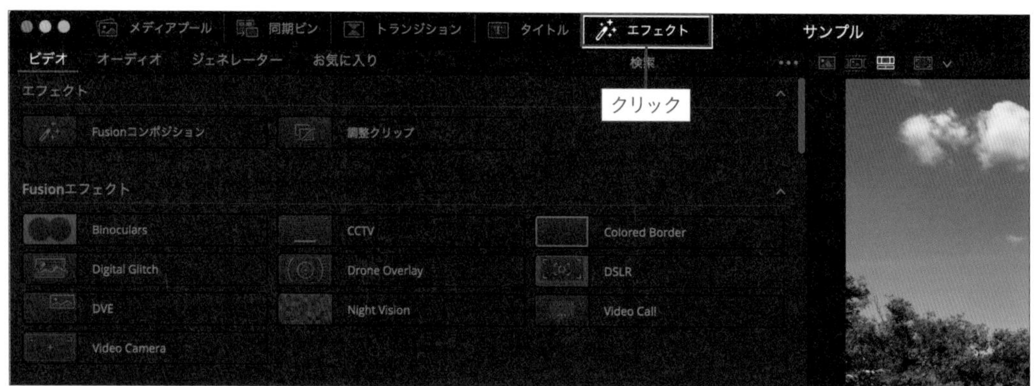

2 一覧から「Vocal Channel」を探す

カットページなら「オーディオ」の中に、エディットページとFairlightページなら「オーディオFX」の中の「Fairlight FX」の中に「Vocal Channel」がありますので、それを探して表示させます。

ヒント：エフェクトは検索するのが簡単

エフェクト一覧の右上には検索のための入力欄がありますので、そこで「Vocal」の先頭の2文字である「vo」を入力して［enter］を押すとすぐに「Vocal Channel」が表示されます。また、トランジションやタイトルと同様の操作で「お気に入り」に追加できます。

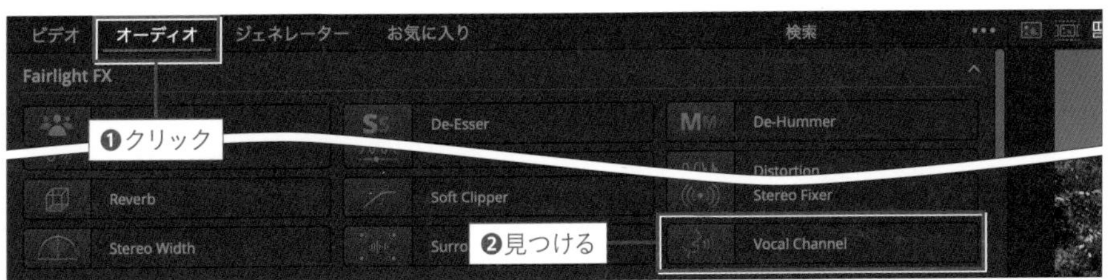

3 「Vocal Channel」を適用対象にドラッグする

「Vocal Channel」はクリップまたはトラックに適用可能です。クリップの場合はタイムライン上の適用対象のクリップに、トラックの場合は適用対象のトラックのトラックヘッダーにドラッグ＆ドロップしてください。なお、カットページではトラックに適用することはできません。

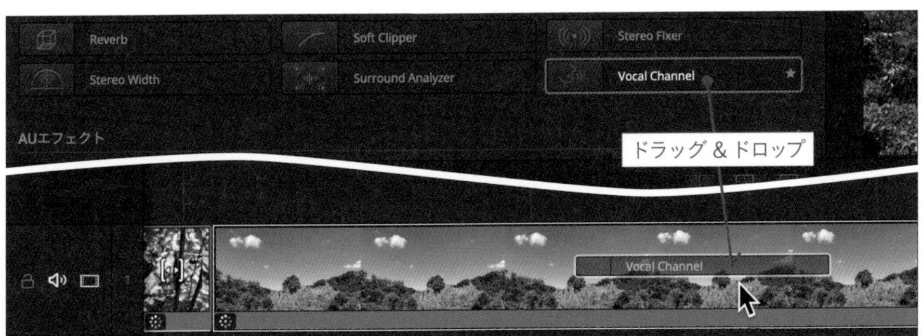

4 「ハイパス」を有効にする

次のような「Vocal Channel」のダイアログが表示されます。エアコンの音や風切り音のような低い音のノイズを低減させたい場合は、ハイパスのトグルスイッチを赤くして有効にしてください。

5 必要に応じて「Equalizer」で微調整する

ダイアログには3バンドのイコライザーも用意されています。特定の周波数帯域の音量を上げ下げすることにより、声を聞きやすくしたり、ノイズを低減させることなどができます。

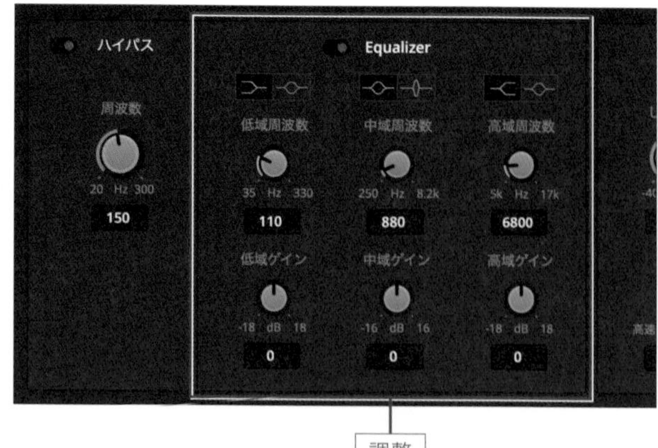

ヒント：イコライザーは中上級者向け

イコライザーを使いこなすには、人の声やノイズの周波数に関する知識や、イコライザーの操作の経験などが必要となります。よくわからなければ無効にしておいても問題ありません。

6 「コンプレッサー」を有効にする

クリップのところどころで声が大きくなっている場合は、コンプレッサーのトグルスイッチを赤くして有効にしておきましょう。これによって、声が大きくなっている部分の音量がある程度抑えられ、声の音量のムラが少なくなります。

7 ダイアログを閉じる

設定が完了したら、ダイアログの左上にある「×」をクリックしてダイアログを閉じてください。

ナレーションの録音（アフレコ）

Fairlightページでは、パソコンに接続したマイクや内蔵マイクで音声を録音して、タイムライン上の任意のオーディオトラックに追加することができます。ナレーションを追加する場合や、言い間違えた部分を録り直す場合などに利用できます。

すでに音声が収録済みのオーディオトラックに重ねて録音しても、元の音声は上書きされずに残るようになっています。そのため、同じトラックの同じ部分に何度も繰り返し録音しても、あとからその中で一番良いテイクを選んで採用することができます。

ヒント：録音を開始する前にデータの保存先を指定しておこう

録音するデータの保存先はプロジェクトごとに指定できます。プロジェクト設定の画面を開き、左側の項目から「キャプチャー・再生」を選択してください。画面の中ほどに「クリップの保存先」という項目がありますので、その下にある「ブラウズ」ボタンを押すと、保存先のフォルダが指定できます（新規フォルダも作成できます）。
また、録音された音声のクリップは自動的にメディアプールにも入ります。このとき、Fairlightページのメディアプールを開き、ビンを選択した状態にしておくと、録音されたデータのクリップはそのビンの中に入ります。

1 パソコンにマイクを接続して使える状態にする

録音はパソコンの内蔵マイクでも外部マイクでも可能です。外部マイクを使用する場合は接続し、OSごとの設定を行って、そのマイクが使用可能な状態にしておいてください。

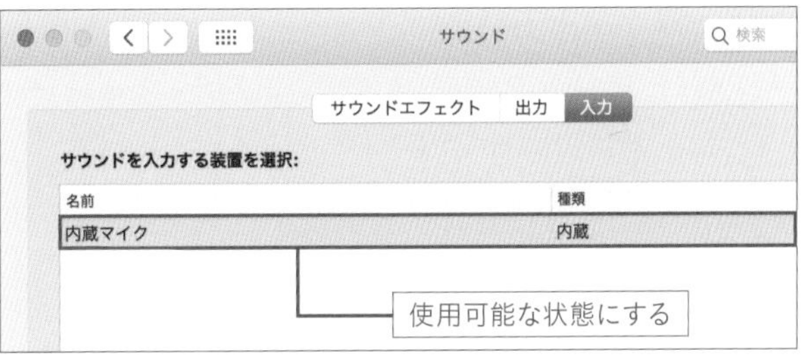

macOSの「システム環境設定」の「サウンド」で内蔵マイクを使用可能にしている例（Windowsの場合は「設定」の「サウンド」で設定します）

2 Fairlightページを開く

録音はFairlightページでのみ可能ですので、Fairlightページを開きます。

補足情報：トラックヘッダーの「R」「S」「M」ボタンの用途は？

Fairlightページの「R」ボタンはそのトラックを録音の待機状態にするときに使用します。「S」ボタンを押すと、そのトラックの音だけが「ソロ」で再生され、その他のトラックの音は聞こえなくなります。「M」ボタンを押すと、そのトラックの音は「ミュート」され聞こえなくなります。

3 必要に応じて新しいオーディオトラックを追加する

これから録音する音声のクリップは、新しいトラックに入れても既存のトラックに入れてもかまいません。既存のトラックに入れた場合でも、元の音声データが消えることはありません。元のクリップは、元の状態のままで保存されています。
一般に、新しくナレーションを追加するような場合は、新規にトラックを用意します。すでに収録済みの音声の一部を言い直したり、部分的に追加するだけであれば、同じオーディオトラックに重ねて録音するのが簡単です。

ヒント：Fairlightページで新規トラックを追加するには？

Fairlightページでは、トラックヘッダーを右クリックして「トラックを追加 >」または「トラックを追加...」を選択することで新しいトラックを追加できます。

ヒント：オーディオトラックの音声データは上書きされない

既存のオーディオトラックに重ねて録音すると、見かけ上はデータが上書きされたように見えますが、内部的にはすべてのデータが残されています。何度録り直してもデータは追加されるだけで、前のデータが消えてしまうことはありません。詳細はこのあとのコラム「録音したすべてのテイクを表示させるには？」を参照してください。

4 「入力/出力のパッチ」ウィンドウを開く

「入力/出力のパッチ」ウィンドウを開く方法は2つあります。画面右側の「ミキサー」が開いている状態であれば、音を入れたいトラックの「入力なし」と書かれた部分をクリックし、「入力...」を選択すると「入力/出力のパッチ」ウィンドウが開きます。
「Fairlight」メニューから「入力/出力のパッチ...」を選択しても同じウィンドウが開きます。

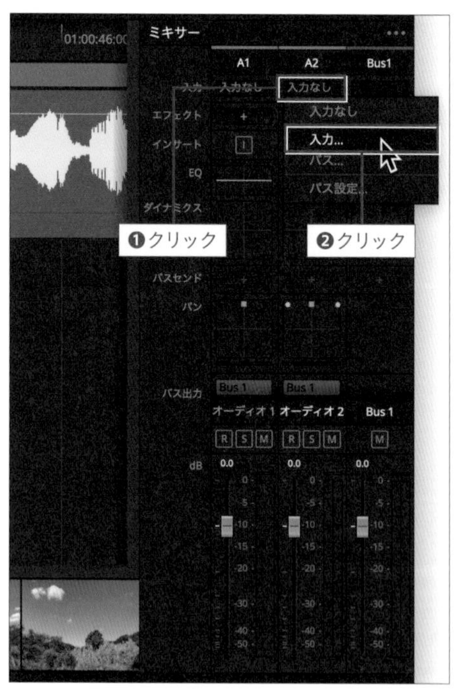

5 「ソース」と「送信先」を設定する

「入力/出力のパッチ」ウィンドウの上部左側にある「ソース」を「Audio Inputs」に、上部右側にある「送信先」を「Track Input」にします。すでにそうなっている場合は、そのままでかまいません。

6 マイクとトラックを選択する

「入力/出力のパッチ」ウィンドウの左側にはパソコンに認識されているマイクが、右側にはオーディオトラックが一覧表示されています。これらのうち、左側からは録音に使用するマイクを、右側からはそのデータを入れるトラックをクリックして白い枠で囲われた状態にください。その際、マイクもオーディオトラックも、ステレオであれば左チャンネルと右チャンネルの2つに分かれていますので、ステレオの場合は2つ選択する必要がある点に注意してください。

7 「パッチ」ボタンをクリックする

ウィンドウの右下にある「パッチ」ボタンをクリックしてください（この「パッチ」は「接続する」という意味です）。これによって入力用のマイクとそのデータを入れるトラックが接続され、録音した声のクリップが選択したトラックに自動的に入るようになります。

8 「入力/出力のパッチ」ウィンドウを閉じる

ウィンドウの左上にある「×」をクリックして「入力/出力のパッチ」ウィンドウを閉じてください。

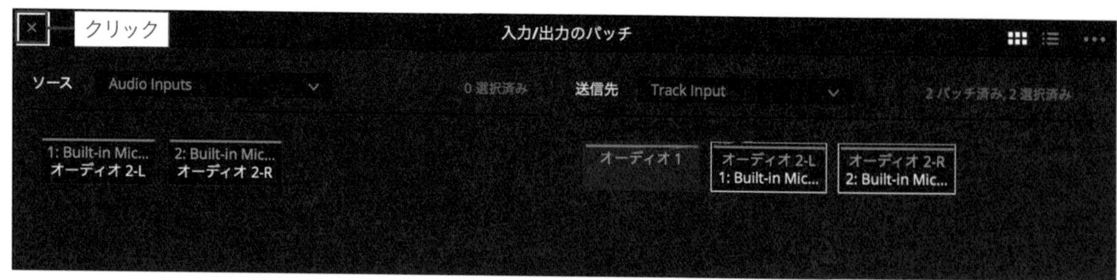

9 トラックを録音待機状態にする

タイムラインのオーディオトラックのうち、これから録音するデータを入れるトラックのトラックヘッダーにある「R」ボタンをクリックして赤くしてください。各種メーターがマイクの音に反応するようになり、いつでも録音を開始できる状態となります。

ヒント：「R」ボタンが赤くならないときは？

マイクとのパッチ（接続）が正しく行われていないトラックの「R」ボタンは赤くなりません。「R」ボタンを押せないときは、「入力/出力のパッチ」ウィンドウを開いてマイクとトラックが正しく接続されているか確認してください。

補足情報：「R」ボタンはミキサーにもある

画面右側のミキサーにある「R」ボタンも、トラックヘッダーの「R」ボタンと同様に機能します。

10 録音を開始したい位置に再生ヘッドを合わせる

タイムラインの再生ヘッドを、録音を開始したい位置に移動させてください。

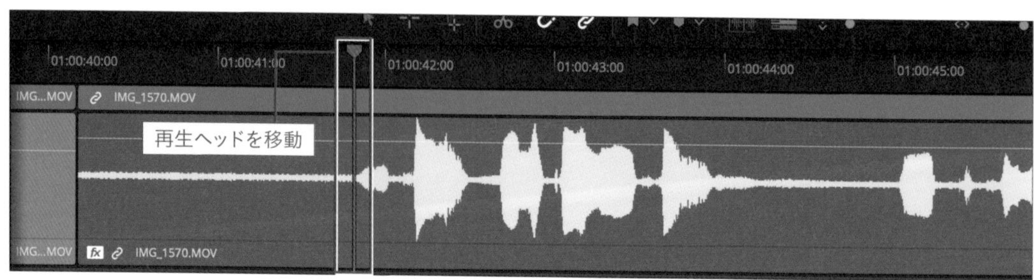

11 録音ボタン「●」を押して録音を開始する

「●」ボタンを押すと、再生ヘッドの位置から録音が開始されます。

12 停止ボタン「■」を押して録音を終了する

録音を停止するには、スペースキーを押すか「■」ボタンを押してください。10 〜 12の工程は、必要なだけ何度でも繰り返して行うことができます。

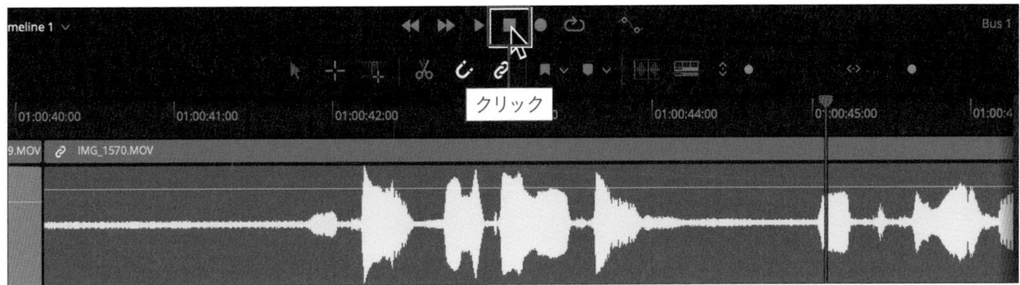

13 録音待機状態を解除する

録音が完了したら、「R」ボタンを押して待機状態を解除してください。

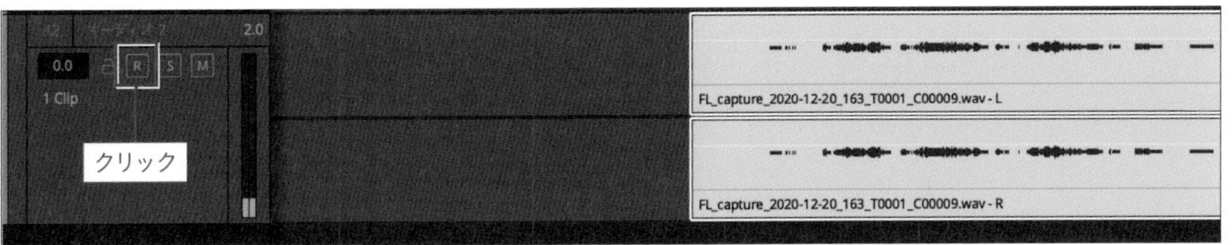

CHAPTER 1 CHAPTER 2 CHAPTER 3 CHAPTER 4 CHAPTER 5 CHAPTER 6 CHAPTER 7 APPENDIX

コラム　録音したすべてのテイクを表示させるには？

同じオーディオトラックの同じ場所で録音を繰り返した場合、見た目は最新のデータで上書きされたように見えますが、内部的にはすべての録音データがそのまま残されています。すべての録音データを見るには、「表示」メニューの「オーディオトラックレイヤーを表示」を選択してチェックされた状態にしてください。録音されたデータは、トラックの中にあるトラックのような状態で、重なって表示されます。下が古い録音で、より新しく録音されたものほど上に表示されています。

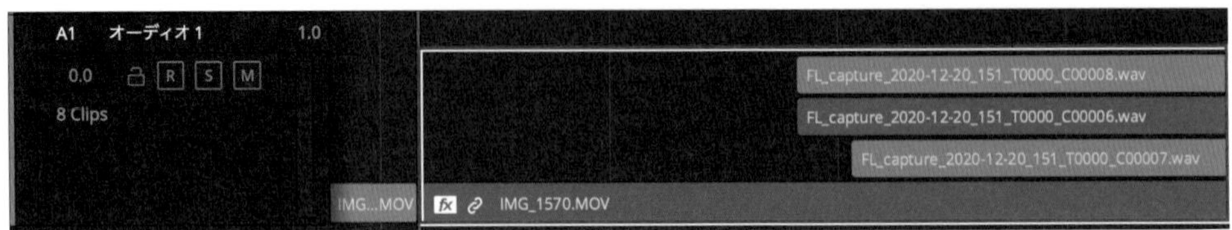

「表示」メニューの「オーディオトラックレイヤーを表示」を選択したときの1つのオーディオトラックの表示

これらの重なったクリップは「オーディオトラックレイヤー」と呼ばれるもので、ビデオトラックを重ねると下のビデオトラックの映像が見えなくなるのと同様に、常に一番上のクリップの音だけが優先して聞こえるようになっています。下のすべてのクリップの（上にクリップがある範囲の）音は、一切出力されません。

オーディオトラックレイヤーのクリップの階層は上下にドラッグすることで自由に入れ替えられますし、横方向にも移動させられます。また、通常のクリップと同じように削除したりトリミングもできます。オーディオトラックレイヤーを通常の表示に戻すには、「表示」メニューの「オーディオトラックレイヤーを表示」のチェックを外してください。

Chapter

6

色の調整

DaVinci Resolveが映画の制作に使用される第一の理由は、色の調整機能が優れているからです。ここでは、一般の人でも使いこなせる範囲に絞って、DaVinci Resolveの基本的な色の調整方法について説明します。

カラーページの基本操作

色に関係する作業はほぼすべてカラーページで行えます。しかし、カラーページの画面上に書かれている用語やアイコンが何を意味しており、具体的にどうやって使うものなのかを理解するためには、それなりの学習と経験が必要となります。ここではまず、カラーページの画面の全体的な構成を確認しながら、各領域のおおまかな役割を確認しておきましょう。

カラーページの画面構成

カラーページの画面の構成は、使用しているパソコンのディスプレイの大きさ（Davinci Resolveのウィンドウの大きさ）によって違ってきます。特に、画面が広い場合は画面の下半分に3つのツールを表示できるのに対し、画面が狭い場合は2つしか表示できなくなるなど、表示されるツールやアイコンに違いが出てくる点に注意してください。

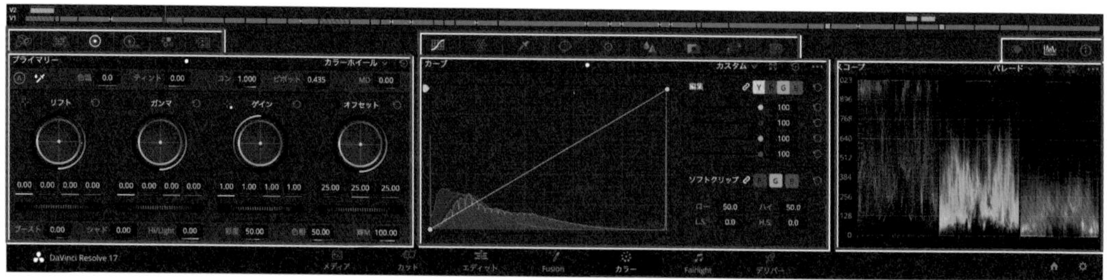

ウィンドウを広くしたときの表示

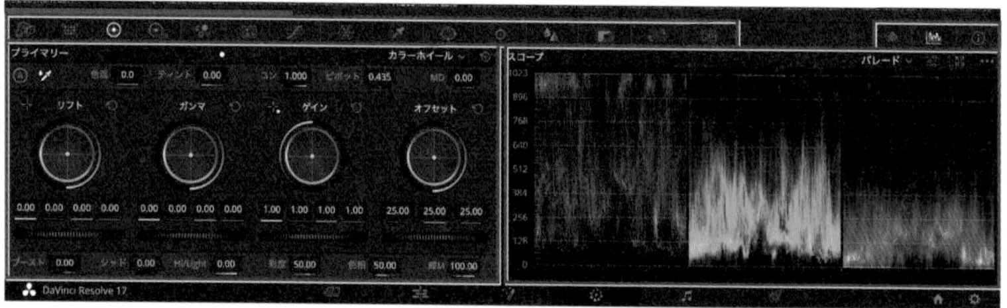

ウィンドウを狭くしたときの表示

ウィンドウを広くした状態のカラーページの中央には、横いっぱいに並んだクリップの下にタイムラインが配置されています。クリップはタイムラインに配置されている順に並んでおり、ここで**選択されているクリップ**が、その上のビューアに表示され、色調整の対象となります（色の調整はクリップ単位で行います）。クリップとタイムラインの表示／非表示は、画面右上のタブで切り替えることができます。

ビューアの右横にある**ノード**には、クリップの色をどのように変更したのかが記録されます。ノードはいくつでも自由に作成でき、それに名前をつけることもできます。たとえば、ノード1にはコントラストと彩度の変更を記録し、ノード2にはホワイトバランスの変更を記録、というように任意のノードに任意の調整を記録させることができます。ノードは左のものから順にクリップに適用され、それぞれのノードは一時的に無効にしたり、削除することなどができます。ノードの領域の表示／非表示も、画面右上のタブで切り替えられます。

カラーページには色の調整をするツールが数多く用意されていますが、その中でも特に多く使われるのはカラーホイールです。色調整をする際には、色の状態をグラフィカルに示すスコープも活用します。

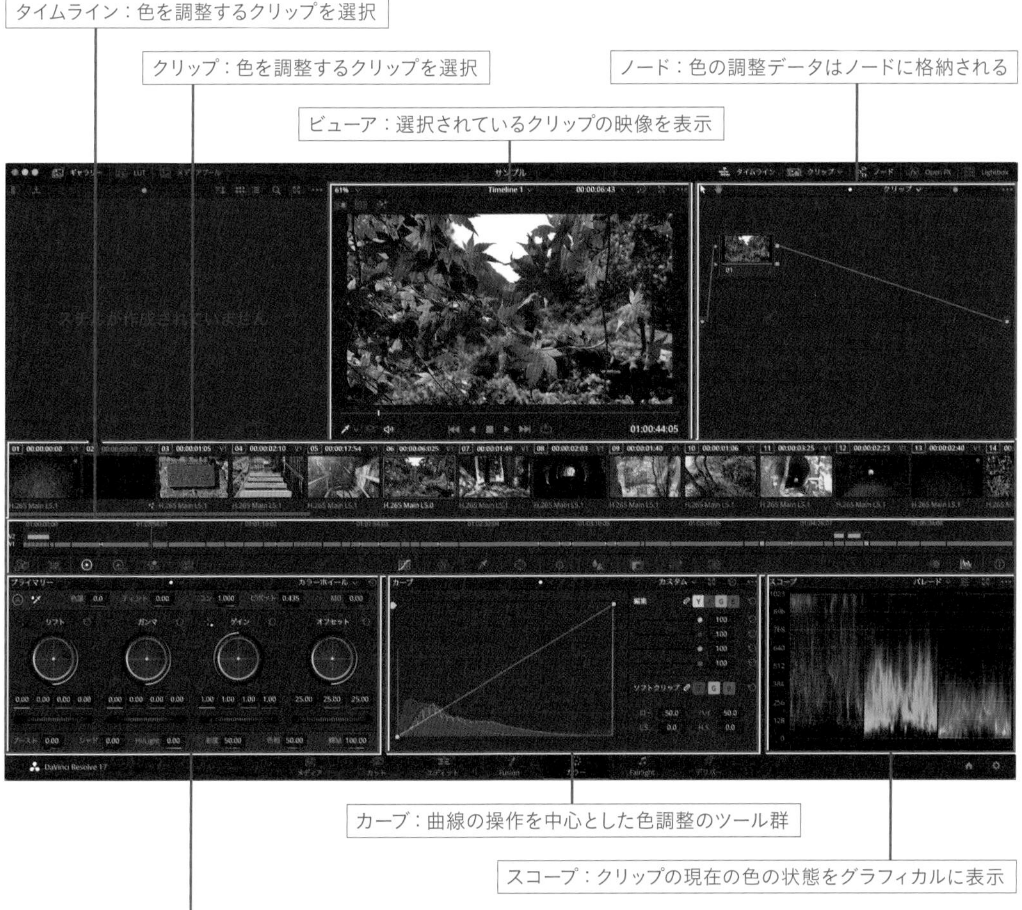

なお、カラーページの画面構成はウィンドウの大きさや使用状況によって大きく変化します。画面を初期状態にリセットしたり、よく使われるツールを表示させる方法については、このあとの解説を参照してください。

画面を初期状態に戻す方法

画面を初期状態に戻すには、「ワークスペース」メニューの「UIレイアウトをリセット」を選択してください。そのときのウィンドウの大きさに応じて、それぞれ次のような画面構成になります。

> **ヒント：他のページの画面も初期状態に戻る点に注意**
>
> 「ワークスペース」メニューの「UIレイアウトをリセット」を選択すると、カラーページ以外のページも初期状態に戻ります。

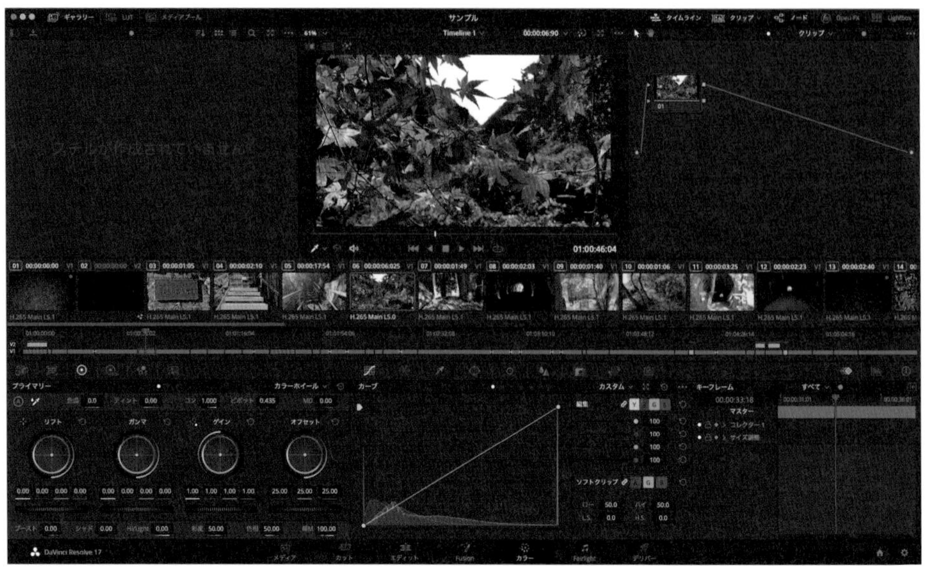

ウィンドウが広いときの初期状態

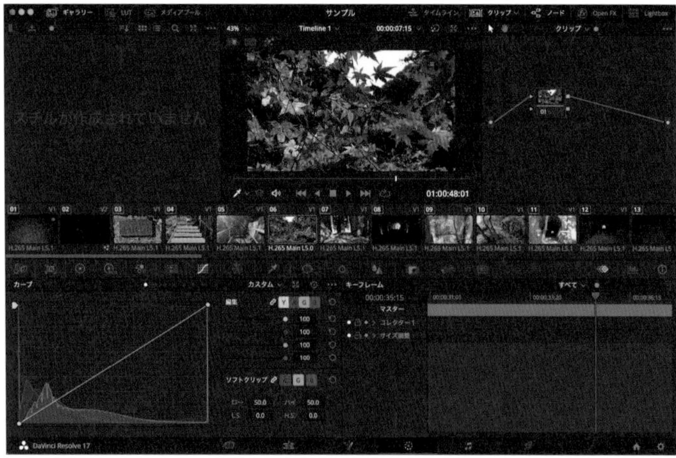

ウィンドウが狭いときの初期状態

ウィンドウが狭いときは、画面を初期状態に戻してもカラーホイールは表示されません。また、ウィンドウの大きさにかかわらずスコープは表示されません。それらを表示させる方法については、次の項目を参照してください。

カラーホイール、カーブ、スコープを表示させる

カラーホイール、カーブ、スコープを表示させるには、それぞれ次のボタンをクリックしてください。

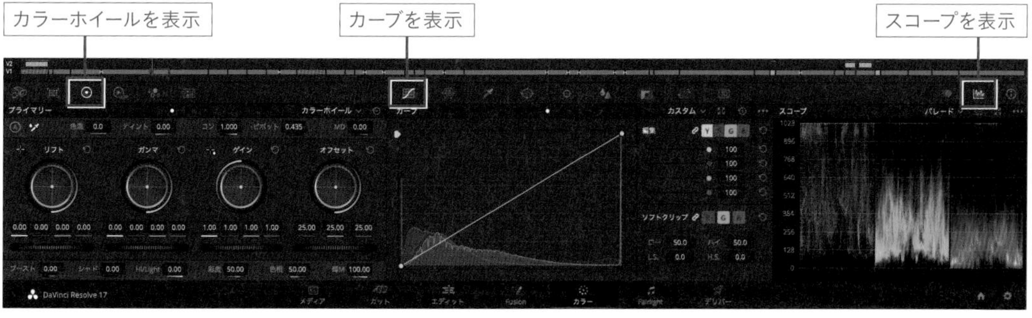

カラーホイール、カーブ、スコープを表示させるボタン

ビューアの大きさの切り替え方

カラーページには、ビューアをより大きく表示させるためのモードが3つ用意されています。それらに表示を切り替えるには「ワークスペース」メニューから「ビューアモード」を選び、そのサブメニューから表示モードを選択してください。おぼえやすいキーボードショートカットも設定されています。もう一度同じモードを選択すると、前の状態に戻ります。

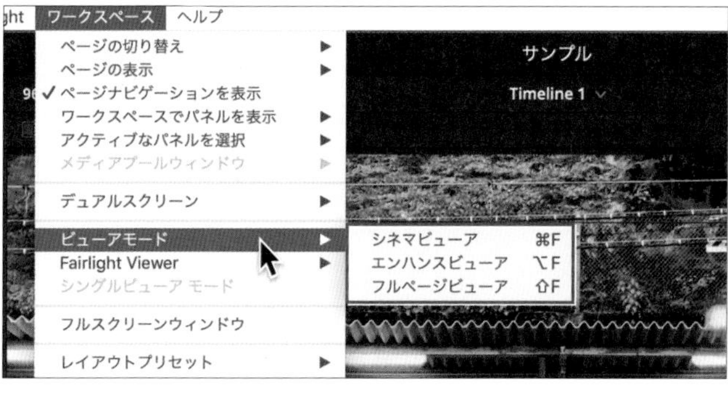

ビューアをより大きく表示できる3つの表示モード

シネマビューア [command (Ctrl)] + [F] または [P]

ビューアをフルスクリーン（全画面）にするモードです。

エンハンスビューア [option (Alt)] + [F]

ビューアの左右とその下のクリップおよびタイムラインを非表示にすることにより、通常よりもビューアを大きく表示させるモードです。

フルページビューア [shift] + [F]

フルスクリーンに近いですが、画面の上下にタブや一部のコントローラー類が表示されるモードです。

コラム　カラーコレクションとカラーグレーディング

カラーコレクションとは映像を本来の正しい色になるように補正することを意味し、カラーグレーディングとは制作者の意図に合わせて色に調整を加えることを意味します。さらに噛み砕いて言えば、カラーコレクションとは「色の適正ではない部分を直すこと」、カラーグレーディングとは「色に演出を加えること」であるとも言えます。

具体的には、カラーコレクションの作業では「コントラスト」「彩度」「ホワイトバランス」などの補正を行います。カラーグレーディングでは映画でよく見かけるような全体的に青っぽい映像にするなど、制作者の意図に応じて様々な処理を行います。作業順序としては、カラーコレクションが先で、カラーグレーディングはそのあとになります。

ノードの役割と使い方

カラーページでクリップを選択すると、初期状態で1つのノードが表示されます。もし、すべての色調整のデータをその1つのノードに格納するということであれば、ノードのことは特に意識することなく、単純にクリップを選択して自由に色調整をしてもかまいません。初心者の方で、色調整は明るさや彩度を多少変更する程度しか行わない場合などは、とりあえずノードのことは無視して作業することもできます。

しかし、たとえばLog撮影された動画にLUTを適用するのであれば、先にカラーコレクションを行い、それよりも後のノードでLUTを適用する必要があります。LUTを適用すると、その段階で元々あった色情報の一部が失われるため、基本的な色調整はLUTを適用する前の段階で行う必要があるのです。このような場合にはノードを追加し、ノードの順番を意識しながらそれぞれの工程を行っていく必要があります。

重要

ノードが複数ある場合は、各ノードの左下にある番号の若い順に（左から順に）ノードの色調整が適用されます。

用語解説：Log撮影

白飛びや黒つぶれを起こしにくい、従来よりもダイナミックレンジの広い収録方式の1つであるLog形式で撮影すること。Log形式で撮影された動画は、そのままの状態だと色の薄い眠い映像に見えるため、少なくともカラーコレクションの作業は必須となります。

ノードを追加するには、ノードを右クリックして「ノードを追加」のサブメニューにある「シリアルノードを追加」を選択してください。この場合は右クリックしたノードの直後に新しいノードが追加されます。ノードの表示位置はドラッグして見やすいように変更できます。

また、キーボードで［option（Alt）］＋［S］を押すことで、新しいノードを追加することもできます。この場合は現在選択されている（赤い枠のある）ノードの直後に新しいノードが追加されます。

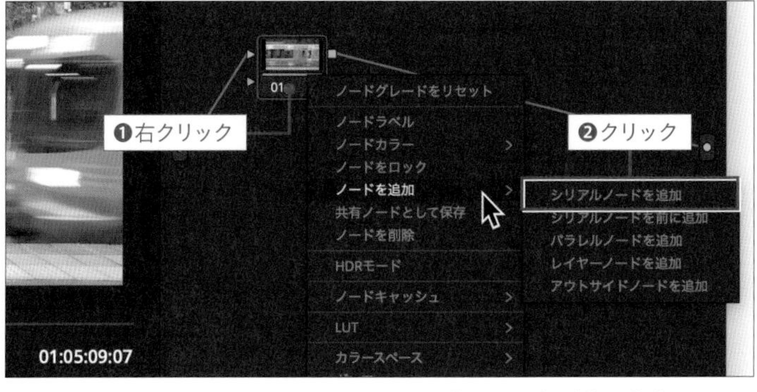

ノードを追加するにはノードを右クリックするか［option（Alt）］＋［S］を押す

重要

ノードが複数ある場合、色の調整を行っているときに選択されているノードにその調整データが記録されます。赤い枠の表示されているノードが現在選択中のノードです。別のノードを選択するには、そのノードをクリックしてください。

ノードにはラベル（名前）をつけることができます。どのような色調整を行ったのかがわかるようなラベルをつけておくと、色調整をやり直す場合などに便利です。ノードにラベルをつけるには、ノードを右クリックして「ノードラベル」を選択してください。

また、ノードの左下にある番号をクリックすることで、そのノードの色調整を無効にすることができます。もう一度クリックすると、有効の状態に戻ります。ノードにラベルがある場合は、ラベルをクリックしても無効／有効を切り替えられます、

すべてのノードをまとめて無効／有効にしたい場合は、ビューアの上にあるカラフルなアイコンをクリックしてください。

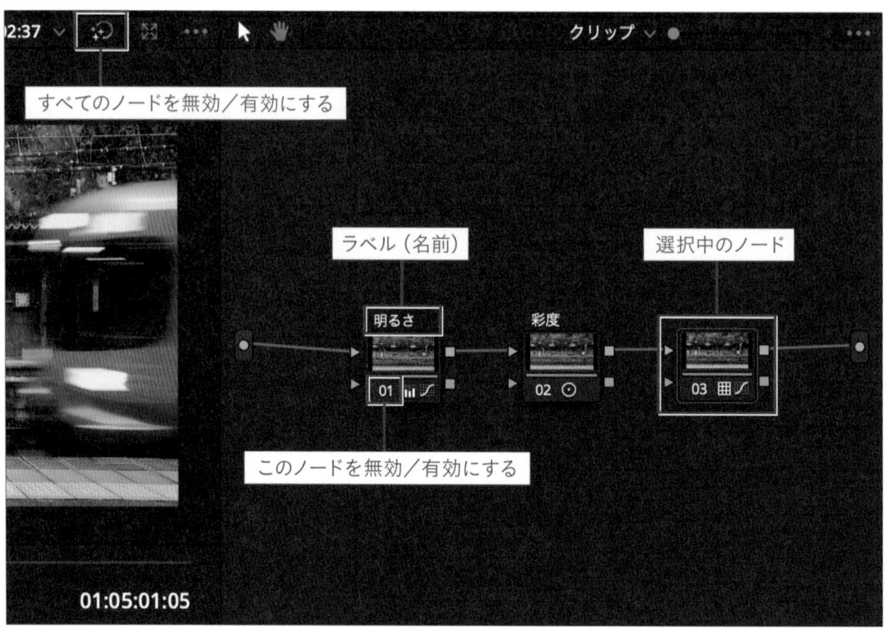

ノードにはラベルをつけることができ、無効／有効も切り替えられる

02

カラーホイールでの色調整

一般に、カラーページで色調整を行う際にもっとも多く使用されるのはカラーホイールの機能です。カラーホイールを使用すると、映像の暗部・中間部・明部それぞれの明るさを微調整できるほか、コントラスト、彩度、ホワイトバランスなどの調整も可能です。ここでは、カラーホイールの各部の用途とその使い方について説明します。

4つのカラーホイールの役割

カラーホイールの主要部分は4つに分かれています。左側の3つ（リフト・ガンマ・ゲイン）はそれぞれ映像の「暗部」「中間部」「明部」を対象に操作するもので、一番右の「オフセット」は映像の全体を対象としています。

- **リフト**　：映像の暗い部分を中心に調整
- **ガンマ**　：映像の中間的な明るさの部分を中心に調整
- **ゲイン**　：映像の明るい部分を中心に調整
- **オフセット**：映像全体を均一に調整

このリフト・ガンマ・ゲイン・オフセットでそれぞれ調整できるのは、色相（赤緑青の混ぜ具合による色合いのバランス）と明るさです。色相はカラーバランスコントロール、明るさはマスターホイールを使って調整します。

これらはそれぞれ個別にリセットできるほか、全体をまとめてリセットすることもできます。

補足情報：リフト・ガンマ・ゲインの対象は重なりあっている

たとえばリフトのマスターホイールは映像の暗い部分を中心に明るさを調整するためのものですが、これによって明るさが変わるのは暗い部分だけではありません。中間部から明部へと、徐々に影響は小さくなりますが、明るさは全体的に変化します。これは、映像を明るさで3段階に分離して特定の段階にだけ変化を与えると、映像が不自然なものになりやすいからです。あくまで暗部・中間部・明部それぞれを「中心に」操作対象としていますので、自然な状態で明るさと色相を調整することができます。

カラーバランスコントロールの操作方法

カラーバランスコントロールには、カラーリングとYRGBパラメーターという連動した2種類の調整方法が用意されており、状況によって使い分けることが可能です。

カラーリングは、その内部をドラッグすることにより中心の点を移動させて色合いを調整します。このとき、点自体をドラッグする必要はありません。カラーリングの色相環（カラフルな円）に点を近づければ近づけるほど、近くなった色が強くなり、遠くなった色が弱くなります。

カラーリング内で［shift］キーを押しながらクリックまたはドラッグすると、点がポインタの位置に移動するため、点を大きく移動させられます。また、カラーリング内をダブルクリックすることで、そのカラーバランスコントロールだけをリセットできます。

YRGBパラメーターを使うことで、輝度（白の項目）とRGB（赤緑青の項目）の値を個別に調整できます。

マスターホイールを使った明るさの調整

マスターホイールは、そのすぐ上にあるYRGBパラメーターと連動しており、それらの4つ（オフセットのみ3つ）の値をまとめて同時に上下させることにより明るさの調整を行います。左にドラッグすると暗くなり、右にドラッグすると明るくなります。

マスターホイールで明るさを調整する際は、ビューアだけでなくスコープも確認しながら行うのが一般的です。スコープでRGBのそれぞれの輝度の最小値や最大値などの確認をしつつ、ビューアの映像を見て調整します。

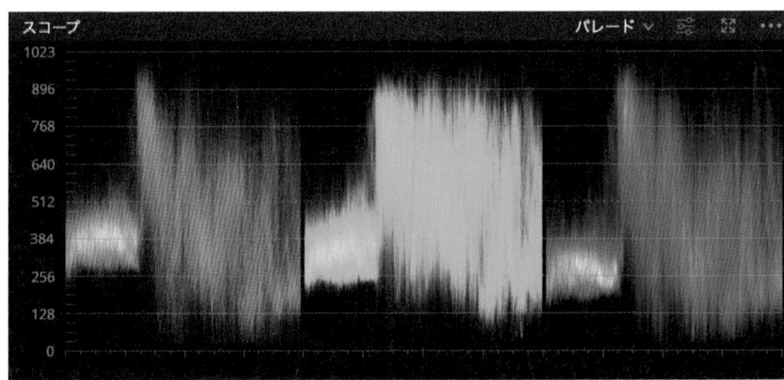

スコープ（パレード）

スコープの縦軸の数値の下限である0は黒をあらわし、上限である1023は白をあらわしています。もし0を超えてそれよりも下に色があるとその部分は黒つぶれしていることを示し、逆に1023を超えてそれよりも上に色がある場合は白飛びしていることを示します。黒つぶれしている場合はリフトで、白飛びしている場合はゲインで調整してください。

一般に、映像に黒に近い色が含まれている場合は、リフトのマスターホイールを操作して、スコープのRGBのいちばん暗い部分が0 〜 128の範囲にくるようにします。それとは逆に、映像に白に近い色が含まれている場合は、ゲインのマスターホイールを操作して、いちばん明るい部分が896 〜 1023の範囲にくるようにします。黒や白に近い色が含まれていない映像については、その映像に合わせて明るさの最小値と最大値を調整してください。

中間部を調整するガンマについては、多くの場合リフトとゲインの調整を行ったのちに操作を行います。ガンマの値を変更すると、リフトとゲインにも多少の影響が出ますので、必要に応じてリフトとゲインを再度調整してください（これらの調整は交互に何度か繰り返す必要のある場合もあります）。

自動で色補正をする

カラーホイールの左上にあるⒶボタンをクリックすることで、再生ヘッドの位置にあるフレームを基準にして自動でクリップの色補正を行うことができます。

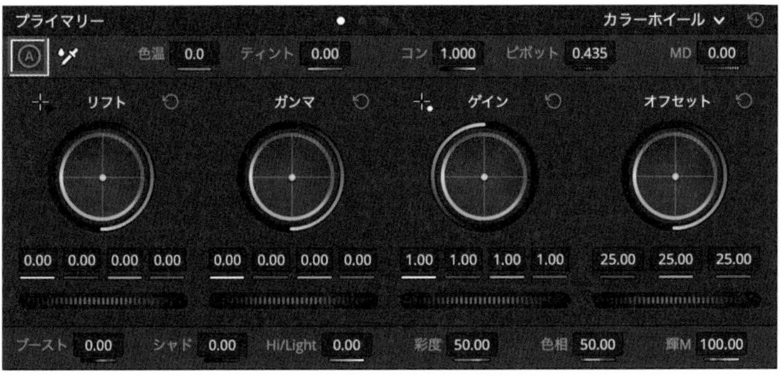

「自動バランス」ボタンを押すと、クリップの色補正が自動でできる

この機能は完全自動で操作が簡単である反面、映像によってはうまくいかない場合もあります。望むような結果が得られなかったときは、作業を取り消しまたはリセットした上で、手動で色補正を行ってください。

補足情報：メニューからも実行可能

この機能は「カラー」メニューの「自動カラー」で実行することもできます。キーボードショートカットは [option (Alt)] + [shift] + [C] です。

コントラストの調整

カラーホイールの上部にある「コントラスト」の値を変更することで、クリップのコントラストを調整できます。このとき、コントラストの中心（明るくする側と暗くする側の境界）とする位置を示しているのが「ピボット」です。

用語解説：コントラスト

明暗の差の度合いをコントラストと言います。カラーホイールのコントラストを高くすると、明るい部分はより明るく、暗い部分はより暗くなり、映像がくっきりすると同時に彩度も高くなります。コントラストを低くすると、明暗の差が少なくなると同時に彩度が低くなり、ぼやけた印象の映像になります。

ヒント：コントラストは「コン」と表示されることもある

DaVinci Resolveのメイン画面のウィンドウの大きさによっては、「コントラスト」は「コン」のように短く表示される場合があります。これは「コントラスト」に限った話ではなく、他の項目でも短く表記されることがあります。

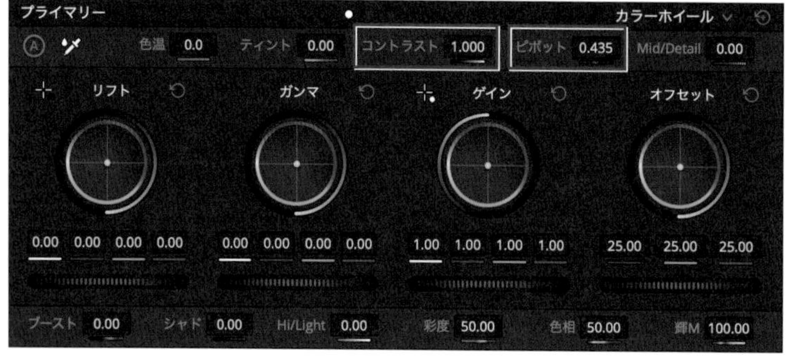

「コントラスト」とその中心位置を調整する「ピボット」

一般に、全体的に暗い映像のクリップにおいては、ピボットの値を下げることで黒つぶれを抑えることができます。その逆に、全体的に明るい映像のクリップにおいては、ピボットの値を上げることで白飛びを抑えられます。

ヒント：ラベルをダブルクリックするとリセットできる

たとえばコントラストの「コントラスト」や「コン」などと書かれているラベルをダブルクリックすることで、その項目の値だけをリセットできます。

補足情報：コントラストを変更してもスコープの上限と下限が変化しない理由

プロジェクト設定の「一般オプション」にある「Use S-curve for contrast」は初期状態でチェックされた状態になっているため、コントラストを変更してもスコープの上限と下限はほとんど変化しません。このチェックを外すと、コントラストの変更で白飛びや黒つぶれを起こすようになりますので注意してください。

彩度の調整

カラーホイールの下部にある「彩度」の値を変更することで、クリップの色の鮮やかさを調整できます。この値を0にすると、白黒(グレースケール)の映像になります。

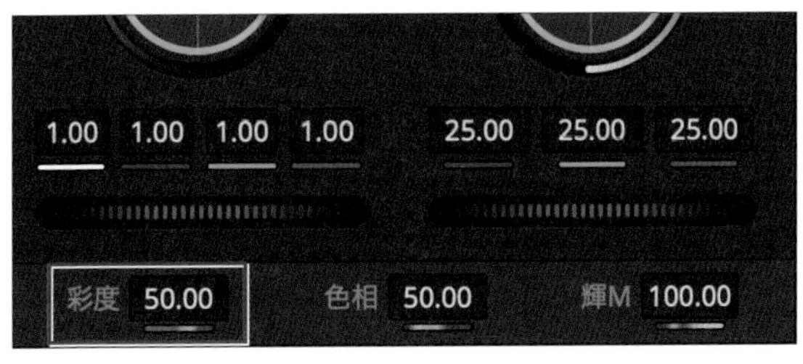

色の鮮やかさを調整する「彩度」

カラーブーストの使い方

カラーホイールの左下にある「ブースト(カラーブースト)」の値を変更することで、彩度の低い部分を対象として、彩度を上げ下げすることができます。わかりやすく言えば、色の薄い部分だけを対象として、色を濃くしたり薄くしたりできる機能です。

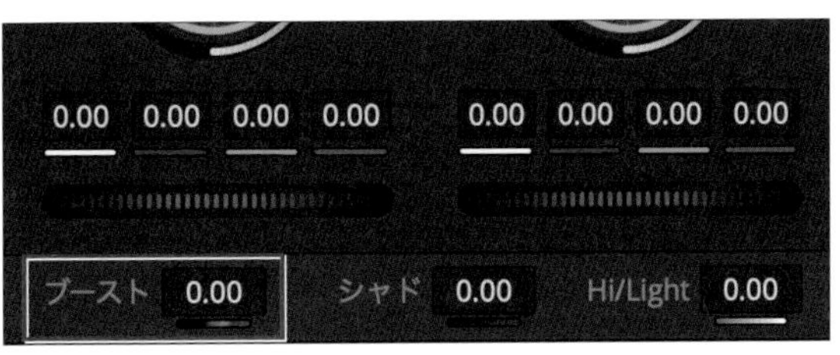

「カラーブースト」は薄い色を濃くする機能

機能的には「彩度」と似ていますが、「彩度」は映像全体の彩度を一律に上げ下げするのに対し、「カラーブースト」は彩度の低い部分を中心に上げ下げする点が異なります。

ホワイトバランスの調整

ホワイトバランスはカラーバランスコントロールで調整することも可能ですが、色温度を変更することで調整することも可能です。この値を小さくすると青っぽい色になり、大きくすると黄色からオレンジ色になります。この機能を使用して、映像が赤みを帯びている場合は値を小さくし、青っぽい場合は値を大きくすることで色かぶりが修正できます。

「色温(色温度)」を使うと簡単にクリップの色かぶりを修正できる。右隣の「ティント」については次ページの「ヒント」を参照

用語解説:ホワイトバランス

本来は白いはずの部分に色がついていた場合に、補正して白が正しく白く見えるように調整する作業や機能のことをホワイトバランスと言います。

用語解説:色かぶり

写真や映像の色調が、実際の色とは違って特定の色に偏ってしまっている状態のことを色かぶりと言います。青味を帯びている(色温度が低い)状態を「青かぶり」、赤味を帯びている(色温度が高い)状態を「赤かぶり」とも言います。

ヒント：「ティント」とは？

「色温度」は自然光用の調整機能であるのに対し、「ティント」は蛍光灯などの人工的な照明の色を調整するための機能です。「ティント」の値を小さくすると緑っぽい色になり、大きくするとマゼンタ(あざやかな赤紫)に近い色になります。

ポインタの位置のRGB値を表示させる

ビューア上のポインタの位置にRGB値を表示させるには、次のように操作してください。

ヒント：ホワイトバランスを調整する際に便利

この機能を使用して白い部分のRGB値を確認することで、RGBのどの色が強いか（青かぶりや赤かぶりなど）を確認できます。

1 ビューアを右クリックして「ピッカーのRGB値を表示」を選択する

ビューアを右クリックして、メニュー項目の中から「ピッカーのRGB値を表示」を選択してください。

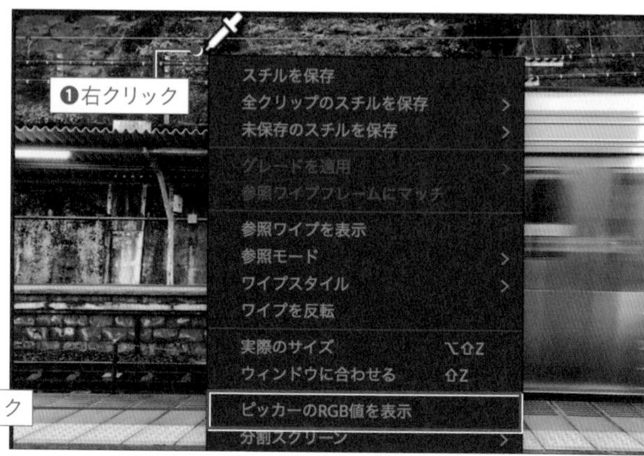

2 RGB値が表示される

ポインタをビューアの上にのせると、ポインタの先にあるピクセルのRGB値がツールチップで表示されます。

補足情報：使用中のツールによっては表示されなくなる

ツールチップによるRGB値は、ブラーの調整をしている場合など、使用しているツールの種類によっては表示されなくなります。

03

カラーページのその他の機能

カラーホイールを使うことで基本的な色調整を行うことはできますが、カラーページにはそれ以外にも多くの機能があります。たとえば、映像をぼかしたりシャープにすることもできますし、あるクリップに適用した色調整とまったく同じものを他のクリップにそのまま適用することもできます。ここでは、カラーホイール以外でできる機能のうち、よく使われる便利なものを紹介しておきます。

ぼかしとシャープ

クリップの映像をぼかしたりシャープにするには、カラーページで次の操作を行ってください。

ヒント：ぼかす場合は「ブラー」も有効

映像をぼかすのであれば、カットページやエディットページでブラー系のエフェクトを適用する方法もあります。エフェクトのブラーを使用すると、特定の方向にぼかしたり、放射状にぼかすことなどができます。

1 クリップを選択する

クリップのサムネイルの中から、ぼかしまたはシャープを適用するクリップを選択します。

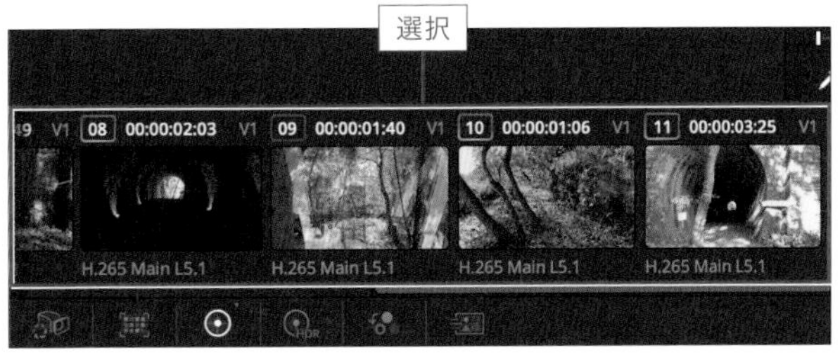

2 「ブラー」ボタンをクリックする

クリップのサムネイルの下に並んでいるボタンのうち、「ブラー」ボタンをクリックしてください。画面下部の領域の一部が、ぼかしまたはシャープを適用する画面に切り替わります。

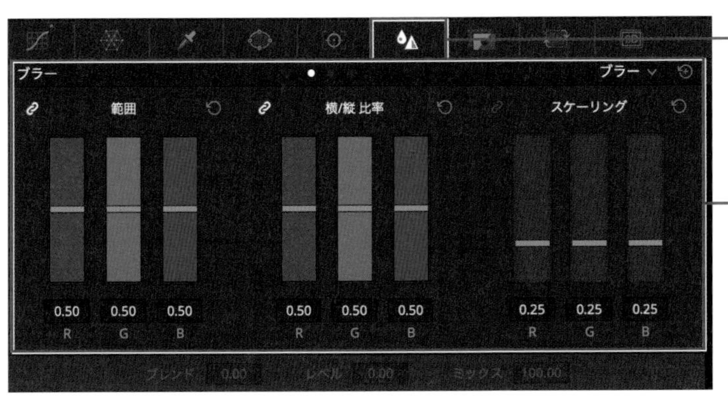

3 範囲のスライダーでぼかしとシャープを調整する

左側の「範囲」と書かれているスライダーを上下させることでぼかしまたはシャープを適用します。上げれば上げるほど映像はぼけていき、下げれば下げるほどシャープになります。

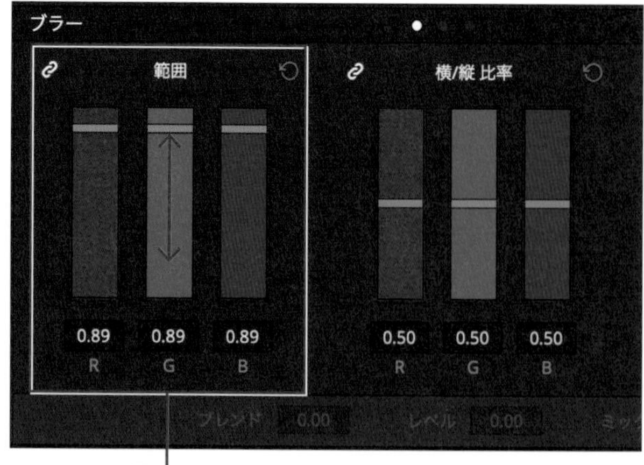

ヒント：赤・緑・青のバーは連動して動く

初期状態では赤・緑・青のバーは連動して動くようになっています。そのため、赤・緑・青のどのバーを操作してもかまいません。

ノードの内容のコピー&ペースト

色の調整を行ったノードの内容をコピーして、ほかのクリップのノードにペーストすることができます。ノードをコピー&ペーストするには次のように操作してください。

1 コピーしたいクリップのノードを選択する

ノードの内容をコピーしたいクリップのノードを選択します。

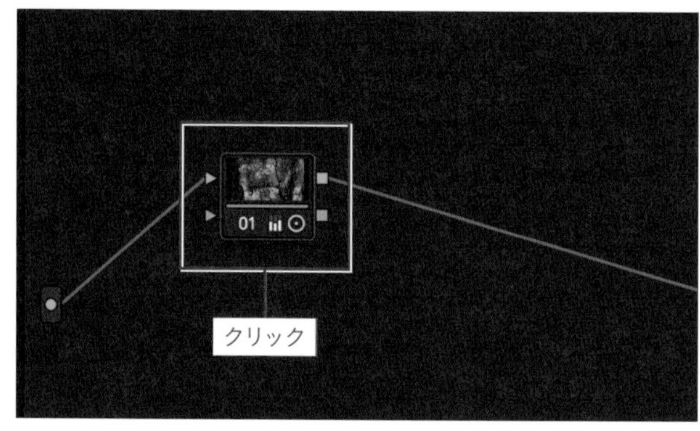

2 コピーする

「編集」メニューの「コピー」を選択するか、[command (Ctrl)] + [C] キーを押します。

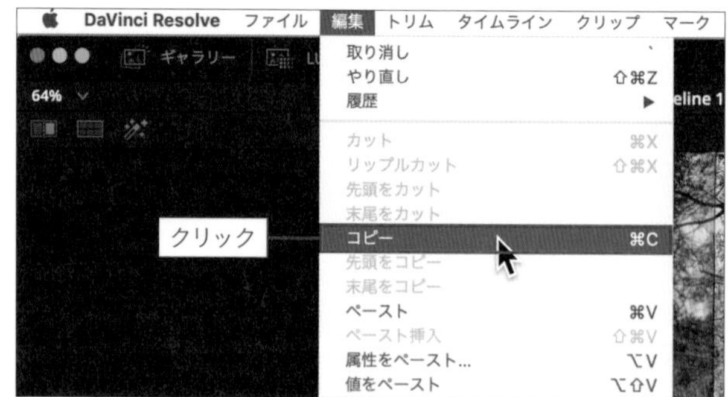

3 ペーストしたいクリップのノードを選択する

ペーストしたいクリップを選択して、さらにペーストするノードを選択します。

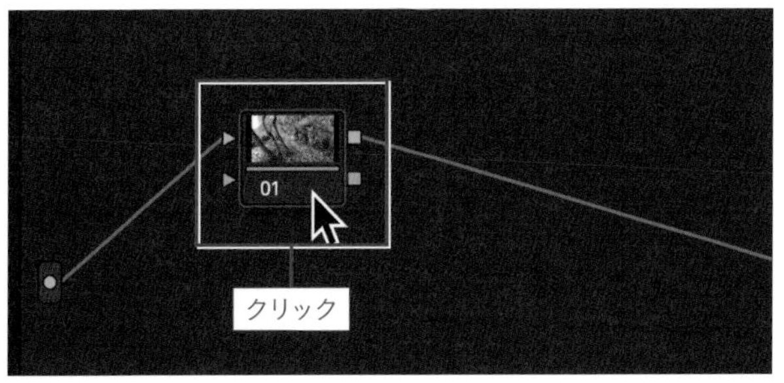

4 ペーストする

「編集」メニューの「ペースト」を選択するか、[command (Ctrl)] + [V] キーを押します。

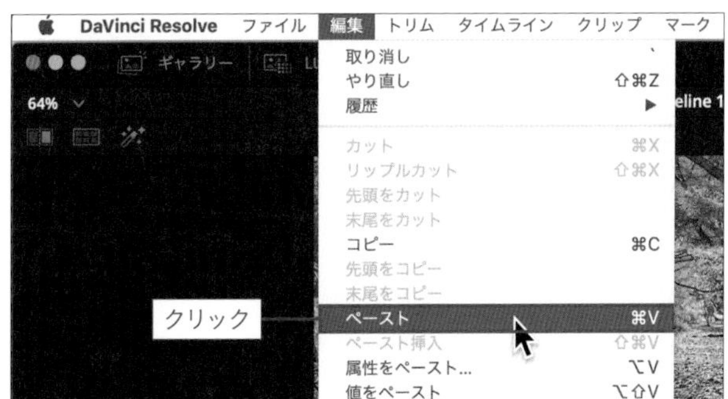

前のノードの色調整をまるごと適用させる

1つまたは2つ前の（左側の）クリップの色調整とまったく同じものをまるごと適用させるには次のように操作してください。前のクリップに複数のノードがある場合でも、ノードの構成も含めてまったく同じ色調整が適用できます。

1 色調整をまるごと適用させたいクリップを選択する

はじめに、1つまたは2つ前のクリップとまったく同じ色調整を適用させたいクリップを選択します。

2 「カラー」メニューから「1つ前のクリップのグレードを適用」を選択する

「カラー」メニューの「1つ前のクリップのグレードを適用」または「2つ前のクリップのグレードを適用」を選択してください。ショートカットキーはそれぞれ [shift] + [=] と [shift] + [-] です。

色調整をまるごと他のクリップに適用させる

任意のクリップの色調整とまったく同じものを、1つ以上のクリップにまとめて適用させるには次のように操作してください（ノードの構成も含めてまったく同じ色調整が適用されます）。

1 色調整をまるごと適用させたいクリップを選択する

はじめに、特定のクリップとまったく同じ色調整を適用させたいクリップ（複数可）を選択します。

2 右クリックして「選択したクリップにこのグレードをコピー」を選択する

元となる色調整済みのクリップを右クリックして「選択したクリップにこのグレードをコピー」を選択すると、選択したクリップに同じ色調整が適用されます。

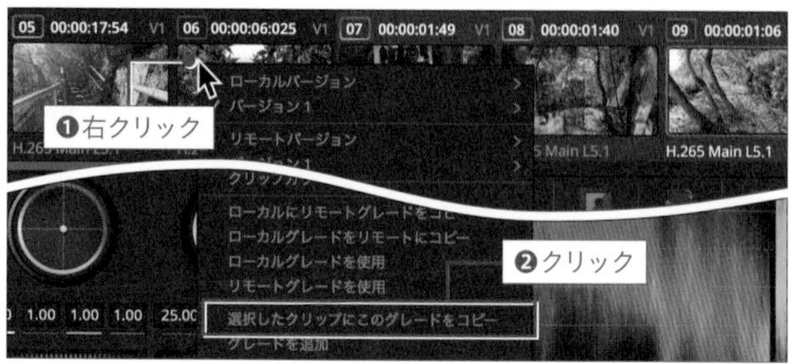

特定の色の彩度と色相を変える（カラーワーパー）

DaVinci Resolve 17で新しく追加されたカラーワーパーを使用すると、特定の色の彩度と色相を一度に変更できます。

1 カラーワーパーを表示させる

カラーワーパーのアイコンをクリックして、カラーワーパーを表示させます。

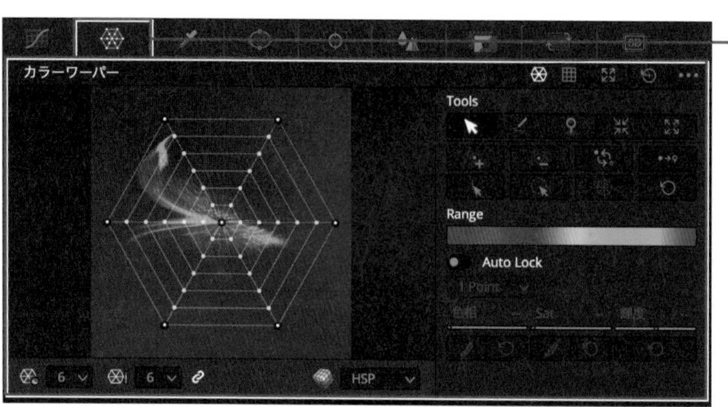

2 色を選択する

操作対象のクリップをビューアで表示させ、彩度または色相を変更したい色をクリックしてください。選択した色がカラーワーパーに赤い◯で表示されます。

ヒント：色選択はカラーワーパーでも可能

カラーワーパーのクモの巣のようなグリッドの点をクリックして色を選択することもできます。

ヒント：選択している色を確認する方法

色を選択する際、[option (Alt)] キーを押しながらマウスのボタンを押し続けることで選択中の色が確認できます（選択中の色以外はグレーの塗りつぶしで表示されます）。

3 選択した色をドラッグして調整する

赤い◯をカラーワーパーの中心に向けてドラッグすると、彩度が低くなります。その反対方向の外側に向けてドラッグすると、彩度は高くなります。色相は、グリッドの真ん中を中心として回転させるように動かすと変化します。

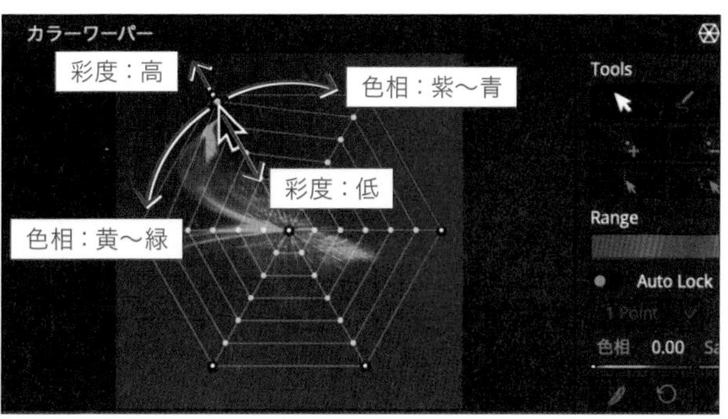

ヒント：ドラッグはビューアでも可能

ビューアで色を選択したまま、続けてドラッグして彩度や色相を変更することもできます。その際、ドラッグする方向はカラーワーパー上の◯と同じになりますので、カラーワーパーを見ながら操作してください。

4 必要ならカラーワーパーを拡大表示させる

カラーワーパーが小さくて細かい操作が難しい場合は、別ウィンドウで大きく表示させることもできます。別ウィンドウで表示させるには拡大表示ボタンを押してください。

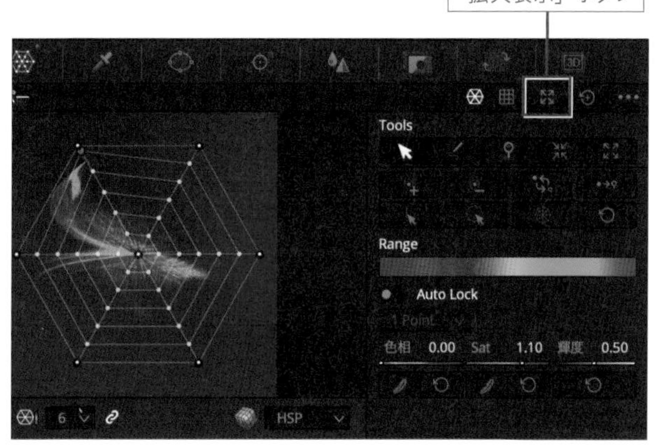

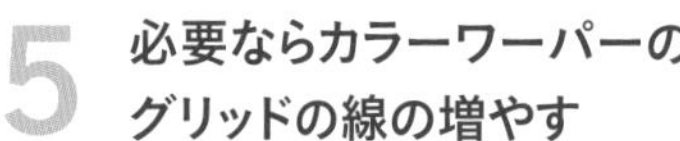

5 必要ならカラーワーパーのグリッドの線の増やす

カラーワーパーのグリッドの数が少なすぎて細かい操作が難しい場合は、グリッドの線を増やすこともできます。カラーワーパーの左下の左側が「色相解像度」ボタン、右側が「彩度解像度」ボタンで、それぞれ色相と彩度の線を増やします。初期状態ではこれらは連動して変化しますが、「リンク」ボタンを押してリンクを解除することで、色相と彩度の線を別々に増減させることができるようになります。

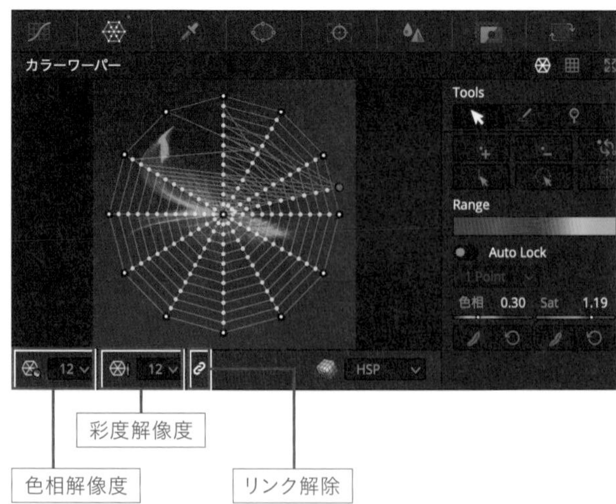

LUTを追加する

新しいLUTを追加してDaVinci Resolveで使用できるようにするには、次のように操作してください。

用語解説：LUT

LookUp Table の略で、Log撮影された動画に適用される「色変換のための参照表データ」のこと。Log撮影された映像はそのままだと色が薄くてコントラストの低い映像になっていますが、LUTを適用することで普通に見えるようにしたり、あるいは演出の入った独特の色合いに変換することなどができます。

1 追加するLUTを用意する

はじめに追加するLUTを用意しておきます。Log撮影のできるカメラやアプリの公式サイトでは、多くの場合LUTがダウンロードできるようになっています。そのほかにも、無料や有料で公開されているLUTがたくさんあります。

LUTのダウンロードページの例（iPhoneでLog撮影が可能になるFiLMiC Pro というアプリのLUTのダウンロードページ）
https://www.filmicpro.com/products/luts/

2 プロジェクト設定のウィンドウを開く

メイン画面の右下にある歯車のアイコンをクリックして「プロジェクト設定」のウィンドウを開いてください。

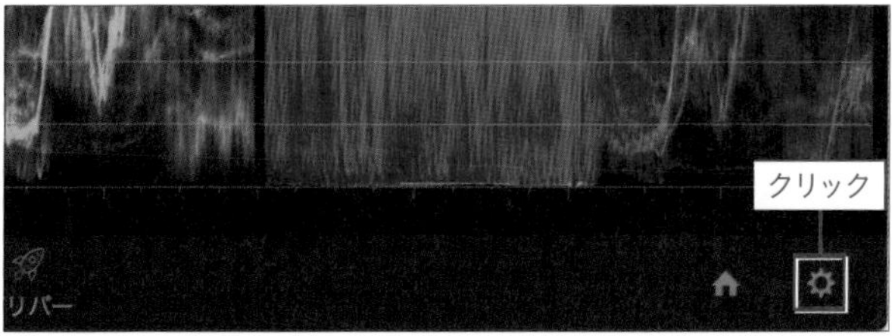

3 左側の「カラーマネージメント」をクリックする

左側に縦に並んでいる項目のうち「カラーマネージメント」をクリックします。

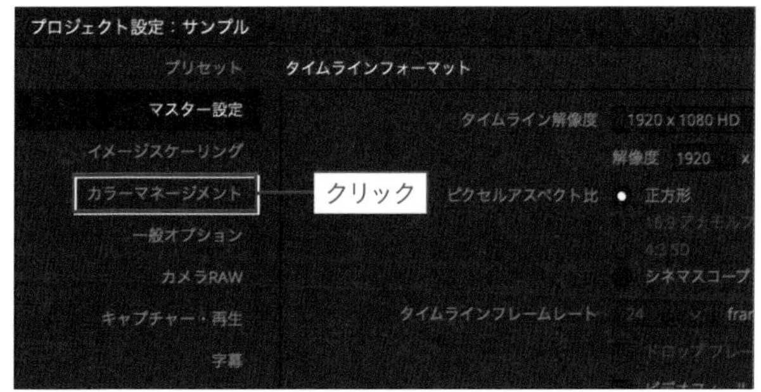

4 「LUTフォルダーを開く」ボタンをクリックする

「LUT」という項目のいちばん下にある「LUTフォルダーを開く」というボタンをクリックします。

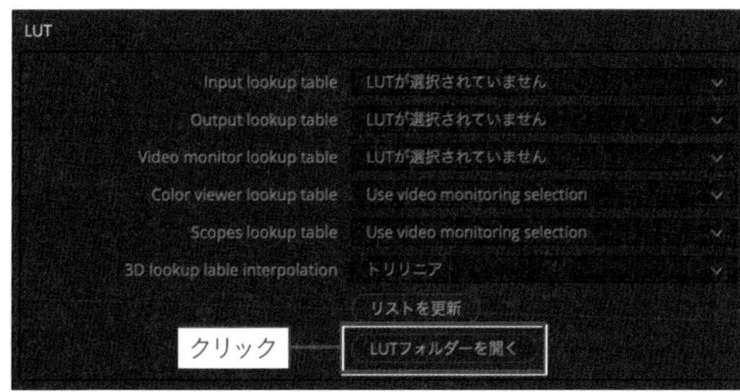

5 LUTフォルダーにLUTを格納する

LUTフォルダーが開きますので、そこにLUTを入れます。LUTがフォルダーに格納されている場合は、フォルダーごと入れてもかまいません。

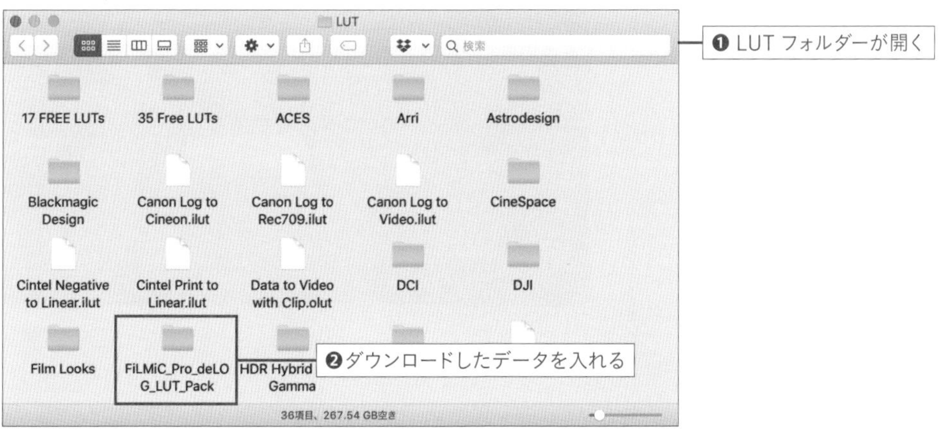

6 「リストを更新」ボタンをクリックする

「LUTフォルダーを開く」ボタンの上にある「リストを更新」ボタンをクリックしたら、追加したLUTが使用可能になります。

ヒント：LUT用のフォルダーの追加方法

DaVinci Resolve 17からは、LUTを格納するフォルダーを独自に追加できるようになっています。ネットワークボリューム内のフォルダーを追加すれば、LUTを共有することも可能です。
LUT用の新しいフォルダーを追加するには、「DaVinci Resolve」メニューから「環境設定...」を選択し、上の「システム」タブを選択してから左側の「一般」という項目を選択してください。すると画面下部に「LUTの保存場所」という項目が表示されますので、その下にある「追加」ボタンを押すことでフォルダーを追加できます。

LUTを適用する

LUTをクリップに適用するには次のように操作してください。なお、通常はLUTはカラーコレクションをしたノードよりも後のノードに適用します。

1 LUTブラウザーを開く

画面左上の「LUT」タブをクリックしてLUTブラウザーを開きます。

2 適用するLUTを表示させる

左のLUTサイドバーでカテゴリーを選択するなどして、適用するLUTを表示させます。

ヒント：LUTはプレビューできる

LUTのサムネイルの上でポインタを左から右へ動かすことで、そのLUTを適用した状態をプレビューできます。

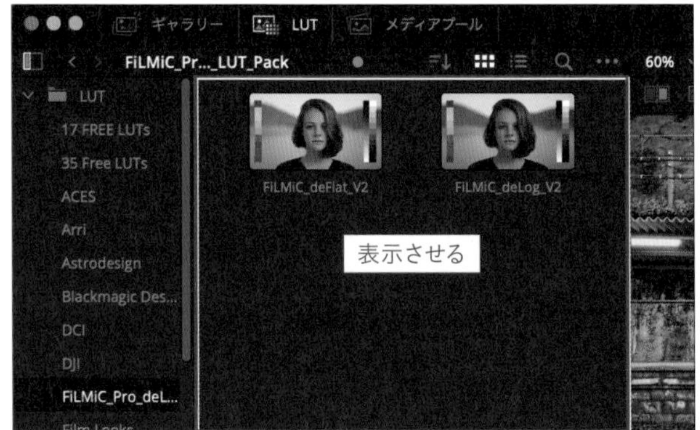

補足情報：LUTはお気に入りに追加できる

LUTのサムネイルの上にポインタをのせると、サムネイルの右上に☆が表示されます。その☆をクリックすることでLUTをお気に入りに追加できます。お気に入りは、LUTサイドバーのカテゴリーの一番下にあります。

3 LUTをノードにドラッグ&ドロップする

LUTを適用したいノードにドラッグ&ドロップしたら作業の完了です。

ヒント：LUTは1つのノードに1つしか適用できない

すでにLUTを適用済みのノードに別のLUTをドラッグ&ドロップした場合、適用済みのLUTは新しいLUTに上書きされます。

補足情報：LUTは右クリックでも適用できる

あらかじめ適用するノードを選択しておき、LUTを右クリックして「LUTを現在のノードに適用」を選択することでもLUTを適用できます。

LUT適用の度合いを弱める

LUTを適用したことによる映像の色の変化の度合いを弱めるには、次のように操作してください。

1 LUTが適用されているノードを選択する

度合いを弱めたいLUTを適用してあるノードを選択します。

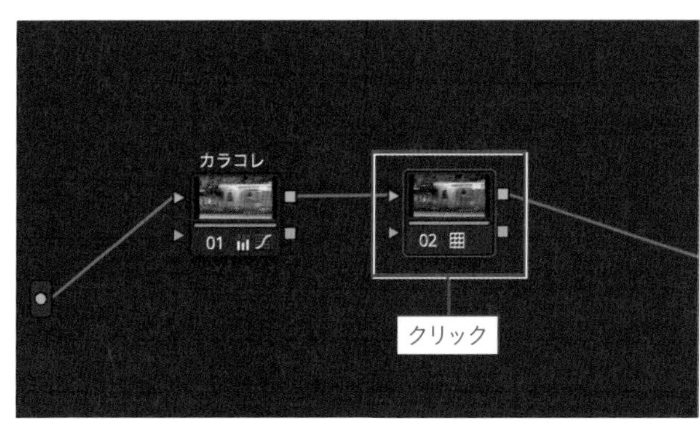

2 キーパレットを表示させる

「キー」アイコンをクリックして、キーパレットを表示させます。

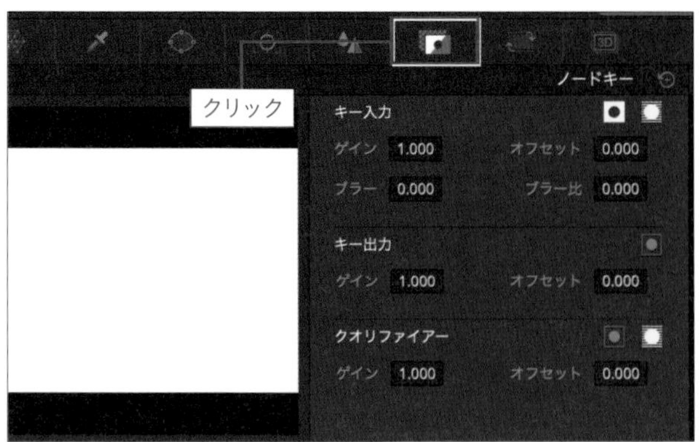

3 ゲインの値を調整する

「キー出力」の「ゲイン」の数値を、初期値の1.000から小さくすることで適用の度合いを調整してください。

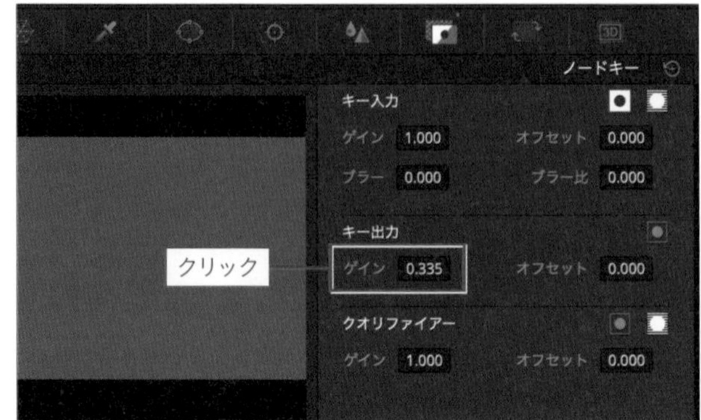

補足情報：この方法は同じノードのすべてに影響

ここで紹介しているのは、実際には（LUTに限らず）選択したノードの影響の度合いを調整する方法です。同じノードでLUTの適用以外の色調整も行っている場合は、その適用度も同時に変化しますのでご注意ください。

Chapter

7

少し高度な機能

DaVinci Resolveにはプロ向けの膨大な機能が搭載されています。ここでは、YouTubeの動画などでも使用されることのあるスピードの変更機能やモザイクのかけ方、映像やテロップを揺らす方法、クロマキー合成の仕方などについて解説します。

リタイムコントロール

DaVinci Resolveでクリップの再生速度を変える方法はいくつかありますが、その中でも最も柔軟で細かい制御が可能なのがこのリタイムコントロールです。1つのクリップの範囲内で何度でも速度を切り替えることができ、しかもその切り替えをなめらかにすることも可能です。ただし、この機能はエディットページ以外では使用できません。

リタイムコントロールの基本操作

はじめに、リタイムコントロールを使ってクリップの再生速度を変えるための基本操作から説明します。

1 エディットページを開く

リタイムコントロールはエディットページでのみ使用できます。はじめにエディットページを開いてください。

2 タイムラインのクリップを選択する

速度を変更するクリップをタイムラインから選択します。

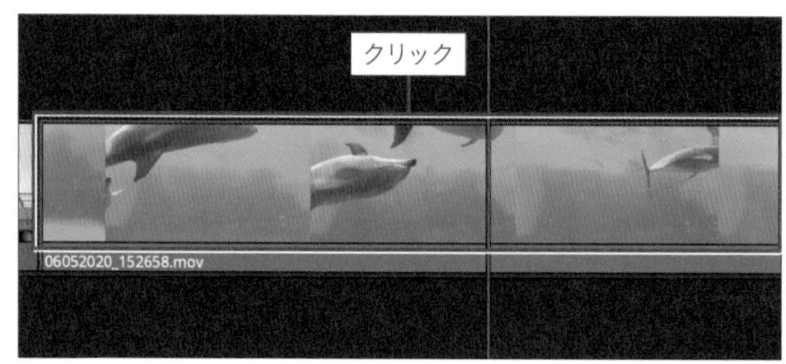

3 [command (Ctrl)] + [R] キーを押す

[command (Ctrl)] + [R] キーを押すと、クリップがリタイムコントロールの表示に切り替わります。「クリップ」メニューから「リタイムコントロール」を選択するか、クリップを右クリックして「リタイムコントロール」を選択しても同じ結果が得られます。

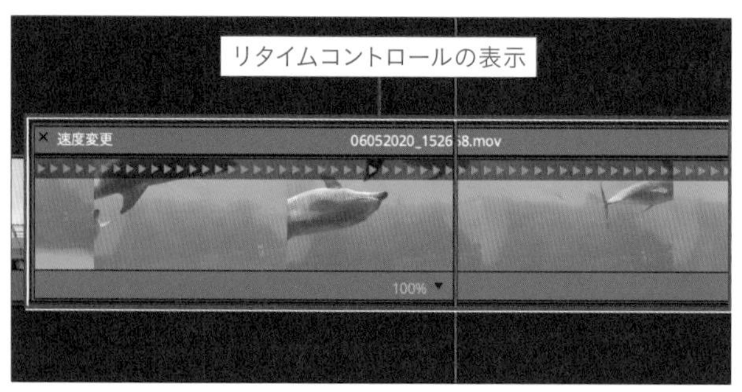

4 クリップの右上をドラッグする

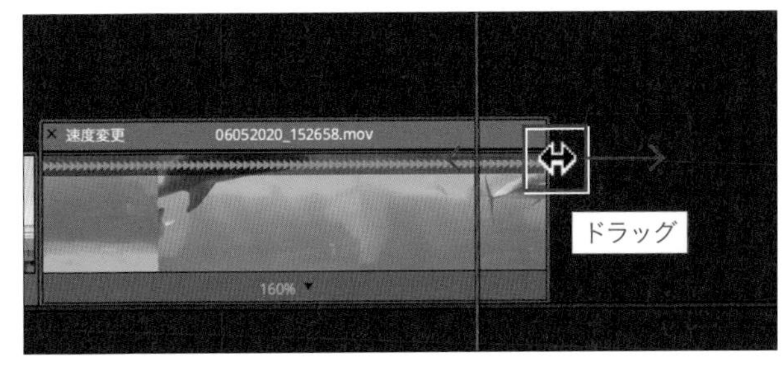

ポインタをクリップの右端（左端も可）の上に移動させると、ポインタの形状が左右に向いた矢印に変化します。その状態で横方向にドラッグすることでクリップの再生速度を変更できます。
このとき、クリップの幅を狭くすると速く、広くすると遅くなりますが、これは同じクリップを短い時間で再生させると速くなり、長い時間で再生させると遅くなるということです。

ヒント：速度の変更に合わせてリップルさせるには？

再生速度（クリップの幅）の変更に合わせて後続のクリップを移動させたい場合は、先にトリム編集モード（T）に切り替えておいてください。エディットページでは、選択モード（A）になっているとリップルされませんのでご注意ください。

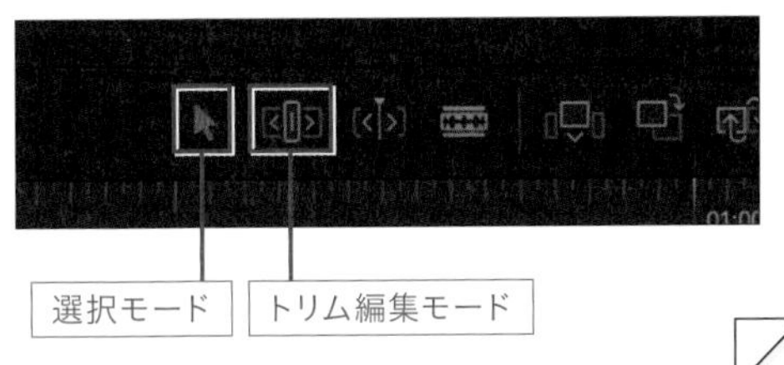

補足情報：リタイムコントロールを閉じるには？

リタイムコントロールを閉じてクリップを普通の表示に戻すには、次のいずれかの操作を行ってください。

- クリップの左上にある［X］ボタンをクリックする
- ［Esc］キーを押す
- ［command（Ctrl）］＋［R］キーを押す（メニューから「リタイムコントロール」を選択する）

補足情報：▶▶▶▶は間隔と色が変化する

速度が100%の場合、青い▶▶▶▶が表示されています。この▶の間隔は速度が100%よりも大きい（速い）と狭くなり、100%よりも小さい（遅い）と広くなります。また、100%よりも小さくなると色が黄色に変わります。

補足情報：速度を変更する別の方法

速度の変更は、クリップの下中央にある「▼」マークを押すと表示されるメニューの「速度を変更」で行うことも可能です。ただし、ここで選択できる速度は10%、25%、50%、75%、100%、110%、150%、200%、400%、800%のみです。

補足情報：速度を元に戻すには？

クリップの下中央付近にある「▼」をクリックして「100%にリセット」を選択することで、クリップの速度を元に戻すことができます。また、同メニューの「速度を変更」から「100%」を選択しても同じ結果となります。

クリップ内で部分的に速度を変える

リタイムコントロールを使うと、クリップ全体の速度を変えるだけでなく、クリップ内の一部の速度を変えることもできます。クリップ内の一部の速度を変えるには、クリップ内に「速度変更点」という速度の切り替えポイントを設置する必要があります。速度変更点は必要な数だけ設置でき、クリップの端から隣接する速度変更点まで、もしくは速度変更点から隣接する速度変更点までの速度が個別に設定可能になります。

1 リタイムコントロールを表示させる

エディットページのタイムラインでクリップを選択し、[command (Ctrl)] + [R] キーを押してリタイムコントロールを表示させます。

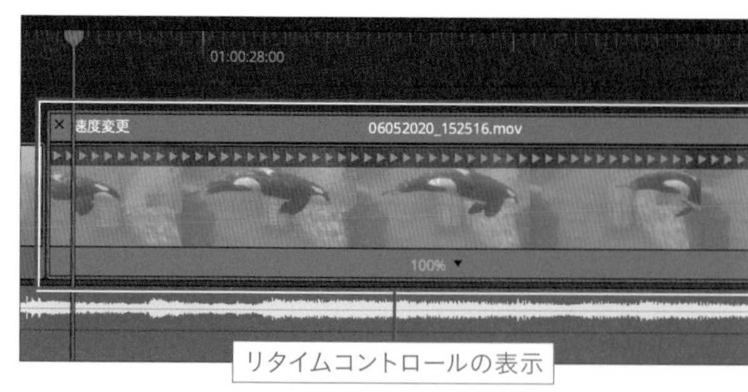

2 速度を切り替えたい位置に再生ヘッドを移動させる

「速度変更点」を設置したい位置に再生ヘッドを移動させます。

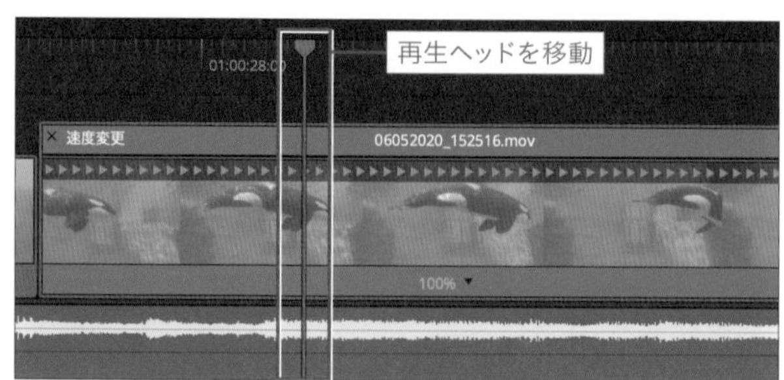

3 ▼をクリックして「速度変更点を追加」を選択する

クリップの下中央付近にある「▼」をクリックして、いちばん上の「速度変更点を追加」を選択してください。

4 速度変更点が追加される

再生ヘッドの位置に速度変更点が追加されます（速度変更点が見やすいように再生ヘッドの位置を右に移動させています）。

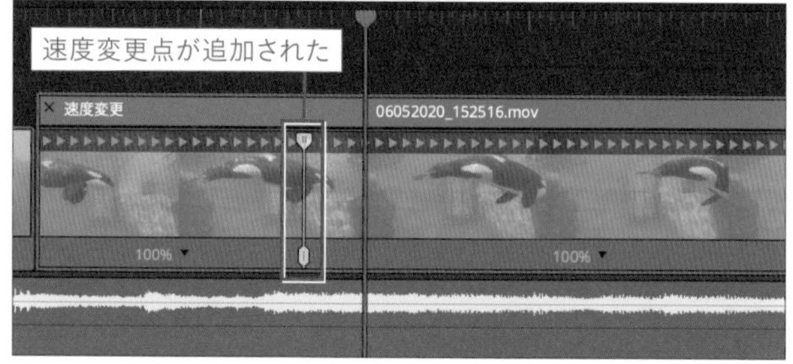

5 速度変更点を操作して部分的に速度を変える

速度変更点の上部と下部にはハンドル（膨らんだ部分）があります。
上部のハンドルを使うと、そこから左側の区間の速度を変更することができます（区間の幅を狭くすると速く、広くすると

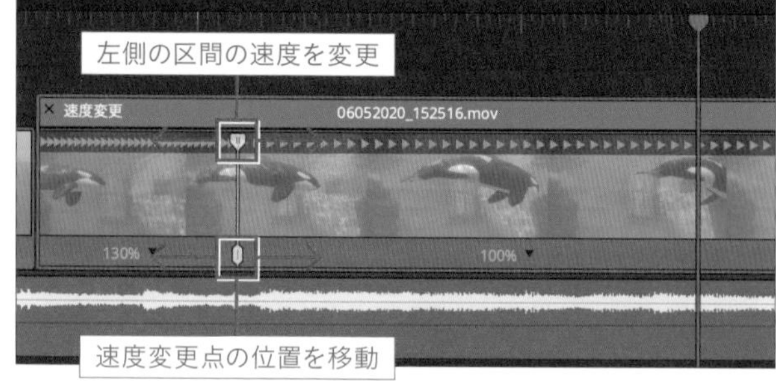

遅くなります)。
下部のハンドルは、クリップ内での速度変更点の位置を移動させるために使用します。

ヒント：速度変更点を削除するには？

それぞれの区間の下中央にある「▼」をクリックして「速度変更点を削除」を選択すると、その「▼」の左にある速度変更点が削除されます。

ヒント：速度の切り替わりをなめらかにするには？

リタイムカーブを使用することで、速度の切り替わりをなめらかにすることができます。詳しくは「リタイムカーブの使い方(p.240)」を参照してください。

補足情報：速度を変更する別の方法

クリップの下中央付近にある「▼」をクリックして「速度を変更」から「50%」「100%」「200%」などの速度を選択することもできます。また、「100%にリセット」を選択することで、元の状態に戻すこともできます。

フリーズフレーム

リタイムコントロールを使うと、クリップ中の任意の1フレームをフリーズフレームにすることができます。DaVinci Resolveにはフリーズフレームを作る機能が4種類ありますが、「動いて・止まって・また動き出す」という流れでフリーズフレームを使用したい場合には、リタイムコントロールのフリーズフレームを使用してください。

また、詳しくはこの後のコラムで解説しますが、スタビライゼーションで拡大（ズーム）されたクリップをそのままの状態でフリーズフレームにできるのは、このリタイムコントロールのフリーズフレームだけです。

1 リタイムコントロールを表示させる

エディットページのタイムラインでクリップを選択し、[command (Ctrl)] + [R] キーを押してリタイムコントロールを表示させます。

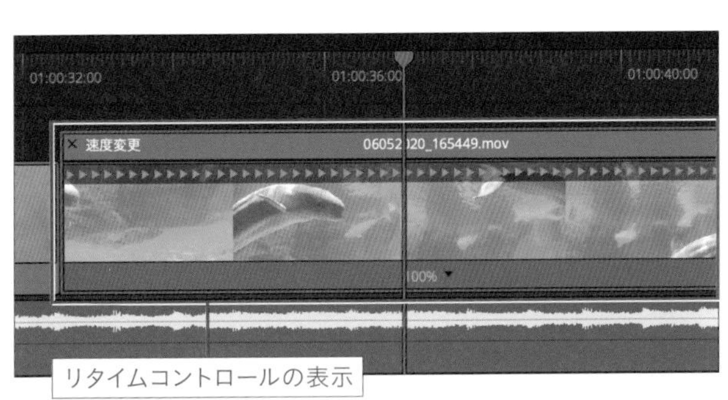

2 フリーズフレームにしたいフレームに再生ヘッドを移動させる

フリーズフレームにしたいフレームに再生ヘッドを移動させます。

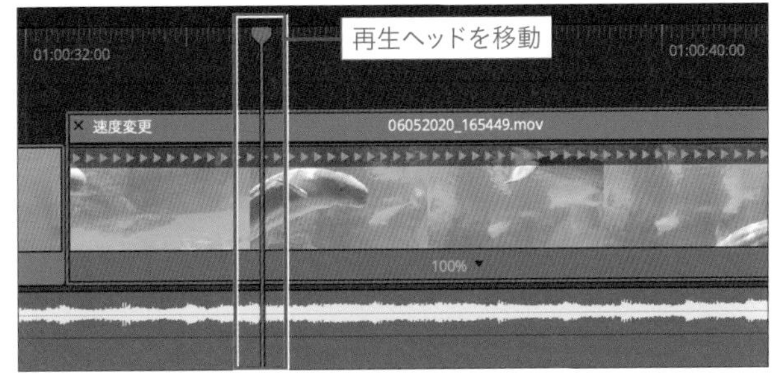

3 ▼をクリックして「フリーズフレーム」を選択する

クリップの下中央付近にある「▼」をクリックして「フリーズフレーム」を選択してください。

4 フリーズフレームの区間が追加される

新しく速度変更点が2つ設置され、その間がフリーズフレームの区間となります(下に「0%」と表示されます)。フリーズフレームしている時間の長さは、右側の速度変更点の上のハンドルを左右にドラッグすることで調整できます。

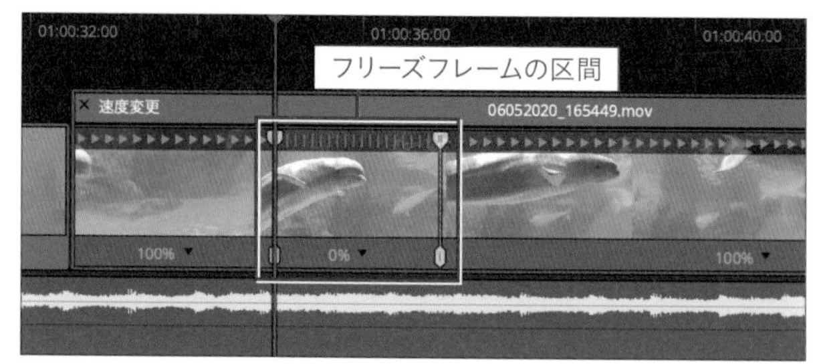

ヒント：フリーズフレームを削除するには？

フリーズフレームにした区間の下中央にある「▼」をクリックして「フリーズフレームを削除」を選択すると、フリーズフレームの区間が削除されます。

コラム　4種類のフリーズフレームの特徴

エディットページでフリーズフレームを生成する方法は4つあり、それぞれ次のような特徴があります。

リタイムコントロールのフリーズフレーム

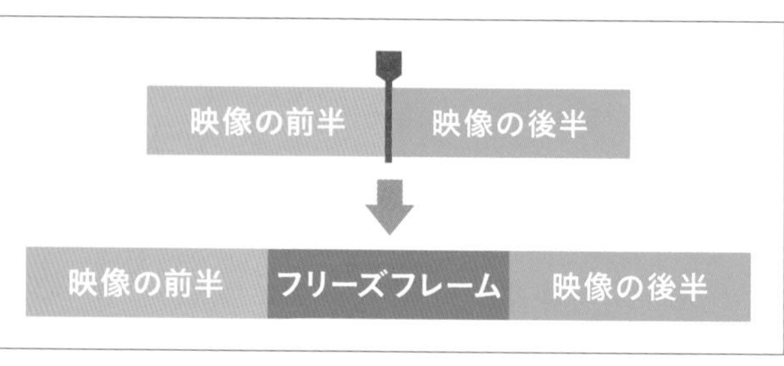

リタイムコントロールの下部の「▼」をクリックして「フリーズフレーム」を選択することで生成できるフリーズフレームです。この機能を使用すると、クリップの中の1フレームをフリーズフレームにして「動いて・止まって・また動き出す」という流れの映像が簡単に作成できます。またクリップの長さは、フリーズフレームを追加した分だけ長くなります。

リタイムコントロールのフリーズフレームは、クリップにスタビライゼーションが適用されている場合でもスタビライゼーションによるズームが解除されることはなく、違和感なくつながる映像になります。

「クリップ」メニューのフリーズフレーム

「クリップ」メニューから「フリーズフレーム」を選択することで生成できるフリーズフレームです。キーボードショートカットは [shift] +[R] です。この機能を使ってフリーズフレームを生成すると、クリップ全体が再生ヘッドの位置のフレームのフリーズフレームになります。クリップの長さは変化しません。

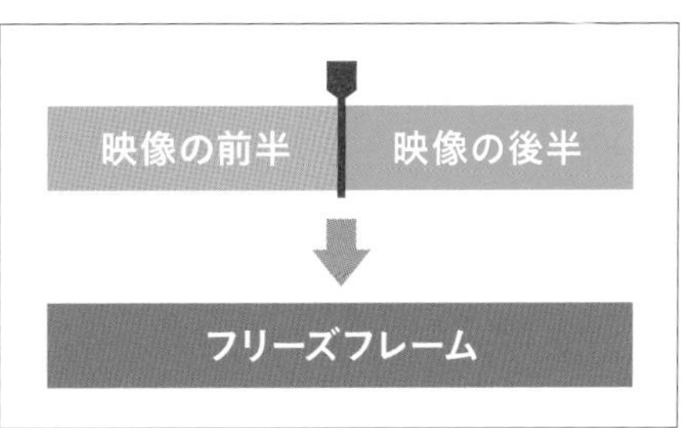

クリップにスタビライゼーションが適用されていた場合、スタビライゼーションによるズームが解除された状態のフリーズフレームになります。

右クリックして「クリップの速度を変更...」のフリーズフレーム

クリップを右クリックして「クリップの速度を変更...」を選択すると表示されるダイアログの「フリーズフレーム」をチェックすることで生成できるフリーズフレームです。「クリップ」メニューから「クリップの速度を変更」を選択することでも生成でき、キーボードショートカットは [R] です。この方法の場合、選択中のクリップは再生ヘッドの直前で分割され、分割された後半のクリップはすべて再生ヘッドのあるフレームのフリーズフレームとなります。クリップのトータルの長さは変化しません。

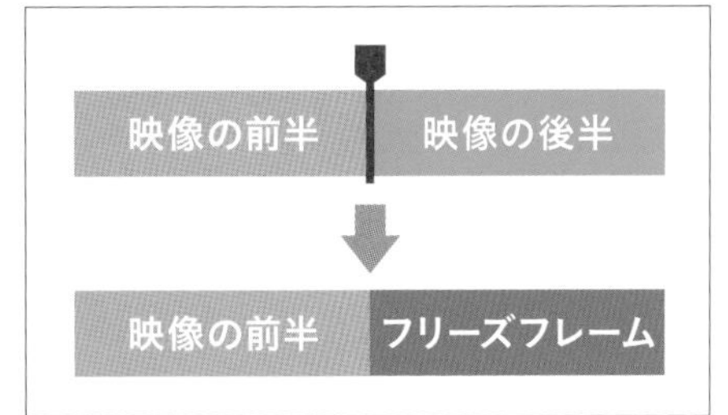

スタビライゼーションを適用することによってクリップがズームされていた場合、フリーズフレーム前の映像はズームされた状態が維持されますが、フリーズフレームはズームが解除された状態の静止映像となります。

インスペクタのフリーズフレーム

唯一カットページでも利用可能なフリーズフレームです。インスペクタの「Speed Change」の「Direction」でフリーズフレームのアイコンを選択することで生成できます。この方法の場合、選択中のクリップは再生ヘッドの直前で分割され、分割された後半のクリップはすべて再生ヘッドの位置のフレームのフリーズフレームとなります。クリップのトータルの長さは変化しません。

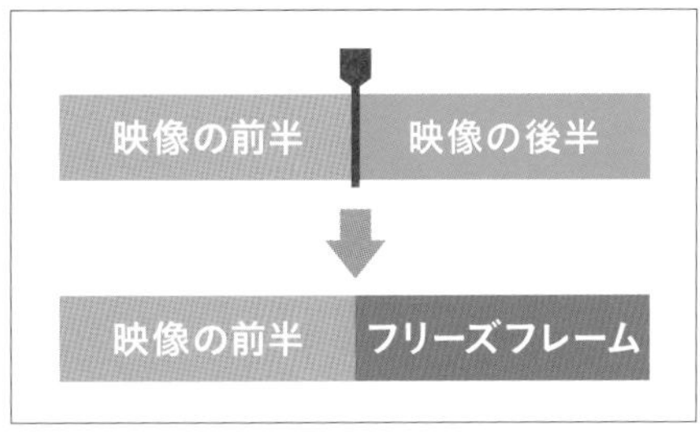

スタビライゼーションを適用することによってクリップがズームされていた場合、フリーズフレーム前の映像はズームされた状態が維持されますが、フリーズフレームはズームが解除された状態の静止映像となります。

逆再生

リタイムコントロールでクリップを逆再生させるには、次のように操作してください。

1 リタイムコントロールを表示させる

エディットページのタイムラインでクリップを選択し、[command (Ctrl)] + [R] キーを押してリタイムコントロールを表示させます。

2 ▼をクリックして「セグメントを反転」を選択する

クリップの下中央付近にある「▼」をクリックして「セグメントを反転」を選択してください。

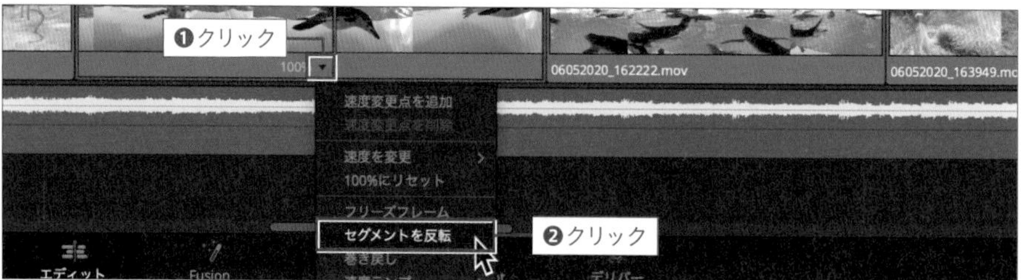

3 逆再生になった

クリップが逆再生されるようになり、クリップ上の▶▶▶▶が◀◀◀◀に変わります。また、クリップの下部には「Reverse」と表示されます。

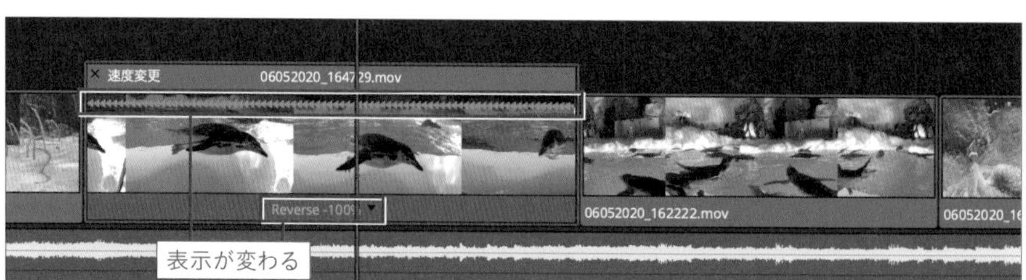

巻き戻し

リタイムコントロールの「巻き戻し」は、クリップの指定した位置に「そこから巻き戻してリプレイさせた映像」を追加する機能です。巻き戻す際の再生速度も指定できます。

1 リタイムコントロールを表示させる

エディットページのタイムラインでクリップを選択し、[command (Ctrl)] + [R] キーを押してリタイムコントロールを表示させます。

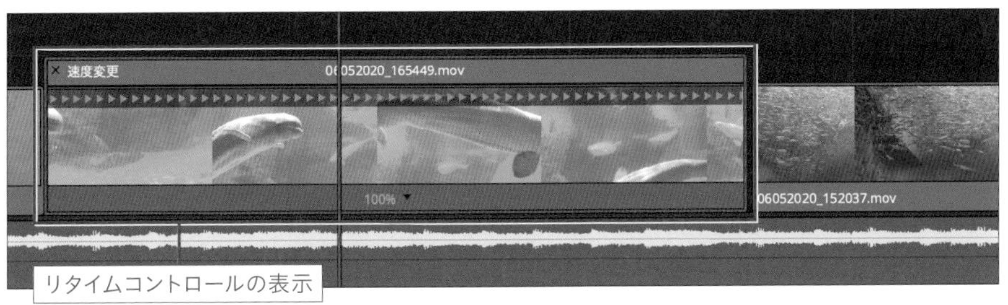

2 巻き戻しを開始させたい位置に再生ヘッドを移動する

巻き戻しを開始させたい位置に再生ヘッドを移動します。巻き戻しを開始させたい位置がクリップの末尾である場合は、2と3は飛ばして4に進んでください。

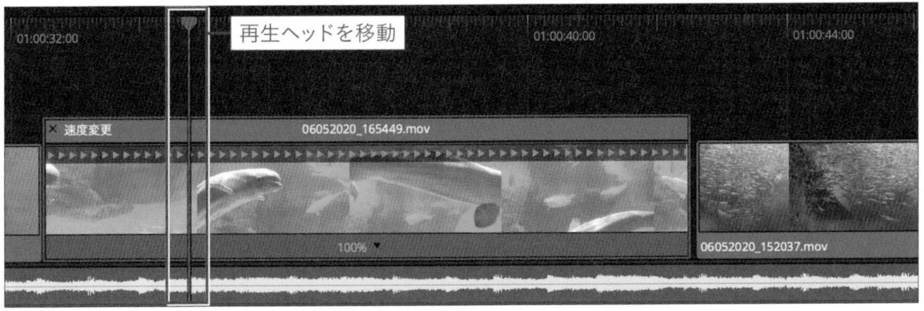

3 ▼をクリックして「速度変更点を追加」を選択する

クリップの下中央付近にある「▼」をクリックして「速度変更点を追加」を選択してください。

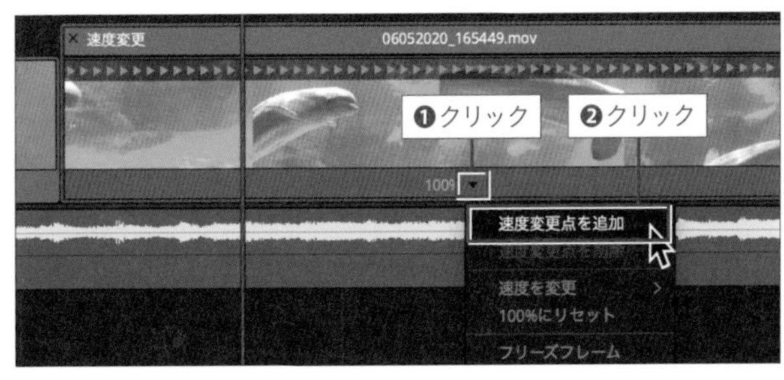

4 ▼をクリックして「巻き戻し」→「○○○%」を選択する

次に、追加した速度変更点の左側にある「▼」をクリックして「巻き戻し」を選択し、サブメニューから巻き戻しの映像の再生速度を選択してください。

5 追加された速度変更点を微調整する

先ほど追加した速度変更点の右側に、巻き戻しの範囲とリプレイの範囲を示すために2つの速度変更点が追加されています。巻き戻しの範囲を変更するには、すぐ右に追加された速度変更点の下のハンドルを使って速度変更点を移動させてください。その他、必要に応じて各速度変更点を調整できます。

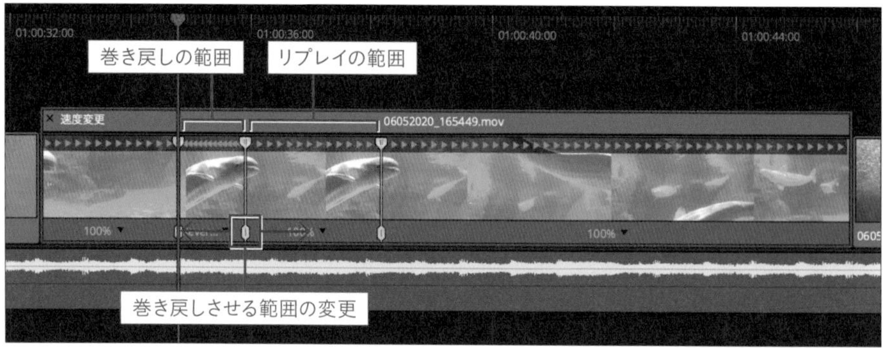

リタイムカーブの使い方

リタイムカーブは、グラフのような赤い線で速度を調整するツールです。リタイムコントロールとほぼ同様の操作ができますが、リタイムカーブを使うと速度をベジェ曲線にしてなめらかに変化させることができます。スピードランプと呼ばれるテクニックを使用する際などに便利なツールです。

用語解説：スピードランプ

動画の再生速度を急に速くした直後にスローで再生するなどしてスピードの緩急をつけ、映像を印象的なものに仕上げるテクニック。

1 クリップを右クリックして「リタイムカーブ」を選択する

エディットページのタイムラインでクリップを右クリックして「リタイムカーブ」を選択し、チェックを入れた状態にします。このとき、リタイムコントロールは表示させていなくてもかまいませんが、両方を表示させておいた方がより分かりやすい状態で操作できます。

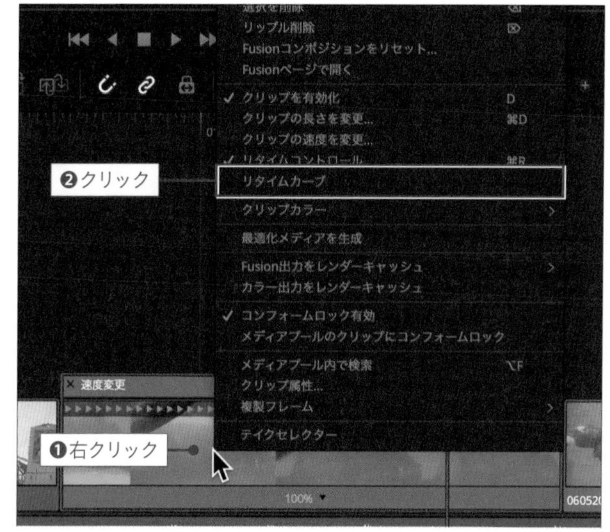

> **補足情報：[shift] + [C] でも開ける**
>
> リタイムカーブは、クリップを選択した状態で「クリップ」メニューの「カーブエディターを表示」を選択しても開くことができます。キーボードショートカットは [shift] + [C] です。これを押すたびに開いたり閉じたりします。

2 リタイムカーブの左上の「▼」をクリック

クリップの下にリタイムカーブが表示されますので、左上にある「▼」をクリックしてください。

> **ヒント：▼が表示されていないときは？**
>
> リタイムカーブの左上にある「▼」は、タイムラインのクリップの表示幅が狭すぎると表示されません。「▼」が表示されていないときは、クリップの表示幅を広くしてください。

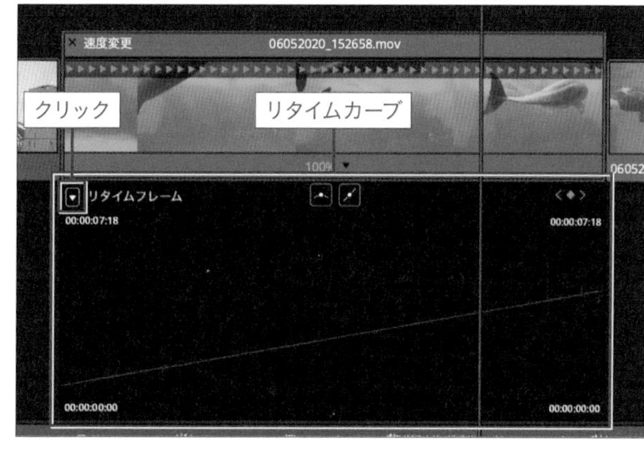

> **ヒント：リタイムカーブの閉じ方**
>
> クリップを右クリックして「リタイムカーブ」のチェックを外すとリタイムカーブが閉じます。

3 メニューから「リタイム速度」を選択する

表示されたメニューにある「リタイム速度」を選択してチェックを入れてください。

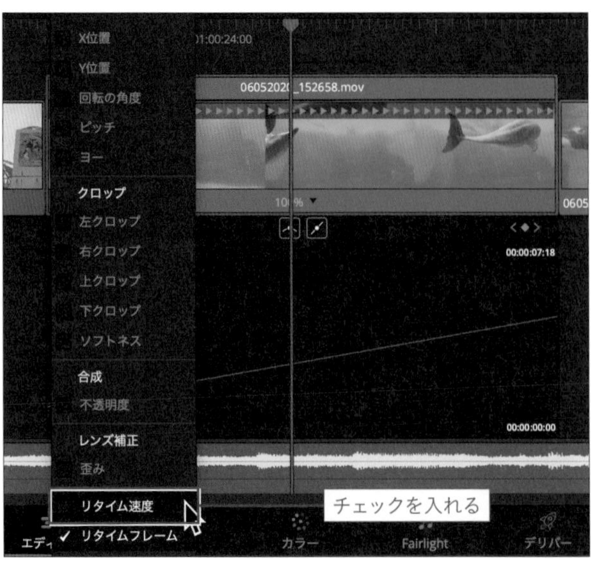

補足情報:リタイムフレームとリタイム速度について

リタイムカーブに初期状態で表示されている「リタイムフレーム」の線は初心者には扱いにくいので、2と3の工程では直感的に理解しやすい「リタイム速度」の線を表示させています。リタイムフレームは、左上の「▼」をクリックしてチェックを外し、非表示にしてかまいません。

4 必要なら水平線を上下させて速度を調整する

リタイム速度の水平で赤い線は、上にドラッグすると上げた分だけ速度が速くなり、下げるとその分だけ速度が遅くなります。その際、速度の変化に合わせてクリップの幅も変化します。ドラッグ中は、その時点での速度がツールチップで表示されます。

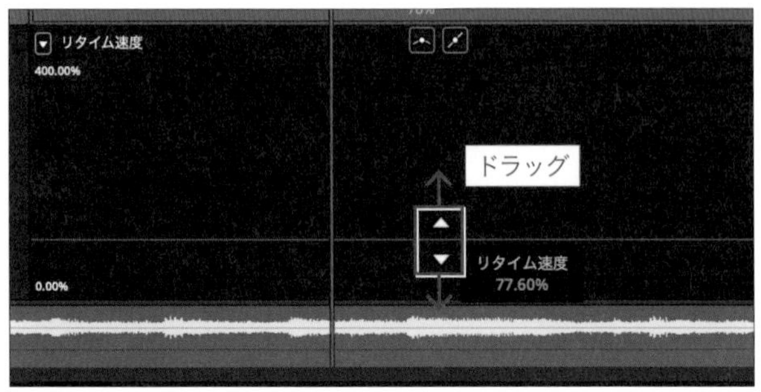

ヒント:線が見えなくなったときは?

線を極端に上げたり下げたりすると、線が見えなくなることがあります。そうなったときは、リタイムカーブの領域の左右の上にある%表示の部分を横にドラッグして上下の表示範囲を調整してください。

5 必要なら速度変更点を追加する

リタイム速度の線に速度変更点を追加するには、再生ヘッドを追加する位置に移動させ、右上の◀◆▶の◆をクリックしてください。

リタイム速度では、速度変更点はキーフレームと同様に白い丸(●)で表示されます(選択すると赤くなります)。この●はドラッグして横方向に移動させることができます。速度を変更するには、速度変更点の間の水平線を上または下にドラッグしてください。

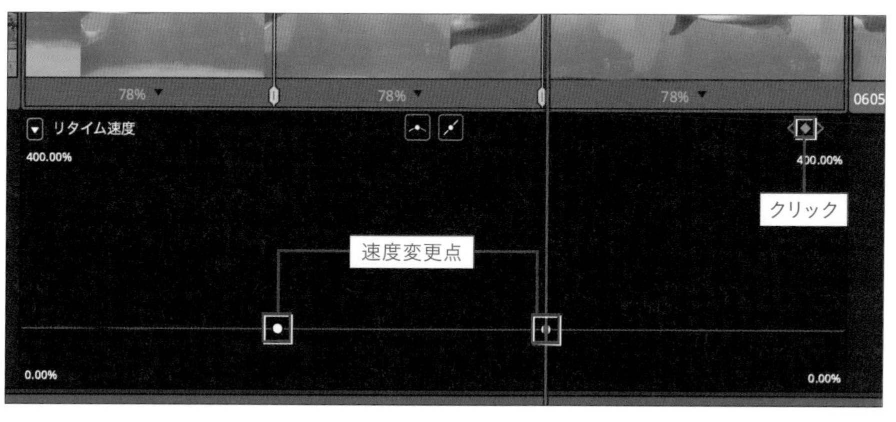

ヒント：速度変更点を削除するには？

速度変更点（■）をクリックして選択し、[delete] キーを押すと削除されます。

ヒント：[option] +クリックでも追加できる

速度変更点は、[option] キーを押しながら赤い線をクリックすることでも追加できます。

補足情報：右上の◀◆▶の使い方

リタイムカーブの領域の右上にある◀◆▶のうち、◀と▶は再生ヘッドを左または右の隣の速度変更点に移動させるために使用します。再生ヘッドが速度変更点の上にある状態で◆をクリックすると、その速度変更点は削除されます。

6 必要なら直角の線をベジェ曲線にする

速度変更点をクリックして選択し、リタイムカーブの領域の上中央付近にあるベジェ曲線のアイコンをクリックすることで、直角の線をなめらかなカーブに変えることができます（これによって速度もなめらかに変化するようになります）。このベジェ曲線によるカーブは、一般的なアプリケーションと同様にハンドルで微調整できます。

ヒント：ベジェ曲線を直角の線に戻すには？

■を選択した状態で、ベジェ曲線のアイコンの右側にある直線のアイコンをクリックすることで、ベジェ曲線によるカーブを直角に戻すことができます。

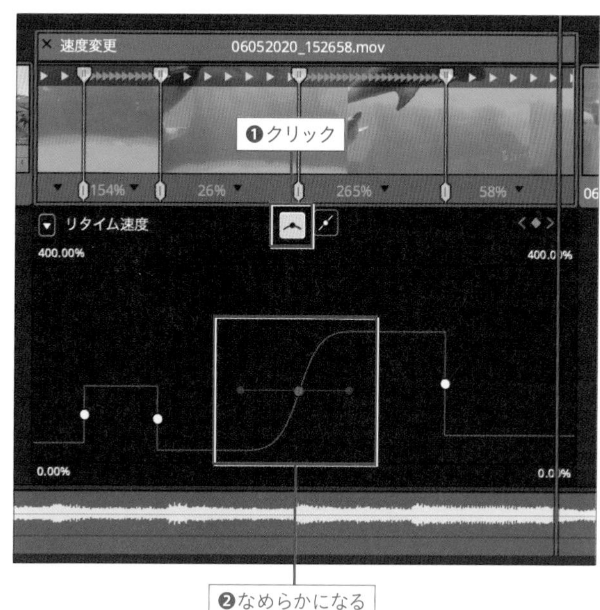

02 画像の書き出し

DaVinci Resolveで動画の1フレームを画像として書き出す方法は2つあります。カラーページでスチルとして保存したものを書き出す方法と、デリバーページのタイムラインでイン点とアウト点を同じフレームに設定してTIFF形式で書き出す方法です。カラーページで書き出す場合は、JPEG・PNG・TIFF・BMPなどの画像形式を選ぶことができます。

カラーページで画像を書き出す

カラーページでタイムラインの動画の1フレームを画像として書き出すには、次のように操作してください。

1 カラーページを開く

画面下部の「カラー」タブをクリックしてカラーページを開きます。

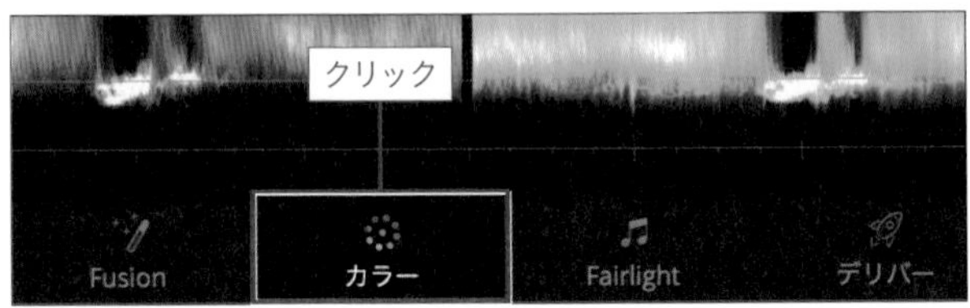

2 書き出したいフレームをビューアで表示させる

書き出したいフレームを含むクリップをビューアで表示させ、書き出したいフレームで動画が停止している状態にします。

3 ビューアを右クリックして「スチルを保存」を選択する

ビューアを右クリックして「スチルを保存」を選択してください。

補足情報：「表示」メニューからも選択できる

「表示」メニューの「スチル」のサブメニューから「スチルを保存」を選択しても同じ結果が得られます。

4 ギャラリーを開く

ギャラリーが表示されていなければ、画面左上の「ギャラリー」タブをクリックして表示させてください。

5 スチルを右クリックして「書き出し」を選択する

ギャラリーの中にある3で保存したスチルのアイコンを右クリックして「書き出し」を選択してください。

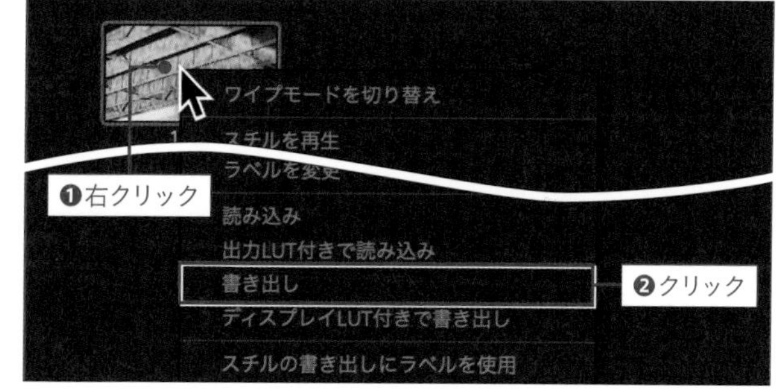

6 ファイル名とファイル形式を選択する

書き出しのダイアログが表示されますので、ファイル名と書き出し先を指定し、さらに書き出す画像のファイル形式も指定します。

補足情報：書き出せるファイル形式は?

ここで選択できる画像のファイル形式は、「DPX」「Cineon」「TIFF」「JPEG」「PNG」「PPM」「BMP」「XPM」の8種類です。

補足情報：拡張子が「.drx」のファイルについて

画像と一緒に書き出される拡張子が「.drx」のファイルには、書き出したフレームを含むクリップに適用されている色調整に関する情報が格納されています。「drx」は「DaVinci Resolve eXchange」の略です。

7 「書き出し」ボタンをクリックする

「書き出し」ボタンをクリックすると画像が書き出されます。画像のほかに拡張子が「.drx」のファイルも書き出されますが、こちらは削除してかまいません。

デリバーページで画像を書き出す

デリバーページでタイムラインの動画の1フレームを画像として書き出すには、次のように操作してください。

1 デリバーページを開く

画面下部の「デリバー」タブをクリックしてデリバーページを開きます。

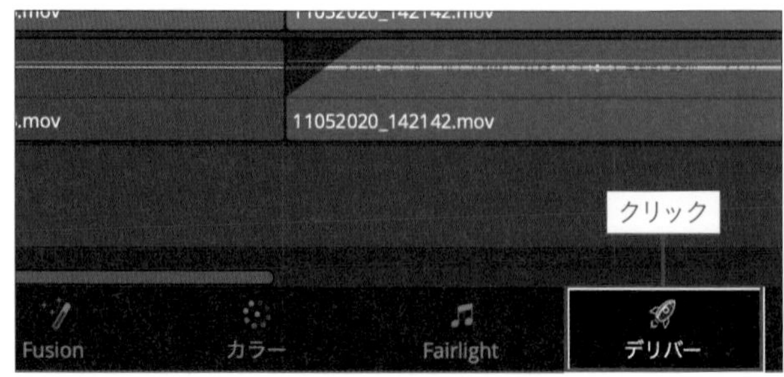

2 「レンダー設定」で「カスタム」を選択する

デリバーページの左上にある「レンダー設定」で「カスタム」を選択してください。

3 「単一のクリップ」が選択されていることを確認する

「レンダー」という項目のラジオボタンで「単一のクリップ」が選択されていることを確認してください。「個別のクリップ」が選択されていると、書き出すフレームを選択できません。

補足情報：単一のクリップと個別のクリップ

ファイルを書き出す際に「レンダー」の項目で「単一のクリップ」が選択されていると、全体を1つのファイルとして書き出します。「個別のクリップ」が選択されていると、クリップごとに別のファイルにして書き出します。

4 「フォーマット」を「TIFF」にする

「ビデオの書き出し」がチェックされている状態で、「フォーマット」のメニューから「TIFF」を選択してください。

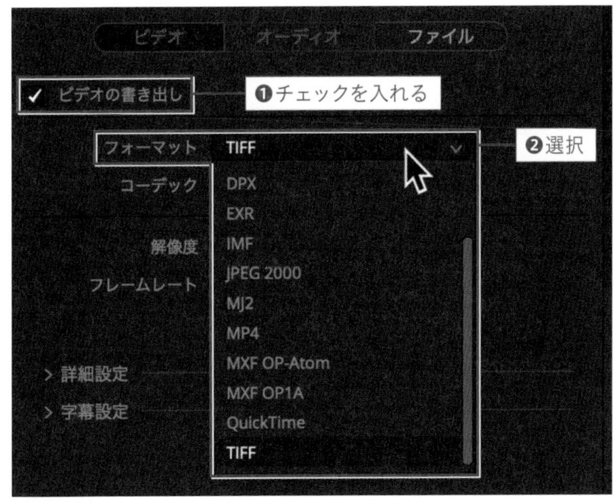

5 書き出したいフレームに再生ヘッドを合わせる

タイムラインの再生ヘッドを書き出したいフレームに合わせ、ビューアにそのフレームが表示されている状態にします。

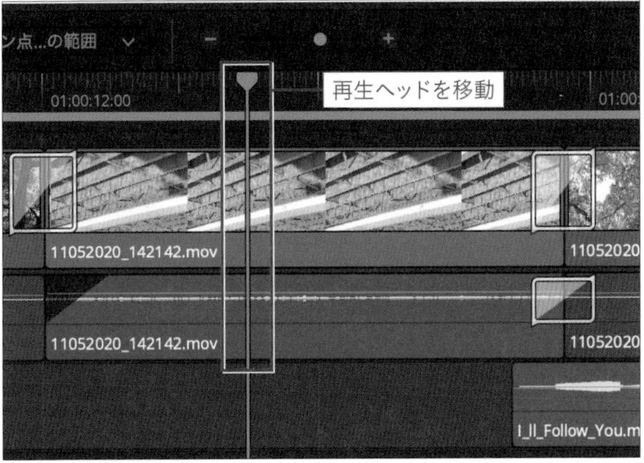

6 [I]キーと[O]キーを押す

[I] キーと [O] キーを順に押し、再生ヘッドのある1つのフレームにイン点とアウト点を設定します。

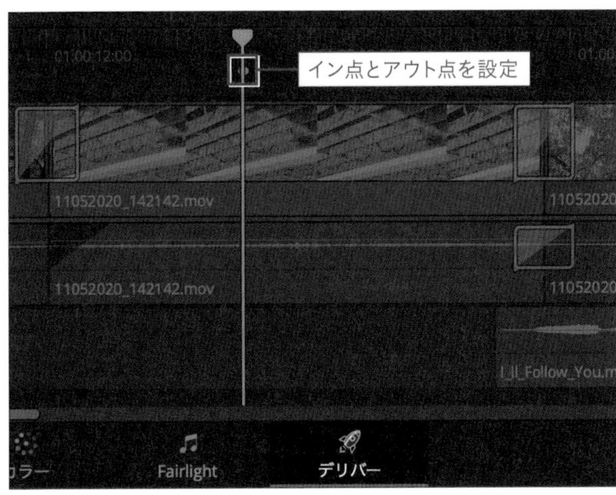

7 「レンダーキューに追加」ボタンをクリックする

「レンダー設定」の右下にある「レンダーキューに追加」ボタンをクリックします。

8 保存場所を指定して「Open」ボタンをクリックする

保存場所を指定するダイアログが表示されますので、画像を書き出す場所を選択して「Open」ボタンをクリックしてください。

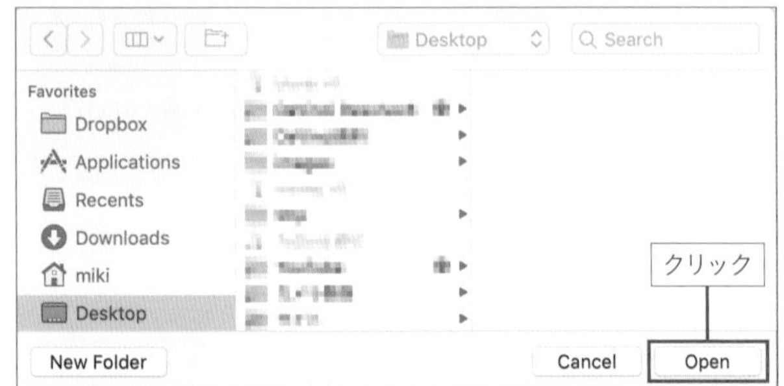

9 「Render All」ボタンを押す

追加したジョブがレンダーキューの中で選択されている状態にして、レンダーキューの「Render All」ボタンをクリックすると画像が書き出されます。

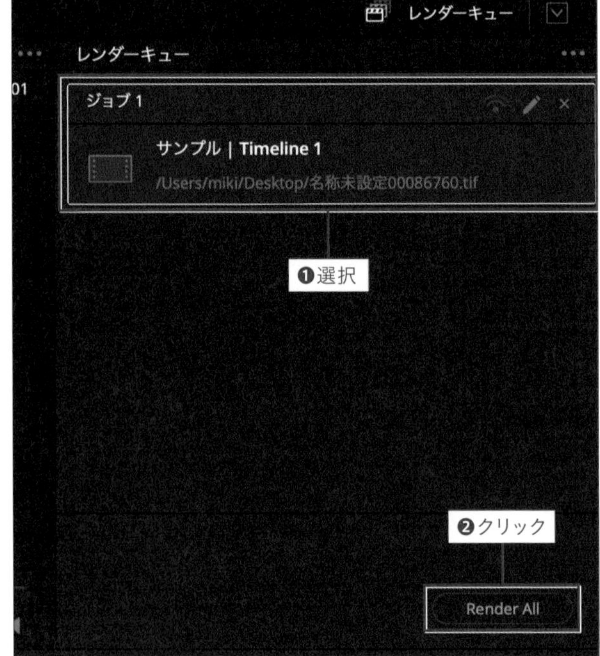

03

特別なクリップ

DaVinci Resolveには、任意の色の無地の背景として使用できる便利なクリップが用意されています。タイムライン上の複数のクリップをまとめて1つのクリップにする機能もあります。さらに、クリップに対するさまざまな調整情報を記録できる「調整クリップ」をタイムラインに配置することで、下にあるすべてのクリップに同じ調整を適用することができます。

単色のクリップの使い方

「単色」はシンプルな無地のクリップです。色はインスペクタで自由に設定できます。「単色」はテロップやイラストなどの背景として使用したり、黒以外の色にフェードアウトさせるときなどに活用できます。「単色」を使用するには、次のように操作してください。

1 「ジェネレーター」を一覧表示させる

カットページの場合は画面左上にある「エフェクト」タブを開き、さらにそのすぐ下にある「ジェネレーター」タブを開いてください。エディットページの場合は「エフェクトライブラリ」タブを開き、「ツールボックス」という項目の中にある「ジェネレーター」をクリックして開きます。

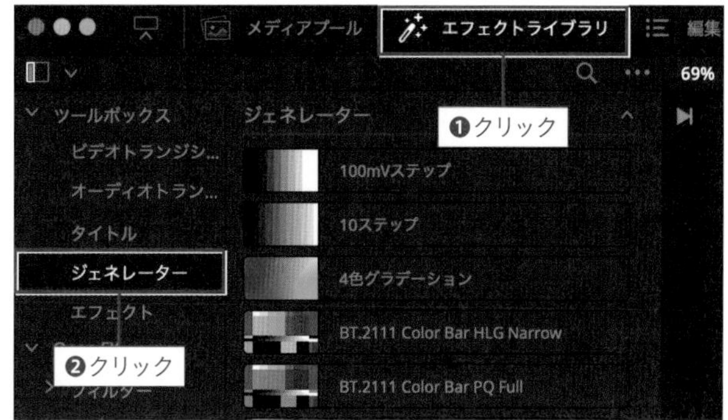

2 「単色」をタイムラインにドラッグする

「ジェネレーター」の中にある「単色」をタイムラインにドラッグ&ドロップしてください。

補足情報：ジェネレーターはクリップ

「エフェクト」はクリップの上にドラッグ&ドロップして使用しますが、「ジェネレーター」はそれ自体がクリップです。他のクリップの上にドラッグ&ドロップするのではなく、タイムライン上の任意の位置に配置して使用できます。

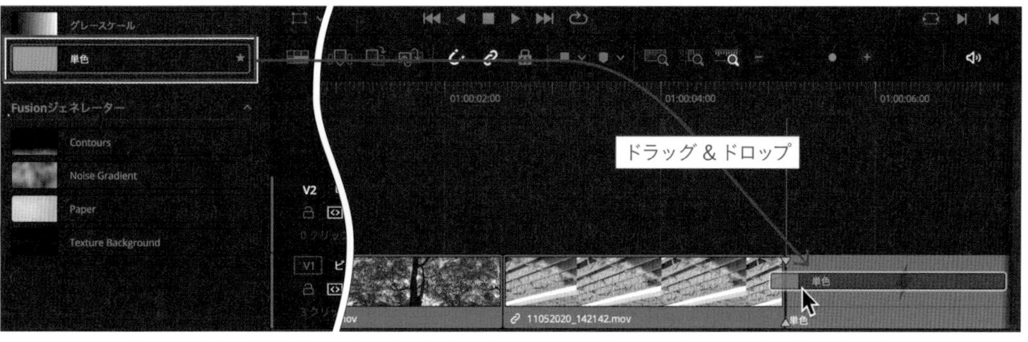

3 インスペクタで色を設定する

「単色」は初期状態では黒になっています。色を変更するには、「単色」のクリップを選択した状態でインスペクタを開き、「Video」タブの「Generator」にある「カラー」を変更してください。

補足情報：「単色」をカラーページやFusionページで扱うには？

「単色」は、そのままの状態ではカラーページやFusionページで扱うことができません。「単色」をカラーページやFusionページで扱えるようにするには、次の項目で説明する「複合クリップ」にする必要があります。

複合クリップを作成する

タイムライン上の複数のクリップをまとめて1つのクリップ（複合クリップ）にするには、次のように操作してください。

複合クリップは、通常の1つのクリップと同じように扱うことができます。クリップが複数トラックに分かれていると適用しにくいトランジションも、複合クリップなら簡単に適用できます。

1 エディットページを開く

複合クリップはエディットページでのみ作成できます。はじめにエディットページを開いてください。

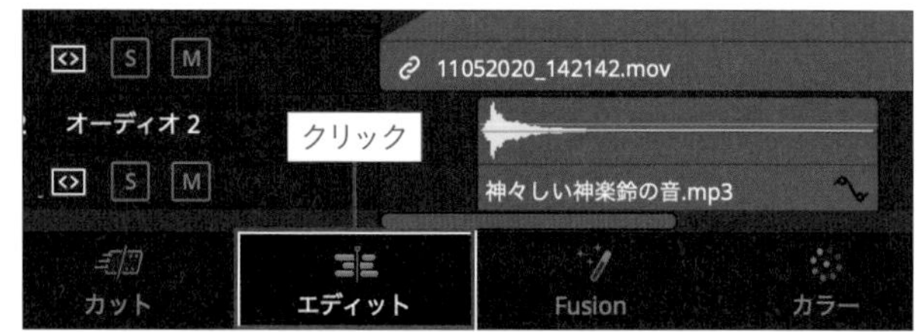

2 複合クリップにするクリップを選択する

複合クリップにするクリップ（1つでも別のトラックを含む複数クリップでも可）をタイムライン上で選択します。

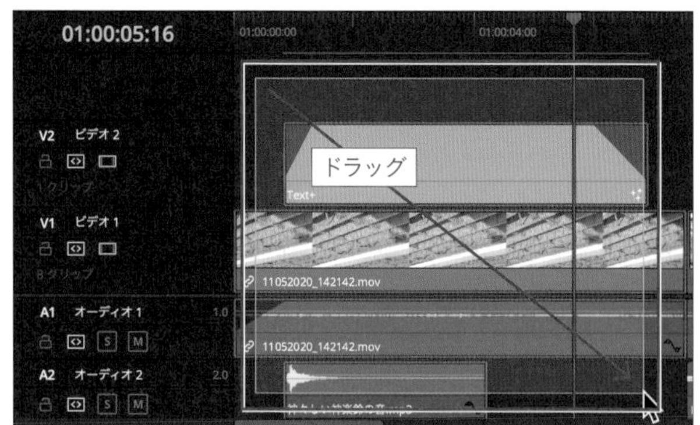

3 右クリックして「新規複合クリップ...」を選択する

選択したクリップのうちの1つを右クリックして「新規複合クリップ...」を選択してください。

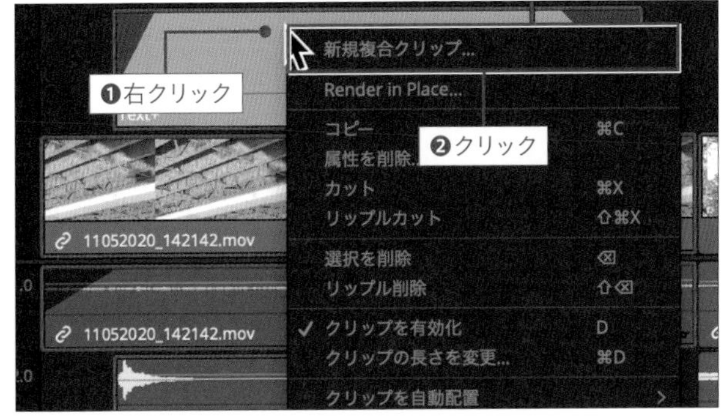

4 複合クリップの名前を入力する

新規複合クリップを作成するダイアログが表示されますので、名前を入力してください。必要であれば「開始タイムコード」も指定できます。

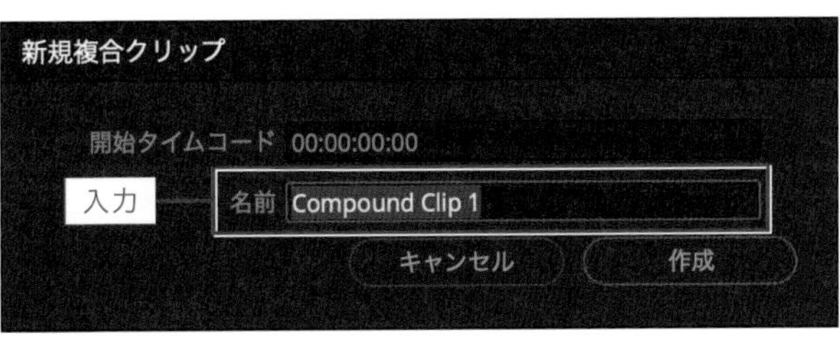

5 「作成」ボタンをクリックする

ダイアログの右下にある「作成」ボタンをクリックしてください。

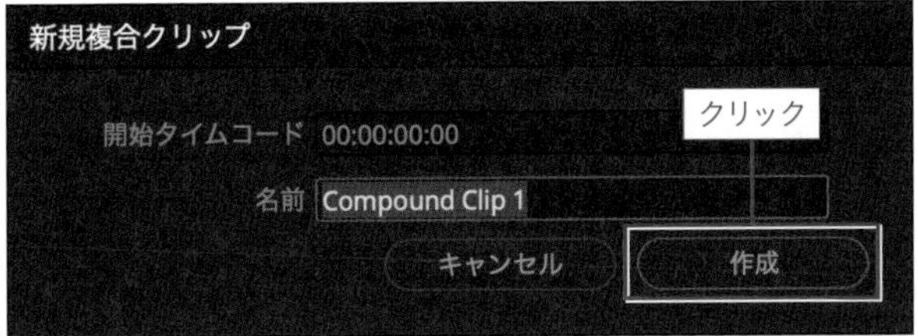

6 複合クリップが作成された

最初に選択したクリップがあった位置に「複合クリップ」が作成されます（複数のクリップが1つのクリップになって配置されます）。
作成した複合クリップは自動的にメディアプール内にも入りますが、あらかじめメディアプールでビンが選択されていると、複合クリップはそのビンの中に格納されます。メディアプール内の複合クリップは、タイムラインの別の場所に配置して使うことも可能です。

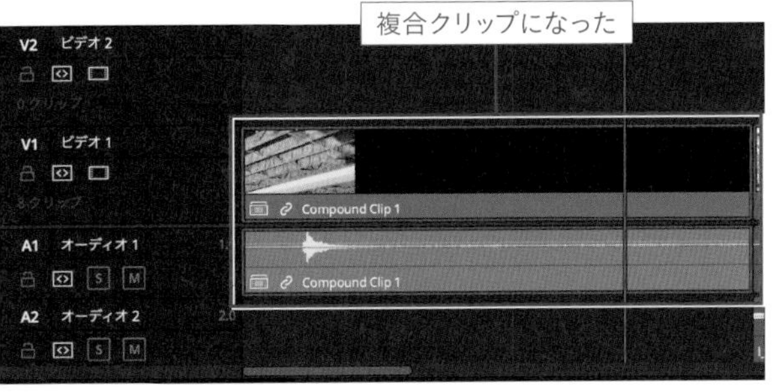

補足情報：映像と音声が含まれている複合クリップの表示

複合クリップの中に映像と音声の両方が含まれている場合、通常の音声入りのビデオクリップと同じように、エディットページのタイムライン上ではビデオトラックとオーディオトラックに分かれて表示されます。

複合クリップ内のクリップを編集する

複合クリップは、一時的に現在のタイムラインから離れて、独立した専用のタイムライン上で複合前の状態に戻して編集できます。そして編集が完了したら、元のタイムラインに戻って再び作業を続けることができます。

1 右クリックして「タイムラインで開く」を選択する

内容を編集し直したい複合クリップを右クリックして「タイムラインで開く」を選択します。

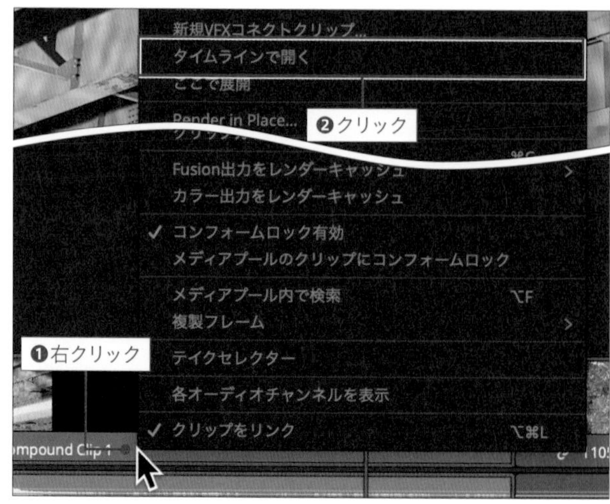

2 複合クリップの内容だけがタイムラインに表示される

タイムラインが切り替わり、複合クリップ内のクリップだけが複合前の状態で表示されますので、自由に編集してください。

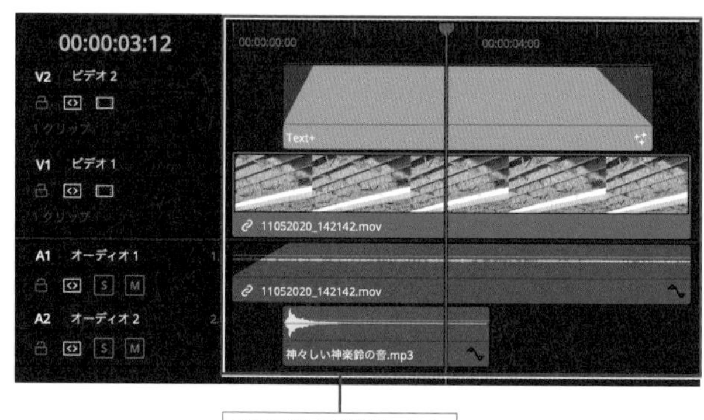

3 元に戻るにはタイムライン名をダブルクリックする

複合クリップの編集を終了して元のタイムラインに戻るには、タイムラインの左下に表示されている元のタイムラインの名前をダブルクリックしてください。

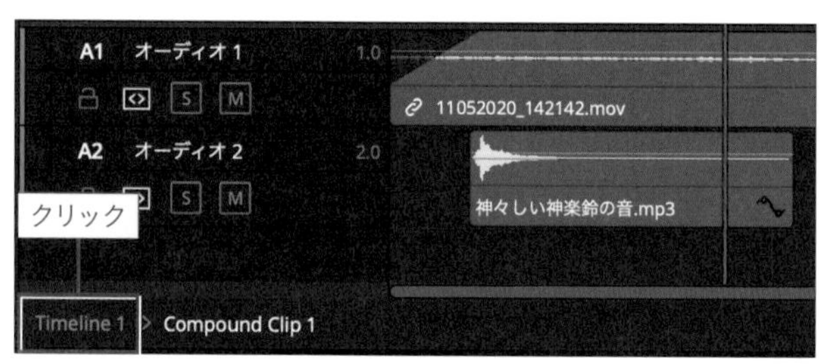

複合クリップを元に戻す

複合クリップを複合前の状態に戻すには、タイムライン上で右クリックして「ここで展開」を選択してください。

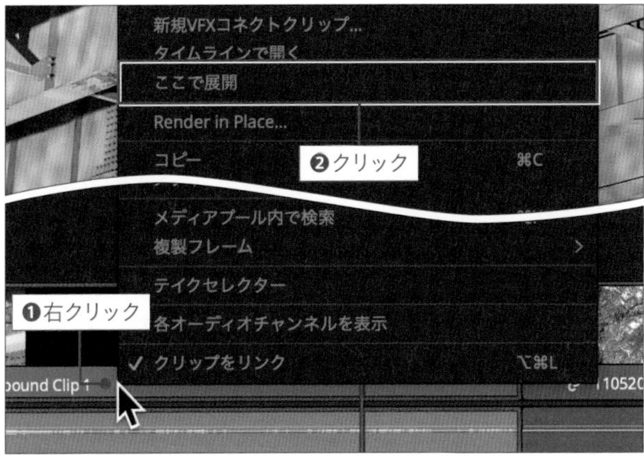

調整クリップを活用する

各種エフェクトやインスペクタでのさまざまな調整、カラーページでの色調整などは、直接タイムラインのクリップに適用するのではなく、「調整クリップ」を介して適用することもできます。「調整クリップ」は各種エフェクトや調整を記録できる専用のクリップで、タイムラインに配置すると、「調整クリップ」の幅の範囲の下のトラックにあるすべての(適用可能な)クリップに同じエフェクトや調整を適用します。

調整クリップを使用することによって、まったく同じエフェクトや調整を複数のクリップに簡単に適用できます。また、適用されるのは「調整クリップ」の幅の範囲だけですので、1つのクリップ内の一部にだけエフェクトや調整を適用できる点も便利です。

補足情報:すべてのエフェクトとインスペクタの値が記録できるわけではない

調整クリップには記録できない種類のエフェクトやインスペクタの値もあります。たとえば、タイトルのインスペクタの値は記録できませんし、オーディオ関連のエフェクトも記録できません。カラーページでの色調整や、変形、クロップ、ダイナミックズーム、合成、ResolveFX、OpenFXプラグイン、Fusionページでのエフェクトは記録可能です。

1 「エフェクト」を一覧表示させる

カットページなら「エフェクト」、エディットページなら「エフェクトライブラリ」のタブを開き、エフェクトの一覧を表示させます。以下はカットページの画面で説明します。

2 「調整クリップ」をタイムラインにドラッグする

「調整クリップ」を、タイムラインの適用対象のクリップよりも上のトラックにドラッグ＆ドロップしてください。

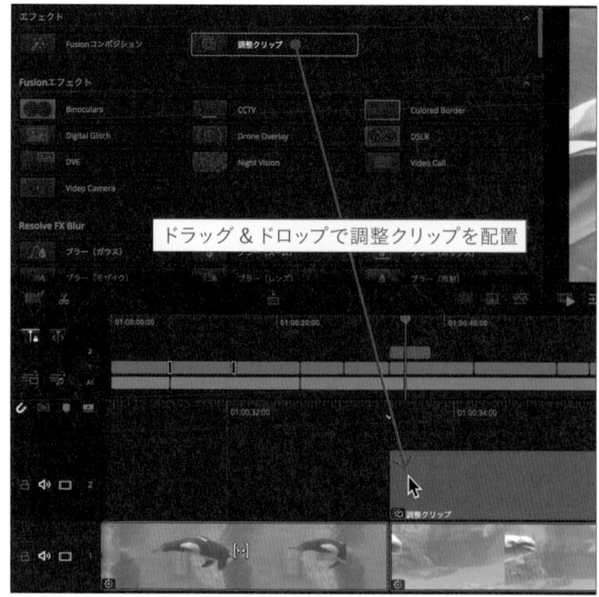

3 「調整クリップ」にエフェクトや調整を適用する

調整クリップにエフェクトや調整を適用して記録させることで、調整クリップの幅の範囲の下にあるクリップに同じエフェクトや調整を適用できます。「調整クリップ」の配置位置や幅は自由に調整できます。

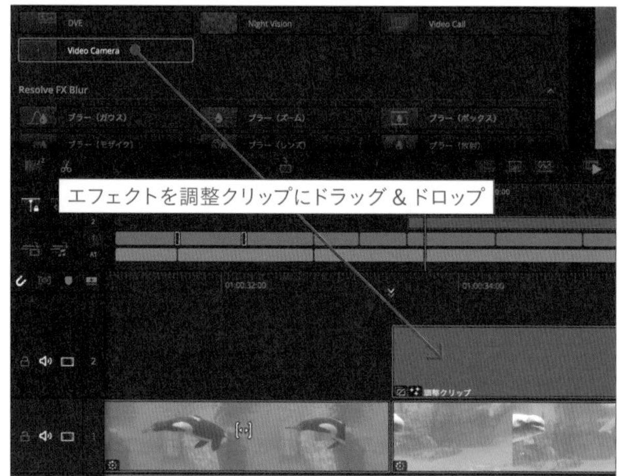

ヒント：調整クリップを保存するには？

調整クリップには、インスペクタの「File」タブで名前をつけることができます。調整クリップをタイムラインからメディアプールにドラッグ&ドロップするとメディアプール内に保存され、他のクリップと同じように使用できるようになります。ただし、メディアプールにドラッグ&ドロップできるのはエディットページだけです。

04 エフェクトの活用

DaVinci Resolveには、多くの便利なエフェクトが搭載されています。ここでは、クリップを簡単にワイプとして表示させるエフェクト、映像やテロップを揺らすエフェクト、映像にモザイク（ぼかし）をかけるエフェクトの使い方を紹介します。モザイクは、動く被写体を追尾させることも可能です。

クリップをワイプにする（DVE）

クリップをワイプにするには次のように操作してください。以下はカットページの画面で説明します。

1 「エフェクト」を一覧表示させる

カットページなら「エフェクト」、エディットページなら「エフェクトライブラリ」のタブを開いて、エフェクトの一覧を表示させます。

2 ワイプにしたいクリップに「DVE」をドラッグする

「Fusionエフェクト」の中に「DVE」というエフェクトがありますので、タイムライン上のワイプにしたいクリップにドラッグ＆ドロップしてください。

3 ワイプになった

クリップがワイプになって、映像の右上に表示されます。

4 インスペクタで表示を調整する

ワイプにしたクリップを選択した状態でインスペクタを表示させ、「Effects」タブにある「DVE」を開きます。ここでワイプの位置や大きさ、枠線の色、角を丸くするかどうかなどを設定できます。

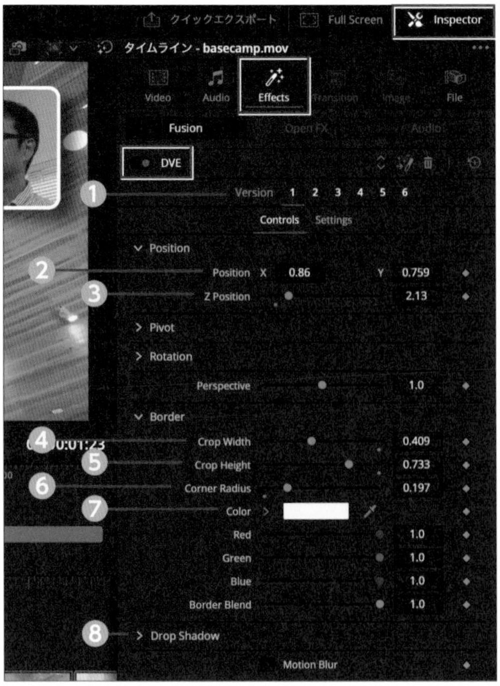

❶ Version
ワイプの配置位置のプリセットが6種類用意されています。1を選択すると右上、2を選択すると左上、3を選択すると左下、4を選択すると右下にワイプが配置されます。5と6を選択すると、映像の中央に大きく3D風に配置されます。

❷ Position X Y
Xでワイプの横方向の位置、Yで縦方向の位置を調整できます。

❸ Z Position
ワイプの大きさを指定します。ここで指定する値はZ軸上のワイプの位置を示しており、値を大きくするほどワイプは遠くなって小さくなります。

❹ Crop Width
ワイプの左右をクロップして、幅を狭くします。

❺ Crop Height
ワイプの上下をクロップして、高さを低くします。

❻ Corner Radius
枠線の角の丸さを指定します。0は丸くない状態で、値を大きくするほど丸くなります。

❼ Color
枠線の色を指定します。

❽ Drop Shadow
この項目を開くと、ワイプの影の設定ができます。影の濃さ、表示させる方向、移動させる距離、ぼかし具合、色などが設定できます。

コラム ワイプの枠線の太さを変える方法

本書の執筆時点では、DVEの枠線の太さを変更するにはFusionページでDVEを開く必要があります。インスペクタでDVEを表示させた状態で、右図のアイコンをクリックしてください。

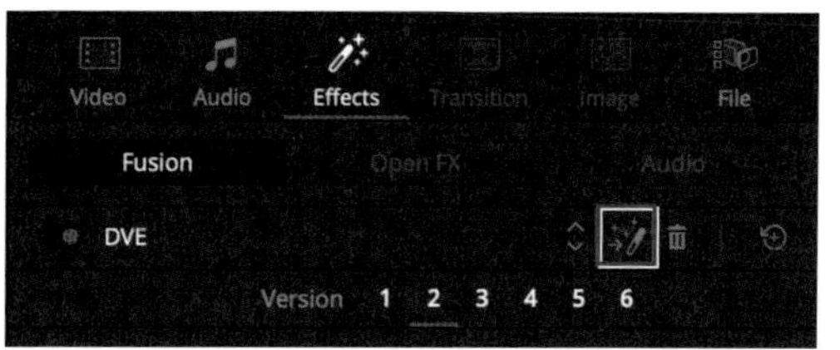

FusionページでDVEを開くボタン

Fusionページが開くと、左下にノードが3つ表示されます。真ん中の「DVE」と書かれたノードをダブルクリックしてください。
「DVE」のノードが展開されて、7つのノードが表示されます。その中の左上にある「Rectangle1_1」をクリックして選択します。この状態でインスペクタを表示させると、「Border Width」という項目があります。この値を変更すると、枠線の太さが変わります。

映像やテロップを揺らす（カメラシェイク）

クリップの映像やテロップなどを揺らすには次のように操作してください。

1 「エフェクト」を一覧表示させる

カットページの場合は「エフェクト」タブをクリックしてください。エディットページの場合は「エフェクトライブラリ」のタブを開いて、その中の「Open FX」の一覧を表示させます。

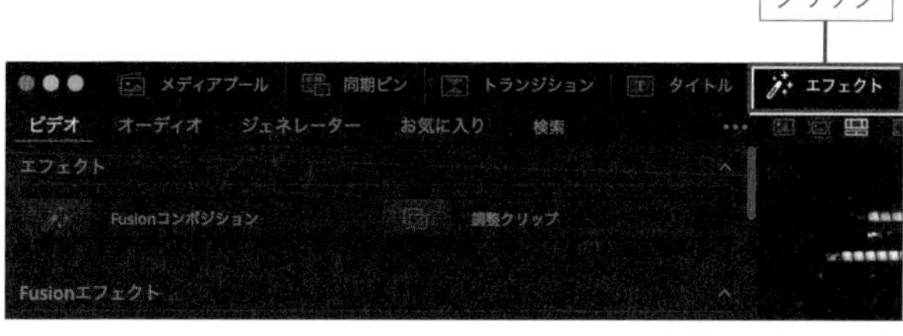

2 「カメラシェイク」を揺らしたいクリップにドラッグする

下の方までスクロールさせると、最後から2つ目の「Resolve FX Transform」というカテゴリに「カメラシェイク」があります。それをタイムライン上の揺らしたいクリップにドラッグ＆ドロップしてください。

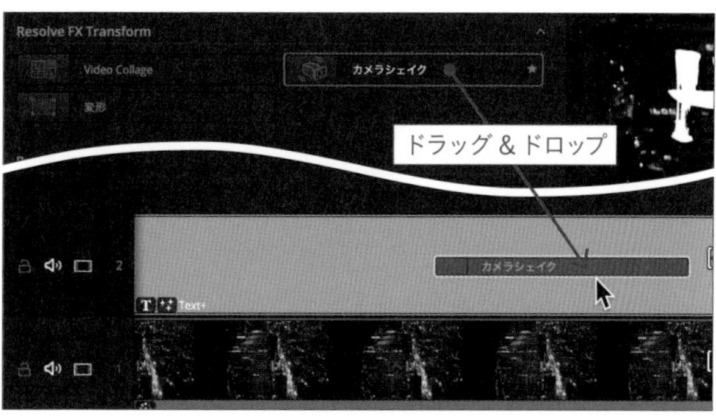

ヒント：映像とテロップの両方を揺らしたいときは？

映像とテロップよりも上のトラックに調整クリップを配置して、「カメラシェイク」を調整クリップに適用してください。そうすることで、調整クリップの下のすべてのクリップを同時に揺らすことができます。揺らしたくないクリップがある場合は、そのクリップを調整クリップの上のトラックに移動させてください。

3 インスペクタで表示を調整する

「カメラシェイク」を適用したクリップを選択した状態でインスペクタを表示させ、「Effects」タブの「Open FX」にある「カメラシェイク」を開きます。ここで揺らし方を微調整できます。

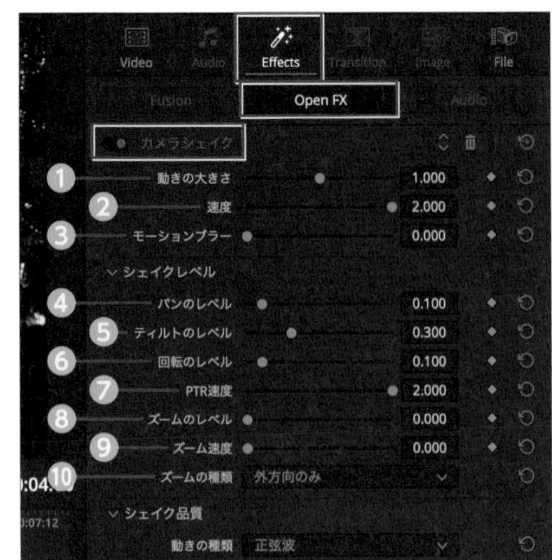

❶ 動きの大きさ

基本的な揺れの大きさを指定します。

❷ 速度

基本的な揺れの速度を指定します。この項目の最大値よりも揺れを速くしたい場合は、❼の「PTR速度」の値を大きくしてください。

❸ モーションブラー

映像にモーションブラー（被写体ブレ）を加えて、よりリアルに見えるようにします。

❹ パンのレベル

横方向にどれだけ揺れるかを指定します。

❺ ティルトのレベル

縦方向にどれだけ揺れるかを指定します。

❻ 回転のレベル

揺れに回転の動きを加え、その度合いを指定します。

❼ PTR速度

「パン（Pan)」「ティルト（Tilt)」「回転（Rotation)」の動きの速度を指定します。

❽ ズームのレベル

揺れにズームの動きを加え、その度合いを指定します。

❾ ズーム速度

ズームの動きの速度を指定します。

❿ ズームの種類

ズームの方向を「外方向のみ」「内方向のみ」「外方向＆内方向」から選択できます。

モザイクのかけ方1（固定位置）

映像の一部に固定的にモザイクまたはぼかしをかけるには、次のように操作してください。

1 カラーページを開く

はじめにカラーページを開きます。

2 モザイクをかけるクリップを選択する

モザイクをかけるクリップをクリックして選択します。

> **ヒント：モザイクは調整クリップにも適用できる**
>
> クリップの最初から最後までモザイクをかけっぱなしにするのであれば、ここでそのビデオクリップを選択してください。クリップの一部にしかモザイクをかけないのであれば、上のトラックのその範囲に調整クリップを配置して、ここでは調整クリップを選択してください。ただし、調整クリップを選択した場合は、モザイクを追尾させることはできません。

3 ノードを追加する

モザイクは、新しくモザイク用のノードを追加してそこに適用した方が後々便利です。ノードを追加するには、ノードを右クリックして「ノードを追加」→「シリアルノードを追加」を選択するか、「option (Alt) + S」を押してください。

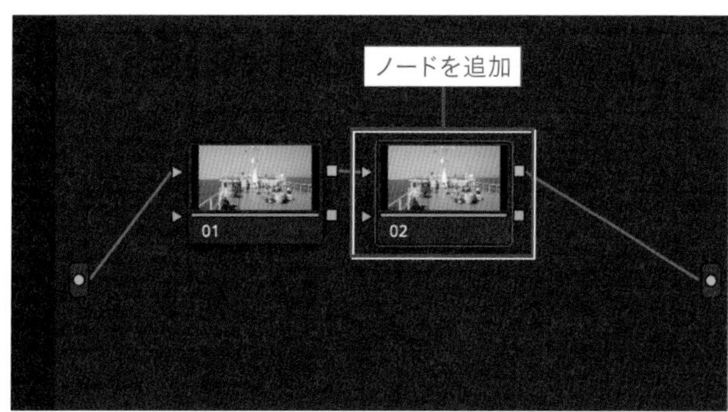

4 「ウィンドウ」ボタンをクリックする

「ウィンドウ」ボタンをクリックしてください。この「ウィンドウ」は「パワーウィンドウ」の略で、パワーウィンドウはモザイクをかける領域を指定するために使用します。

ヒント：パワーウィンドウについて

パワーウィンドウは、クリップの中で操作の対象にする領域を限定するためのツールです。パワーウィンドウで領域を指定してから明るさを変えたり、色を変更したり、モザイクをかけたりすると、それらの操作はその領域だけに適用されます。パワーウィンドウは、トラッカーを併用することで適用対象を追尾させることもできます。

5 使用するパワーウィンドウをクリックして有効化する

あらかじめ5種類のパワーウィンドウのプリセットが用意されていますが、これらは初期状態では無効の状態になっています。この中から、モザイクをかける領域の範囲指定に使用したいもののアイコンをクリックして有効化してください。

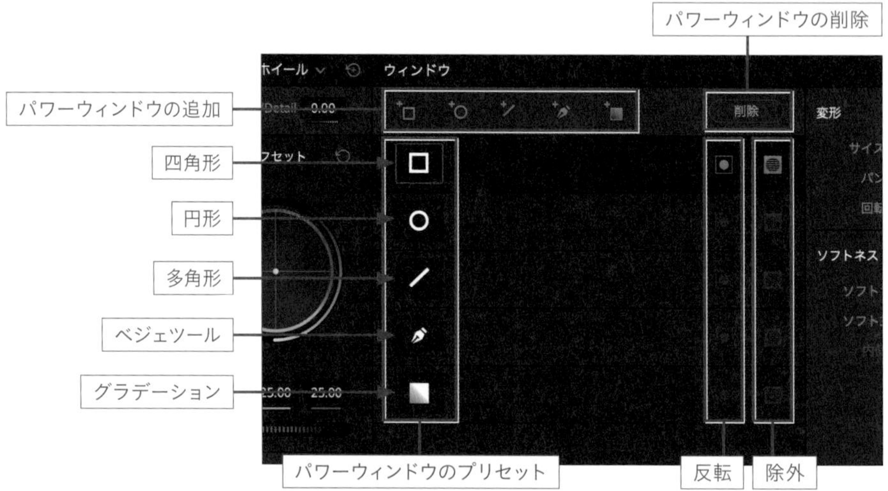

四角形	初期状態では長方形で表示されますが、辺や角の○をドラッグして台形や平行四辺形などに変形できます。内部をドラッグすることで形状を変えずに移動でき、中心から出ている線で回転させることもできます。
円形	初期状態では円形で表示されますが、○をドラッグすることで楕円にもできます。四角形と同じ方法で移動と回転ができます。
多角形	初期状態では長方形で表示されますが、辺をクリックするとその位置に○が追加され、それをドラッグすることで多角形にすることができます。
ベジェツール	ベジェ曲線で自由に図形を描けるツールです。ビューア上をクリックまたはドラッグするまでは何も表示されません。
グラデーション	映像を直線で2つに区切り、一方だけにモザイクをかけたいときに使用するツールです。選択するとT字型のツールが表示され、真ん中の矢印の長さの範囲だけ境界をグラデーションのようにぼかします。矢印の長さは自由に調整でき、これを使って境界線を回転させることもできます。モザイクは矢印の反対側に適用されます。

5種類のパワーウィンドウのプリセットの特徴

有効化されたプリセットのアイコンには赤い枠が表示され、ビューア上にはそのプリセットのオンスクリーンコントロールが表示されます。

ヒント：パワーウィンドウは複数指定できる

たとえば3人の顔にそれぞれモザイクをかけたい場合には、ビューア内に円形を3つ配置できます。1つめの円形はプリセットを有効化して使用し、残りの2つはその上にある「パワーウィンドウの追加」ボタンで追加してください。追加した分のパワーウィンドウはプリセットの下に表示され、無効にしたり、反転・除外なども指定できるようになります。また、ここで複数のパワーウィンドウを使用するのではなく、新しく別のノードを作成してそこで新たに別のパワーウィンドウを使用することもできます。

ヒント：パワーウィンドウの有効／無効の切り替えと削除

パワーウィンドウは、そのアイコンをクリックするたびに有効と無効が切り替わります。赤い枠で囲われているのが現在有効となっているパワーウィンドウです。パワーウィンドウを削除するには、削除したいパワーウィンドウを選択した（アクティブにした）状態で削除ボタンを押してください。なお、削除ボタンで削除可能なのは、後から追加したパワーウィンドウのみです。プリセットのパワーウィンドウは削除できません。

ヒント：パワーウィンドウを使った反転と除外

各パワーウィンドウの右側には「反転」ボタンと「除外」ボタンがあります。「反転」ボタンは、ウィンドウで選択している領域の範囲を反転させる際に使用します。たとえば、四角形を反転させると、四角形の外側にのみモザイクがかかるようになります。「除外」ボタンは、そのパワーウィンドウの領域だけモザイクがかからないようにしたいときに使用します（モザイクをかけているパワーウィンドウに「除外」ボタンを押した状態の別のパワーウィンドウを重ねると、そこだけモザイクがかからなくなります）。

6 モザイクをかける領域にパワーウィンドウの形状を合わせる

モザイクを適用したい領域をしっかりと覆うようにパワーウィンドウの位置と形状を調整してください。パワーウィンドウは内部もしくは中心の点をドラッグすることで移動でき、まわりの○で形を変えられます。

ヒント：パワーウィンドウをリセットするには？

パワーウィンドウの領域の右上にある「…」のメニューを開き、「選択したウィンドウをリセット」を選択することで、現在選択中のパワーウィンドウをリセットできます。

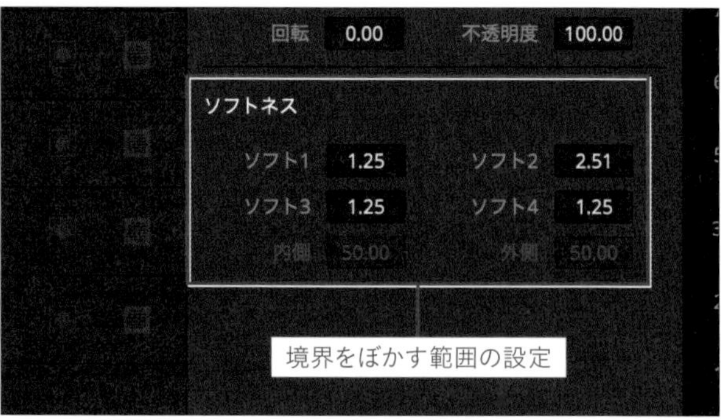

ヒント：パワーウィンドウの外側と内側の細い線は何をするもの？

太くて白い線が基本的なパワーウィンドウの形状をあらわしており、その外側と内側にあるグレーの細い線は「境界をぼかす範囲（ソフトネス）」をあらわしています。パワーウィンドウが四角形または円形の場合は最初から表示されていますが、ベジェツールの場合はソフトネスの数値を大きくすることで、ビューア上で表示されるようになります。多角形はビューア上ではグレーの細い線は表示されませんが、ソフトネスの数値を変更することでぼかしは適用されます。グラデーションのぼかし具合は、ソフトネスの数値またはビューアのオンスクリーンコントロールの矢印の長さで調整してください。

7 「Open FX」タブを開く

画面右上にある「Open FX」タブをクリックして開いてください。

8 「ブラー（モザイク）」をノードにドラッグする

上から4つ目に「ブラー（モザイク）」という項目がありますので、それを作業中のノードにドラッグ＆ドロップしてください。これでパワーウィンドウを配置した領域にモザイクがかかります。

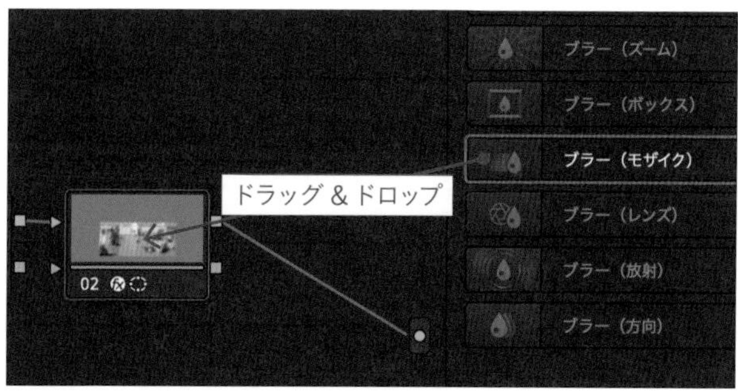

9 モザイクを調整する

「Open FX」の一覧画面が切り替わり、「ブラー（モザイク）」の設定画面が表示されます。「ピクセル数」でモザイクの四角形の大きさを指定します（ここで指定する数値は、「モザイクの四角形を映像の幅内でいくつ横に並べられる大きさにするか」です）。「スムース強度」を使用すると、モザイクの四角形同士の境界のぼかし具合を調整できます。

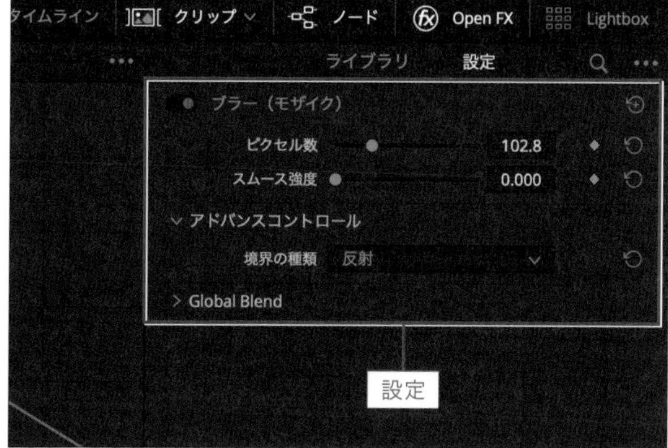

ヒント：モザイクにせずに シンプルにぼかすには？

「ピクセル数」を0にして、「スムース強度」でぼかし具合を調節してください。

補足情報：元の「Open FX」の 一覧を表示させるには？

「Open FX」の画面上部にある「ライブラリ」タブをクリックすると一覧の画面に戻ります。「設定」タブをクリックすると、「ブラー（モザイク）」の設定画面が表示されます。

モザイクのかけ方2（被写体を追尾）

被写体の動きにあわせてモザイクまたはぼかしを追尾させる場合は、次のように操作してください。

補足情報：パワーウィンドウとトラッカーの解説について

DaVinci Resolveでモザイクをかける領域を指定するには、パワーウィンドウを使用します。そのパワーウィンドウを被写体に追尾させる機能がトラッカーです。トラッカーの使い方についてはここで詳しく解説しますが、パワーウィンドウの詳しい使い方については「モザイクのかけ方1（固定位置）」（p.259 ～）を参照してください。「モザイクのかけ方1（固定位置）」では、それ以外にもモザイクをかける際のヒントを多く紹介していますので、はじめにそちらの内容をひととおり読んでおくことをオススメします。

1 カラーページを開く

はじめにカラーページを開きます。

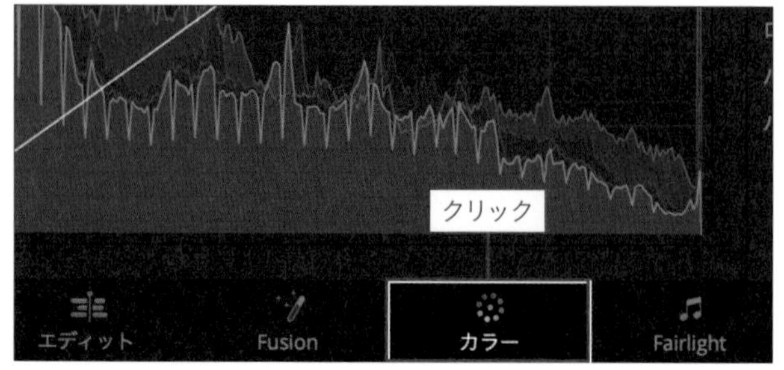

2 モザイクをかけるクリップを選択する

モザイクをかけて追尾させるクリップをクリックして選択します。

3 ノードを追加する

モザイク関連のデータを入れるノードを作成します。新しくノードを追加するには、ノードを右クリックして「ノードを追加」→「シリアルノードを追加」を選択するか、[option（Alt）] + [S] を押してください。

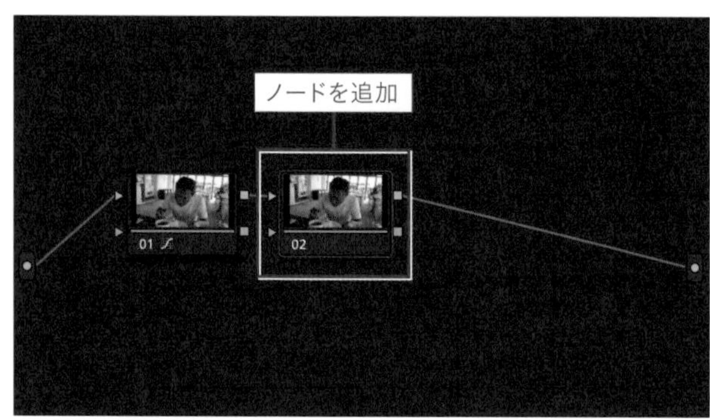

4 トラッキングを開始するフレームに再生ヘッドを移動させる

ビューアの再生ヘッドをトラッキングを開始するフレームに移動させます。

トラッキングは、被写体の全体が大きくハッキリと正面を向いて映っているフレームを起点として開始した方が成功率が高くなります。DaVinci Resolveでは、特定のフレームから順再生の方向にも逆再生の方向にもトラッキングできますので、クリップの最初のフレームからトラッキングを開始する必要はありません。

用語解説：トラッキング

トラッカーという機能を使ってパワーウィンドウを映像の一部に自動追尾させ、その軌道や向きなどを記録することをトラッキングと言います。

5 「ウィンドウ」ボタンをクリックする

「ウィンドウ」ボタンをクリックします。

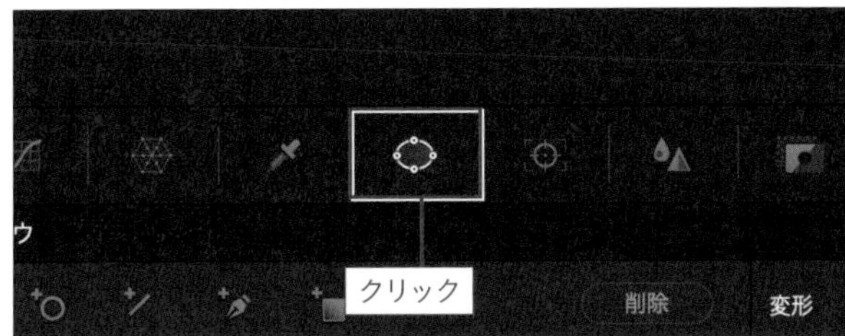

6 使用する形状をクリックして有効化する

使用するパワーウィンドウのアイコンをクリックしてください。

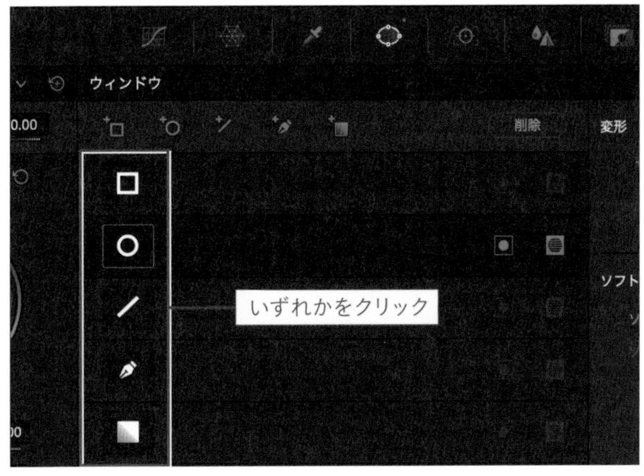

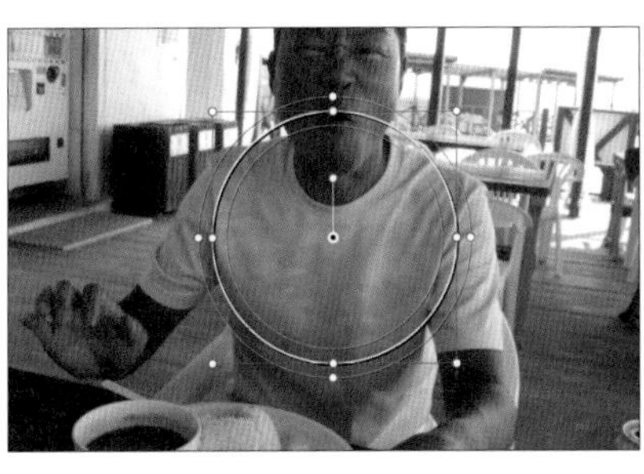

7 追尾させる被写体にパワーウィンドウの形状を合わせる

モザイクを適用したい領域をしっかりと覆うようにパワーウィンドウの位置と形状を調整してください。このとき、正面を向いた（もしくはそれに近い）顔に合わせるのであれば、パワーウィンドウの中心の点を顔の中心に合わせるようにするとトラッキングの軌道がズレにくくなります。

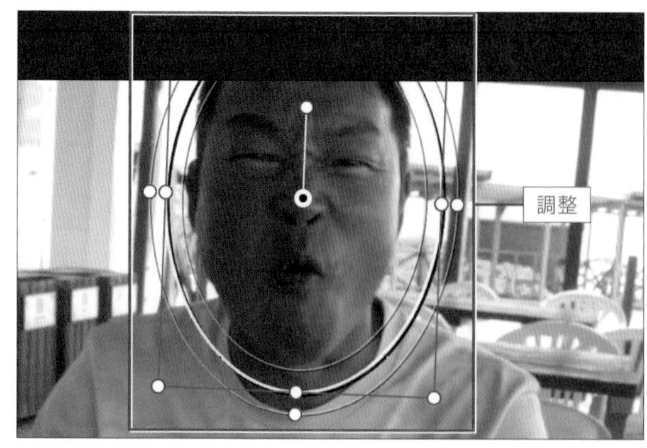

8 「トラッカー」ボタンをクリックする

「トラッカー」ボタンをクリックします。

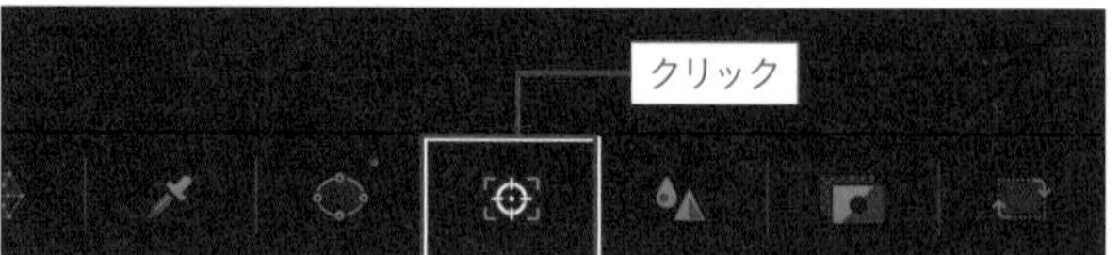

9 順方向と逆方向にトラッキングする

「トラッカー」を制御するための画面が表示されます。実際には順序はどちらからでもかまいませんが、はじめに「順方向にトラッキング」ボタンを押してクリップの最後までトラッキングを行ってください。次に、トラッカーの再生ヘッドを元の位置（キーフレームを示す◇マークがついています）に戻し、「逆方向にトラッキング」ボタンを押してクリップの最初までトラッキングを行ってください。

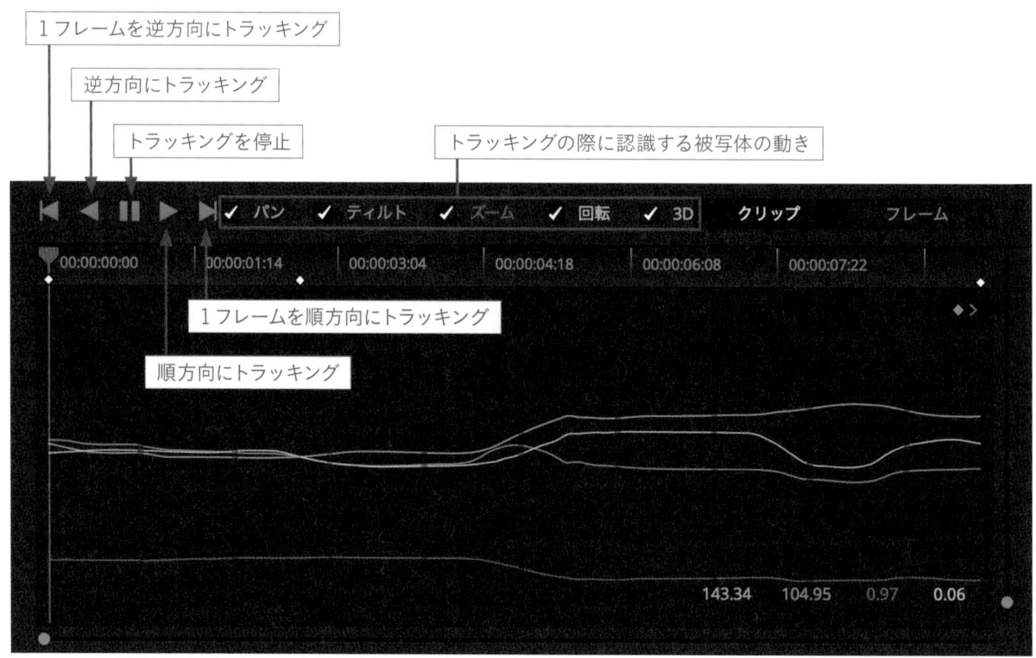

ヒント：トラッキングは何度やり直してもOK

トラッキングが思うように行われなかった場合、開始するフレームやパワーウィンドウを変更してトラッキングをやり直してもかまいません。トラッキング結果のデータは、常に最新のもので上書きされます。

ヒント：パワーウィンドウが複数ある場合

その時点で選択されていてアクティブになっているパワーウィンドウが、トラッキングの対象となります。

補足情報：パン・ティルト・ズーム・回転・3Dのチェックの意味

トラッキングの際に認識する被写体の動きの種類を制限したい場合は、そのチェックを外すことができます。「パン」と「ティルト」は横と縦の動き、「ズーム」はカメラから離れたり近寄ったりする動き、「回転」は首をかしげるなどの回転の動き、「3D」は上を向いたり下を向いたりしたときの3D的な形や向きの変化を意味しています。人の顔をトラッキングするのであれば、基本的にはすべてチェックした状態で行うのが良いでしょう。

10 パワーウィンドウがずれているところを直す

クリップを再生してみて、パワーウィンドウが適切に被写体を囲っているか確認してください。思い通りにならなかった部分がある場合は、そのフレームでパワーウィンドウの位置や大きさなどを手動で調整できます。

ただし、同じようにパワーウィンドウを動かした場合でも、「クリップ」のモードになっているか「フレーム」のモードになっているかで結果が大きく違ってきますので注意してください。

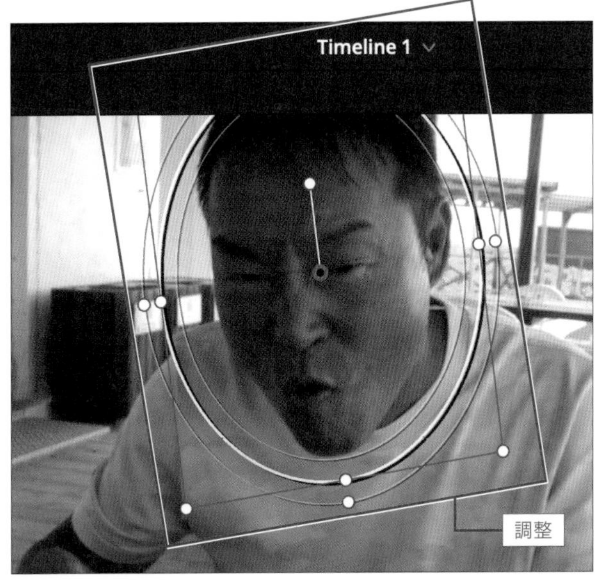

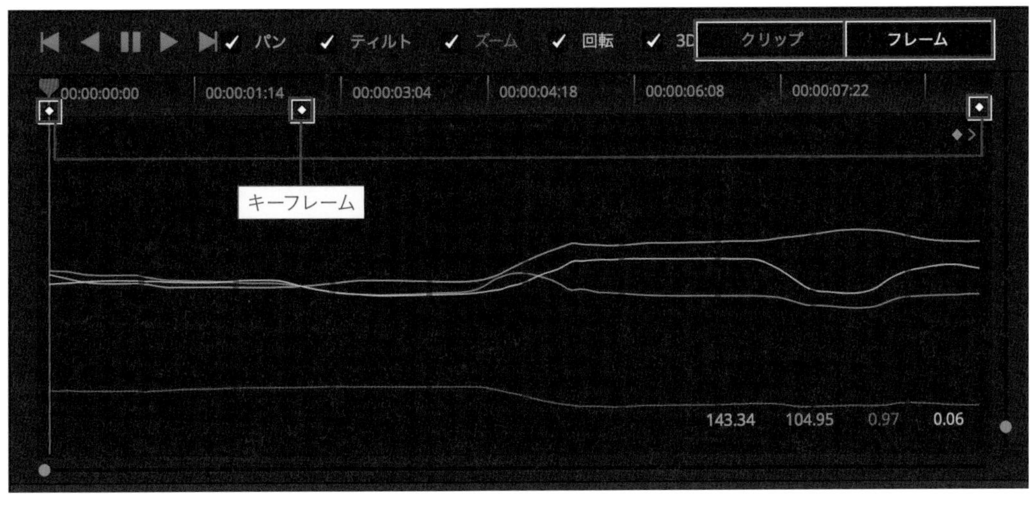

「クリップ」が選択された状態になっていると、どのフレームで操作したかにかかわらず、その変更は**クリップ全体**に反映されます。たとえば、あるフレームでパワーウィンドウの位置を左にずらしたとすると、クリップの全フレームのパワーウィンドウの位置が相対的に左にずれます。あるフレームでパワーウィンドウを大きくしたとすると、全フレームのパワーウィンドウが大きくなります。したがって「クリップ」モードでパワーウィンドウを調整するケースとしては、「クリップ全体をとおして被写体の顔に対するパワーウィンドウの楕円が小さすぎたとき」や「ぼかす範囲が全体をとおして狭すぎたとき」などになります。

それに対して「フレーム」が選択されていると、パワーウィンドウの変更は**その操作を行ったフレームだけ**に限定されます。ただし、変更したフレームには自動的にキーフレームが打たれますので、そこから次のキーフレームまでの間は、次のキーフレームの状態に向かってパワーウィンドウが徐々に変化するようになります。

ここでクリップ内のすべてのフレームにおいて、被写体がパワーウィンドウ内に収まるように調整を繰り返してください。ただし、モザイクをかけたあとの段階においても、「トラッカー」を開いてパワーウィンドウの調整をすることは可能です。

ヒント：パワーウィンドウが表示されなくなったときは？

ビューアの下の一番左にあるアイコンをクリックして、表示されるメニューから「Power Window」を選択してください。逆にパワーウィンドウを消したいときは「オフ」を選択してください。パワーウィンドウが複数あって、その中の1つを選択したい場合は、一度「ウィンドウ」の画面を開いてパワーウィンドウを選択した上で、再度「トラッカー」の画面を開いてください。

補足情報：自動的に打たれるその他のキーフレーム

トラッカーを開くと、クリップの先頭には最初からキーフレームが打たれています。また、あるフレームで「順方向にトラッキング」ボタンを押してクリップの最後までトラッキングをすると、トラッキングを開始したフレームとクリップの末尾の両方にキーフレームが打たれます。トラッキングを途中で止めた場合は、止めたフレームにキーフレームが打たれます。

11 「Open FX」タブを開く

画面右上にある「Open FX」タブをクリックして開いてください。

12 「ブラー（モザイク）」をノードにドラッグする

上から4つ目に「ブラー（モザイク）」という項目がありますので、それを作業中のノードにドラッグ＆ドロップしてください。これでパワーウィンドウの領域にモザイクがかかります。

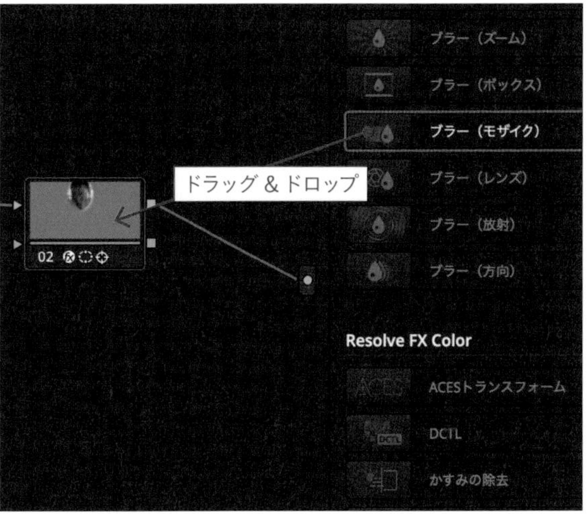

13 モザイクを調整する

「Open FX」の一覧画面が切り替わり、「ブラー（モザイク）」の設定画面が表示されます。「ピクセル数」でモザイクの四角形の大きさを指定します（ここで指定する数値は、「モザイクの四角形を映像の幅内でいくつ横に並べられる大きさにするか」です）。「スムース強度」を使用すると、モザイクの四角形同士の境界のぼかし具合を調整できます。

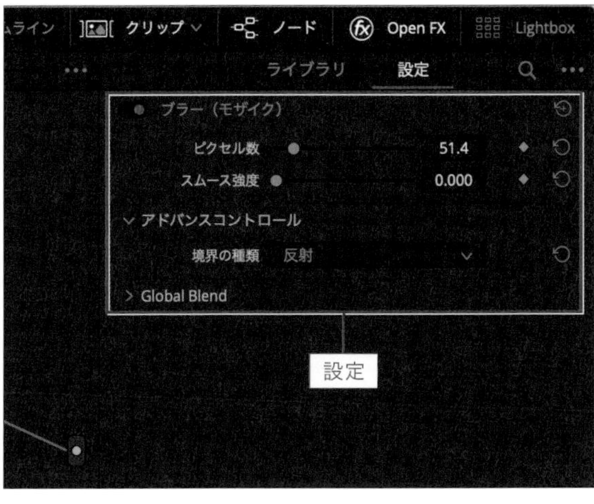

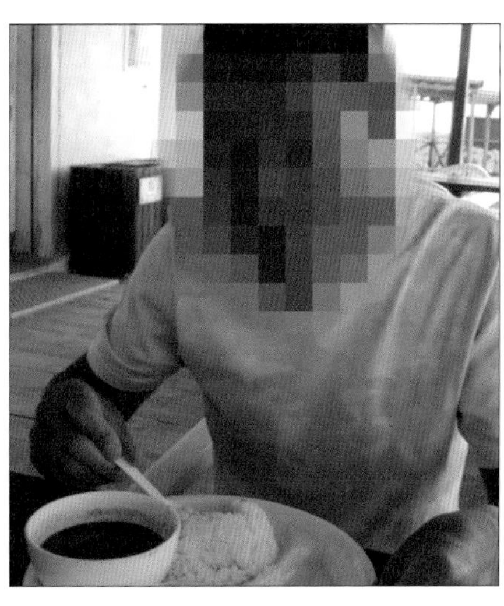

05 スムーズに再生させる5つの方法

ここでは、ビューアで再生してもカクカクしてスムーズに再生されない場合の対処法を5つ紹介します。しかしこの中には、それほど有効ではない機能や古くなってしまった機能も含まれています。基本的には、4Kや8Kのような重い素材を扱う場合には「プロキシメディア」を使用し、エフェクトや色調整の影響で重くなった場合には「レンダーキャッシュ」を使用するのが良いでしょう。

タイムラインプロキシモード

タイムラインプロキシモードは、タイムラインの解像度を下げることによって再生をスムーズにする機能です。この機能によって、タイムラインの解像度を一時的に1/2または1/4に下げることができます。

ここで紹介する5つの機能のうち、キャッシュファイルのような新しいファイルを生成しない唯一の方法ですが、それほど効果が見られない場合もあります。

タイムラインプロキシモードはどのページでも使用できます。タイムラインプロキシモードを使用するには、「再生」メニューから「タイムラインプロキシモード」を選択し、そこから「オフ」「Half Resolution(1/2の解像度)」「Quarter Resolution (1/4の解像度)」のいずれかを選択してください。

最適化メディア

4Kや8Kのような重い素材をそのままビューアで再生すると、環境によってはカクカクしてスムーズには再生されないことがあります。最適化メディアとは、そのような場合に作成可能な編集作業用の軽いデータのことです。最適化メディアの解像度とフォーマットは「プロジェクト設定」で指定でき、いつでもオリジナルデータと切り替えて使用できます。

最適化メディアを生成するには、メディアページ、カットページ、エディットページのいずれかで次のように操作してください。

重要

DaVinci Resolve 17では、ここで紹介している「最適化メディア」の上位互換の新機能である「プロキシメディア」が使用できます。なんらかの特別な理由がある場合を除き、機能が改善されている「プロキシメディア」の方を使用することをオススメします。

ヒント：最適化メディアとオリジナルデータの切り替え方

「再生」メニューには「Use Optimized Media if Available（最適化メディアがある場合は使用）」という項目があり、初期状態ではチェックされた状態になっています。このチェックによって、最適化メディアの使用／不使用を切り替えられます。

ヒント：書き出すときにも切り替えが必要？

デリバーページの「レンダー設定」の「詳細設定」にある「最適化メディアを使用」のチェックは、初期状態では外れた状態になっています。したがって、特に設定を変えずにそのまま書き出すとオリジナルデータを使って書き出されます。

補足情報：最適化メディアの解像度とフォーマットの変更

生成する最適化メディアの解像度とフォーマット（コーデック）は、「プロジェクト設定」で変更できます。変更するには「マスター設定」のタブを開き、「最適化メディア&レンダーキャッシュ」のところにある「Optimized media resolution（最適化メディアの解像度）」と「Optimized media format（最適化メディアのフォーマット）」のメニューから変更したい項目を選択してください。解像度を「Choose automatically（自動選択）」にすると、「タイムライン解像度」よりも解像度が大きいクリップだけを対象として最適化メディアを生成します。フォーマットについては、MacならProRes、WindowsならDNxHRの中から選択するのが一般的です。

1 最適化メディアを生成したいクリップを選択する（複数可）

はじめに、最適化メディアを生成したい重いクリップをメディアプール内で選択します。複数のクリップから生成したい場合は、それらをすべて選択してください。

補足情報：エディットページではタイムラインでもOK

エディットページの場合は、メディアプールではなくタイムライン上のクリップを選択しても最適化メディアを生成できます。

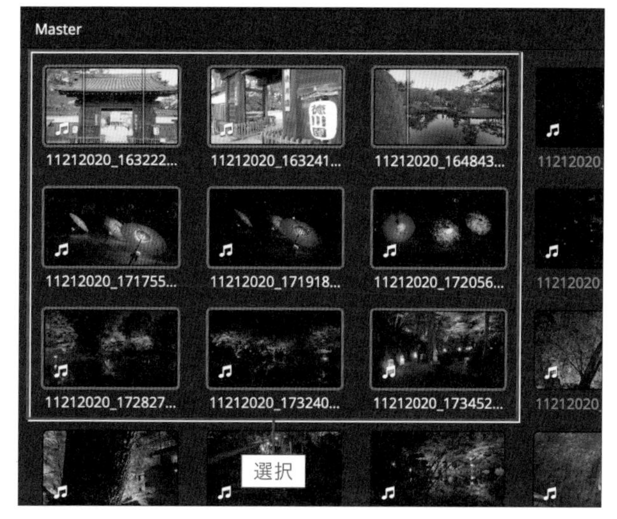

2 右クリックして「最適化メディアを生成」を選択する

選択したクリップのうちのどれか1つを右クリックして「最適化メディアを生成」を選択すると、最適化メディアが生成されます。選択した元のクリップの数や解像度、フォーマットによっては、すべての最適化メディアが生成されるまでに長時間かかる場合があります。

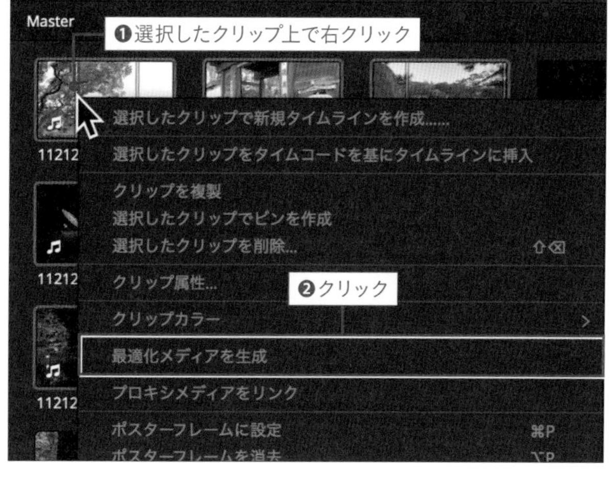

プロキシメディア

4Kや8Kのような重い素材をそのままビューアで再生すると、環境によってはカクカクしてスムーズには再生されないことがあります。プロキシメディアとは、そのような場合に作成可能な編集作業用の軽いデータのことです。解像度とフォーマットは「プロジェクト設定」で指定でき、いつでもオリジナルデータと切り替えて使用できます。

プロキシメディアを生成するには、メディアページまたはエディットページのメディアプールで次のように操作してください。以下はエディットページの画面で説明します。

ヒント：プロキシメディアとオリジナルデータの切り替え方

「再生」メニューには「Use Proxy Media if Available（プロキシメディアがある場合は使用）」という項目があり、初期状態ではチェックされた状態になっています。このチェックによって、プロキシメディアの使用／不使用を切り替えられます。

ヒント：書き出すときにも切り替えが必要？

デリバーページの「レンダー設定」の「詳細設定」にある「プロキシメディアを使用」のチェックは、初期状態では外れた状態になっています。したがって、特に設定を変えずにそのまま書き出すとオリジナルデータを使って書き出されます。

補足情報：プロキシメディアの解像度・フォーマット・保存場所の変更

生成するプロキシメディアの解像度とフォーマット（コーデック）は、「プロジェクト設定」で変更できます。変更するには「マスター設定」のタブを開き、「最適化メディア&レンダーキャッシュ」のところにある「Proxy media resolution（プロキシメディアの解像度）」と「Proxy media format（プロキシメディアのフォーマット）」のメニューから変更したい項目を選択してください。解像度を「Choose automatically（自動選択）」にすると、「タイムライン解像度」よりも解像度が大きいクリップだけを対象としてプロキシメディアを生成します。フォーマットについては、MacならProRes、WindowsならDNxHRの中から選択するのが一般的です。
また、そのすぐ下にある「作業フォルダー」のいちばん上にある「Proxy generation location」という項目の右にある「ブラウズ」ボタンをクリックすることで、初期設定の保存場所を変更することもできます。

1 プロキシメディアを生成したいクリップを選択する（複数可）

はじめにメディアページまたはエディットページを開き、プロキシメディアを生成したい重いクリップをメディアプール内で選択します。複数のクリップから生成したい場合は、それらをすべて選択してください。

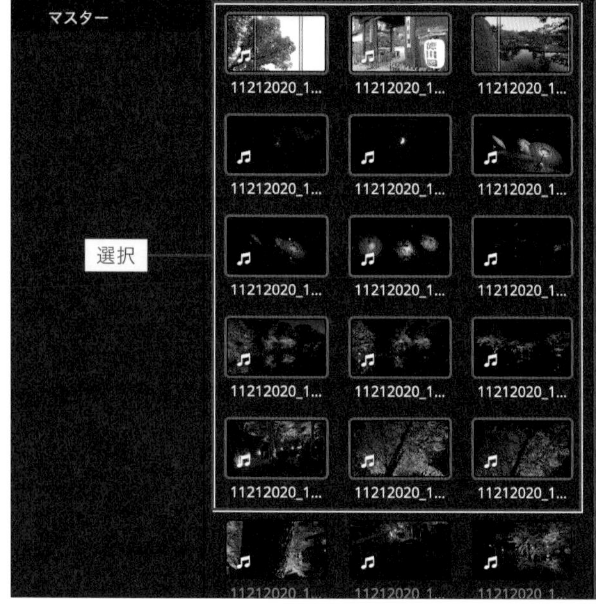

2 右クリックして「プロキシメディアを生成」を選択する

選択したクリップのうちのどれか1つを右クリックして「プロキシメディアを生成」を選択すると、プロキシメディアが生成されます。選択した元のクリップの数や解像度、フォーマットによっては、すべてのプロキシメディアが生成されるまでに長時間かかる場合があります。

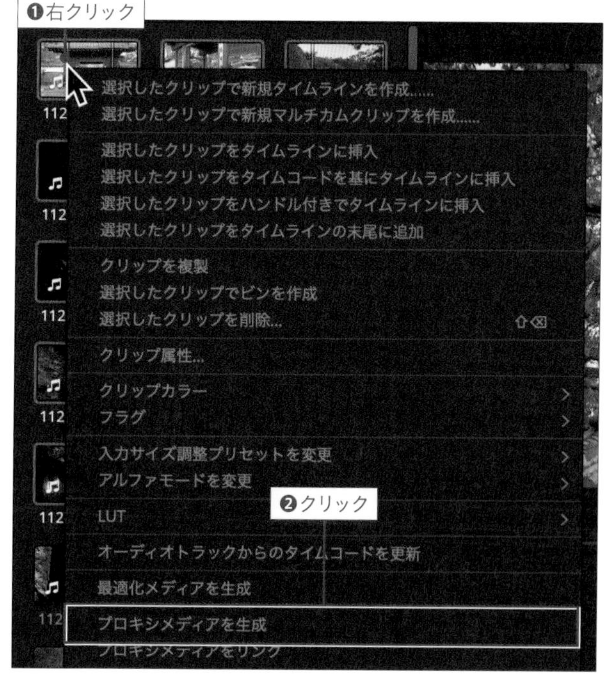

補足情報：プロキシメディアを削除するには？

本書の執筆時点では、DaVinci Resolve 17にはプロキシメディアを削除する機能はありません。保存場所を自分で開き、不要なファイルは手動で削除する必要があります。

ヒント：プロキシメディアが生成されているかどうかを確認するには？

各クリップにプロキシメディアが生成されているかどうかは、メディアプールをリストビューにすることで確認できます。ただし、初期状態ではプロキシメディア関連の項目は表示されません。項目名のところを右クリックして「プロキシ」をチェックすると、プロキシメディアが生成されている場合はその解像度が表示されるようになります。また、「プロキシメディアパス」をチェックすると、保存場所のパスが表示されます。

補足情報：軽いデータがすでにある場合はそれにリンクもできる

なんらかの理由で軽いデータがすでに存在している場合は、そのデータをリンクして使うこともできます。リンクさせるには、クリップを右クリックして「プロキシメディアをリンク」を選択してください。この機能はカットページでも利用できます。ただしリンクが可能なのは、タイムコードとファイル名（拡張子以外）とフレームレートがオリジナルファイルと同じで、かつ DaVinci Resolveがサポートしているフォーマットのデータに限ります。

レンダーキャッシュ

最適化メディアとプロキシメディアは、メディアプールにある素材を軽くした動画データです。それに対してレンダーキャッシュは、タイムライン上のクリップに対してエフェクトや色調整などの処理を適用済みの動画データ（キャッシュ）を生成します。したがって、最適化メディアとプロキシメディアは素材自体が重い場合に使用するものであるのに対し、レンダーキャッシュはエフェクトや色調整などを適用したことによって再生が遅くなったときに使用する機能です。

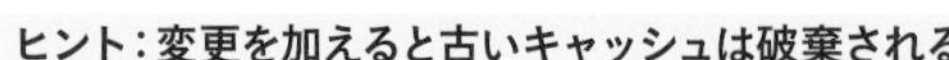

ヒント:変更を加えると古いキャッシュは破棄される

一度生成したキャッシュは、クリップに変更を加えない限りそのまま利用できます。しかし、クリップに何らかの変更を加えると古いキャッシュは破棄され、再度生成する必要が生じます。

1 「再生」メニューの「レンダーキャッシュ」からキャッシュのモードを選択する

「再生」メニューの「レンダーキャッシュ」から「なし」「スマート」「ユーザー」のいずれかを選択してください。このメニュー項目は、すべてのページで選択可能です。

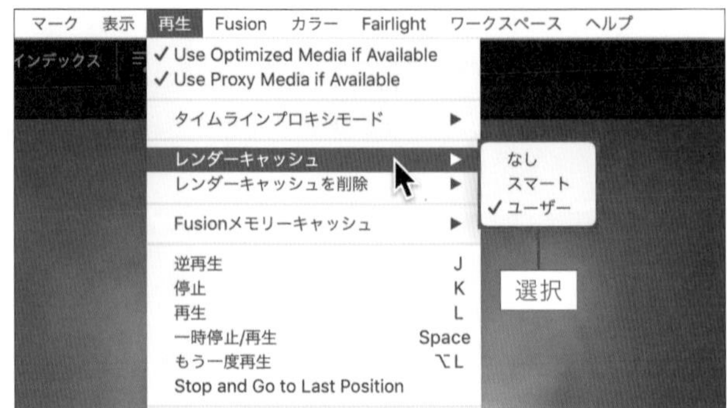

「なし」を選択するとレンダーキャッシュは生成されません。「スマート」を選択するとスマートキャッシュモードになり、リアルタイムで再生することができないクリップのキャッシュが自動生成されるようになります。「ユーザー」を選択するとユーザーキャッシュモードになり、基本的には手動でキャッシュを生成することになりますが、プロジェクト設定で指定した対象のクリップについてはキャッシュを自動生成します。

ヒント:キャッシュされるときには赤い線が表示される

キャッシュが開始されるときには、タイムラインの目盛りの下のキャッシュされる範囲に赤い線（キャッシュインジケーター）が表示されます。青くなった線はすでにキャッシュが生成されたことをあらわしています。

補足情報:レンダーキャッシュのフォーマットと自動キャッシュのオプション

生成するレンダーキャッシュファイルのフォーマット（コーデック）は、「プロジェクト設定」で変更できます。変更するには「マスター設定」のタブを開き、「最適化メディア&レンダーキャッシュ」のところにある「Render cache format（レンダーキャッシュのフォーマット）」のメニューから選択してください。
また、レンダーキャッシュはそのすぐ下にある4つのチェックボックスで更にオプションを設定できます。「次の秒数後にバックグラウンドキャッシュを開始」では、自動的にバックグラウンドキャッシュをするかどうか、するとしたら何秒後に開始させるかを指定します。その下の3つは、ユーザーキャッシュモードにおいて「トランジション」「合成」「Fusionエフェクト」が原因でリアルタイムで再生できない場合に、自動的にキャッシュを生成するかどうかを設定するものです。

2 「ユーザー」を選択した場合は手動でキャッシュする

手動でキャッシュする操作は、エディットページまたはカラーページで行います。Fusion出力のキャッシュを生成する場合は、クリップを右クリックして「Fusion出力をレンダーキャッシュ」→「オン」を選択してください。色調整のキャッシュを生成する場合は、クリップを右クリックして「カラー出力をレンダーキャッシュ」を選択してチェックした状態にしてください。これらの操作は、複数のクリップを選択した状態でも行えます。

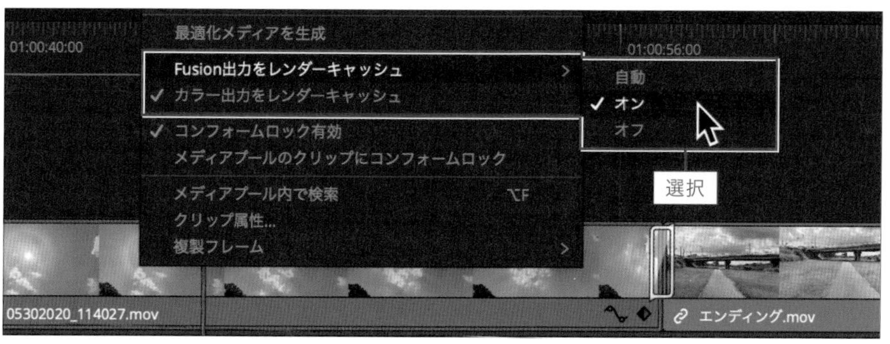

ヒント：キャッシュを削除するには？

「再生」メニューの「レンダーキャッシュを削除」を選択し、そこから「すべて...」「使用されていないもの...」「選択したクリップ...」のいずれかを選択してください。確認のダイアログが表示され、そこで「削除」ボタンを押すとキャッシュが削除されます。

補足情報：レンダーキャッシュの保存場所の変更

レンダーキャッシュの保存場所は「プロジェクト設定」で変更できます。変更するには「マスター設定」のタブを開き、「作業フォルダー」のところにある「キャッシュファイルの場所」の「ブラウズ」ボタンをクリックしてください。

Render in Place

「Render in Place」は、タイムライン上のクリップをエフェクトや色調整などを適用した状態で書き出し、タイムライン上の元のクリップと置き換える機能です。新しい動画ファイルは指定した場所に書き出すことができ、メディアプールに自動的に追加されます。

レンダーキャッシュは再生速度を上げるための仮のファイルでしたが、「Render in Place」で作られるのは新しいビデオクリップ（素材として使用されるメディアプール内のクリップ）です。「Render in Place」で書き出されたクリップは、元の状態（元の素材にエフェクトや色調整などが適用されている状態）に戻すこともできます。

1 エディットページのタイムラインでクリップを選択する

はじめに、エディットページのタイムラインで「Render in Place」を適用するクリップを選択してください。クリップを複数選択した場合は、それぞれが個別のクリップとして書き出されます。

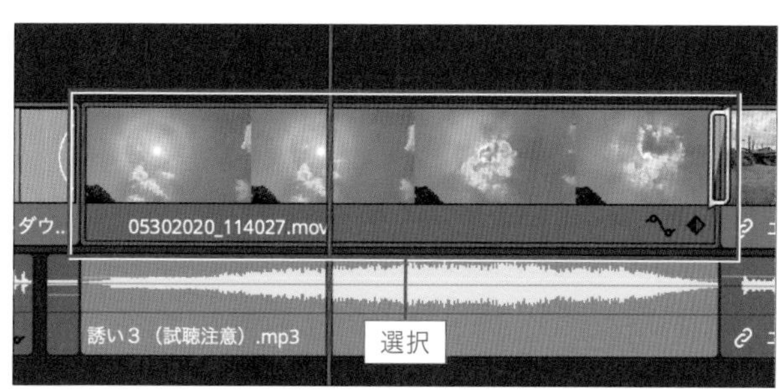

重要

「Render in Place」は、エディットページでのみ利用可能な機能です。

2 右クリックして「Render in Place...」を選択する

選択したクリップを右クリックして「Render in Place...」を選択してください。

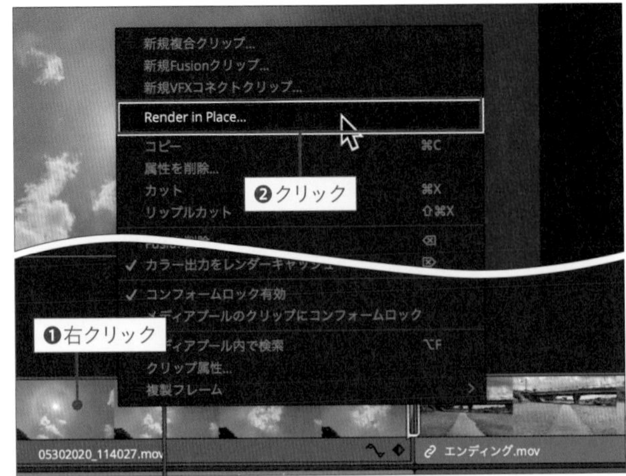

3 オプションを選択して「Render」をクリックする

ダイアログが表示されますので、必要に応じてフォーマットやコーデックを変更し、「Render」ボタンをクリックしてください。

4 書き出す場所を指定する

次に書き出す場所を指定するダイアログが表示されますので、書き出し先を指定して「Open」ボタン（Macの場合）をクリックしてください。

ヒント：クリップを元に戻すには？

まず、エディットページのタイムライン上で元に戻すクリップを選択します（複数可）。そのクリップを右クリックして、「Decompose to Original」を選択すると、クリップが元に戻ります。

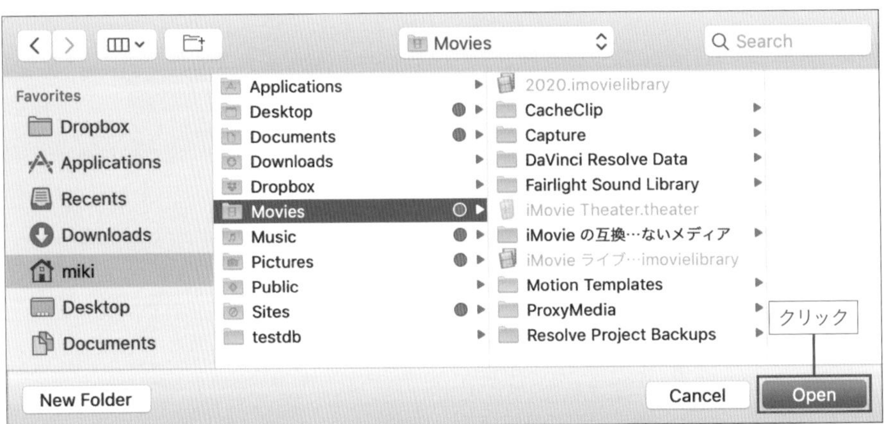

06 その他

最後に、ここまでで説明していなかった便利な機能をまとめて紹介します。たとえば、インスペクタで設定可能な値の多くは、キーフレームを使うことで徐々に変化させることができます。また、装飾を加えたテキストをパワービンに入れておくと、他のプロジェクトでも同じ装飾のテキストがすぐに使えるようになります。

キーフレームでインスペクタの値を変化させる

クリップを選択してインスペクタのある項目の値を変更すると、その値はクリップ全体（最初のフレームから最後のフレームまで）に対して適用されます。しかし値を変更する前に、その項目の右側にある◆（キーフレームボタン）をクリックして赤くしておくことで、現在再生ヘッドのあるフレームに対して「その時点での値」を設定することができます。このように「その時点での値」を設定されたフレームのことをキーフレームと言います。

1つのクリップ内に値の異なるキーフレームを複数設定すると、その間の値は自動的に次の値に向かって徐々に変化するようになります（そのためキーフレームは最低でも2つ必要です）。これによって、映像やテロップを徐々に拡大または縮小したり、アニメーションのように位置を移動させることなどができます。インスペクタの複数項目の値を同時に変更することにより、拡大しながら回転しつつ移動もする、といった指定も可能です。

1 キーフレームを設定するクリップを選択する

カットページまたはエディットページで、キーフレームを設定するタイムライン上のクリップを選択します。

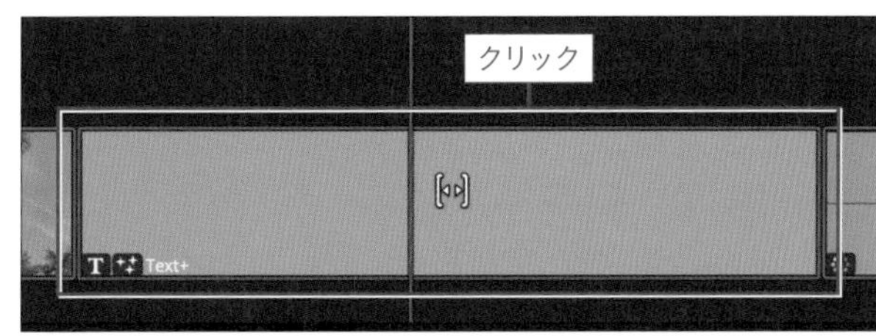

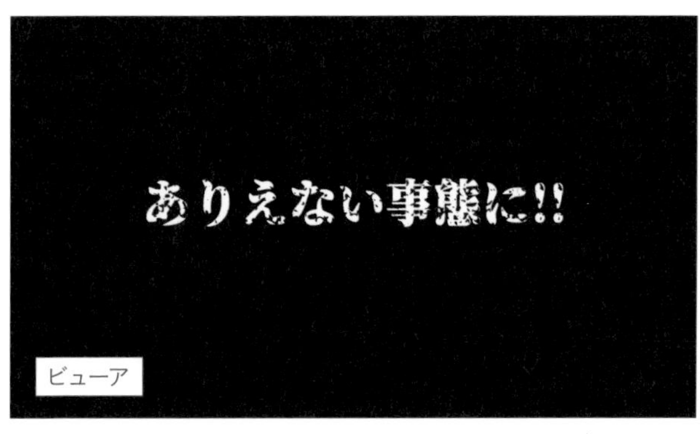

2 値を設定するフレームに再生ヘッドを移動させる

インスペクタで値を設定するフレームに再生ヘッドを移動させます。クリップの先頭から変化を開始させたい場合は、クリップの最初のフレームに再生ヘッドを配置してください。

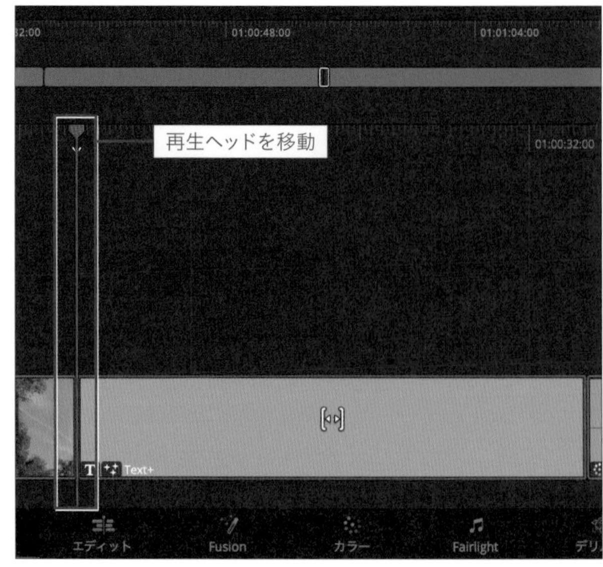

3 インスペクタの値を設定する項目の◆をクリックする

インスペクタで値を変更する前に、その項目の右側にある◆（キーフレームボタン）をクリックして赤くします。この段階でこのフレームはキーフレームになります。

ヒント：キーフレームには複数の値を同時に設定できる

たとえば「ズーム」と「位置」など、複数の項目の◆を赤くして同時に値を設定することもできます。

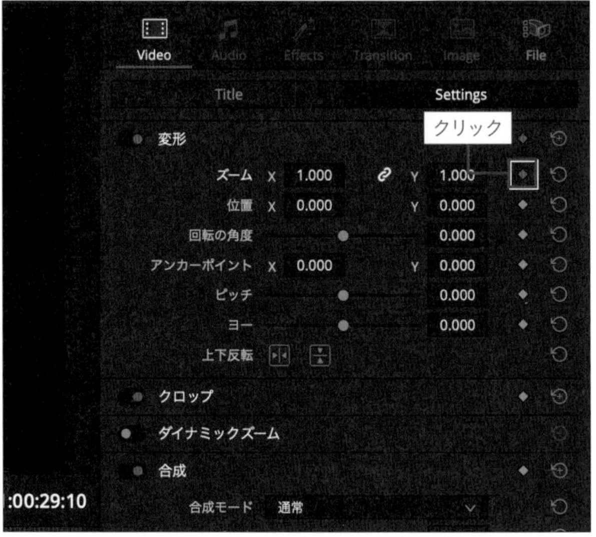

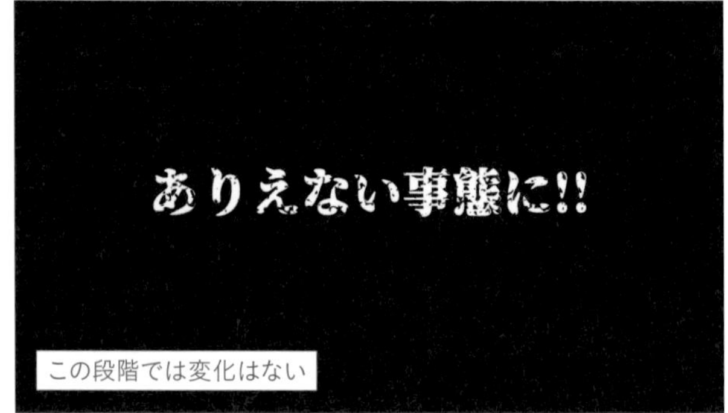

4 インスペクタで値を変更する

◆が赤い状態で値を変更すると、その値がキーフレームの値となります。現在の値のままでよければ、値を変更する必要はありません。

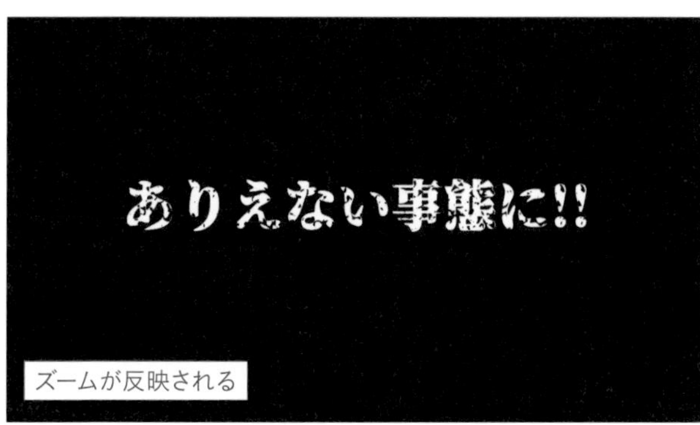

ヒント：値は後からでも変更できる

キーフレームの値の設定されているフレームに再生ヘッドを移動させると、インスペクタのその項目の◆が赤くなります。その状態で値を変更することで、キーフレームの設定値を更新できます。

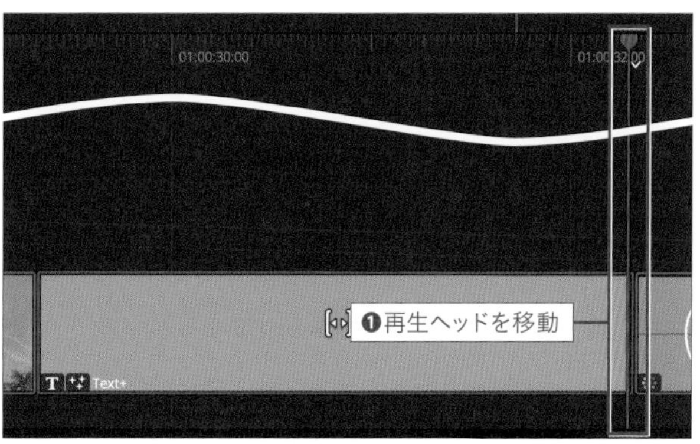

5 再生ヘッドを移動させて値を変更する

1つめのキーフレームを追加したあとは、再生ヘッドを移動させてから値を変更するだけで自動的に◆が赤くなり、そのフレームは新しいキーフレームになります。値を変更する必要がない場合は、再生ヘッドを移動させた状態で◆をクリックして赤くしてください。

必要なだけこの操作を繰り返してキーフレームを追加してください。なお、クリップの最後まで変化を継続させたい場合は、クリップの最後のフレームもキーフレームにしてください。

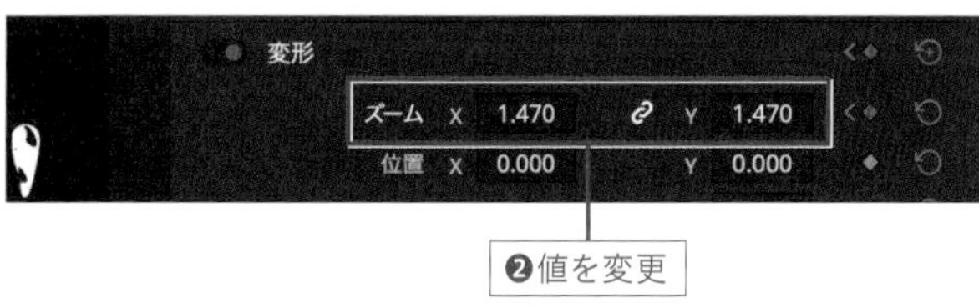

ヒント：前後のキーフレームに移動するには？

再生ヘッドの前後にキーフレームがあると、インスペクタのキーフレームボタンは◀◆▶のように変化します。◀は再生ヘッドを前のキーフレームに移動させるボタンで、▶は再生ヘッドを次のキーフレームに移動させるボタンです。

ヒント：キーフレームを削除するには？

赤い◆をクリックすると、色がグレーになりそのフレームはキーフレームではなくなります。

ヒント：キーフレームをイージングするには？

赤い◆を右クリックすると、項目の種類や状態に応じて「リニア」「イーズイン」「イーズアウト」「イーズイン&イーズアウト」のいずれかが選択できます。

ヒント：キーフレームの有効／無効の切り替えとリセット

インスペクタの左側にある赤い有効／無効の切り替えボタンはキーフレームを指定していても使用できます。また、インスペクタの右側にあるリセットボタンはクリップのキーフレームもリセットします。

キーフレームをタイムラインで調整する

エディットページでは、タイムラインのクリップの下に「キーフレームエディター」と「カーブエディター」を表示させることができます。これらを使うことで、キーフレームをよりわかりやすい状態で調整することが可能になります。

キーフレームエディターの使い方

キーフレームエディターを表示させるには、クリップの右下にあるキーフレームエディターボタンをクリックするか、クリップが選択されている状態で「クリップ」メニューから「キーフレームエディターを表示」を選択してください。キーボードショートカットは［shift］＋［command（Ctrl）］＋［C］です。キーフレームエディターにはそのクリップに設定されているキーフレームがすべて◇で表示され、ドラッグして左右に移動させることができます。

補足情報：キーフレームを設定しなければ表示できない

キーフレームエディターは、1つ以上のキーフレームを設定したクリップでのみ表示させることができます。

キーフレームエディターのキーフレームは、初期状態では「変形」「クロップ」「合成」といったインスペクタのカテゴリごとにまとめられた状態で表示されます。その内部にある「ズーム X」「ズーム Y」「位置」「不透明度」などの項目を表示させるには、キーフレームエディターの右上にある「展開ボタン」をクリックしてください。

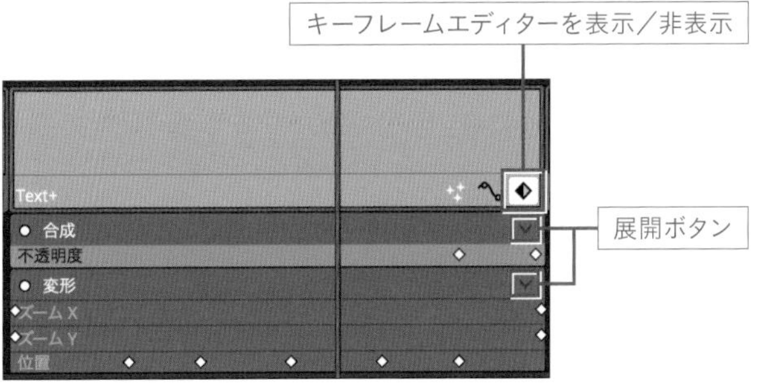

キーフレームエディターでキーフレームを追加するには、[option（Alt）] キーを押しながら追加したい位置をクリックしてください。また、[option（Alt）] キーを押しながら◇をドラッグすることでキーフレームを複製できます。
キーフレームを右クリックすると、項目の種類や状態に応じて「リニア」「イーズイン」「イーズアウト」「イーズイン&イーズアウト」のいずれかを選択できます。

カーブエディターの使い方

カーブエディターを表示させるには、クリップの右下にあるカーブエディターボタンをクリックするか、クリップが選択されている状態で「クリップ」メニューから「カーブエディターを表示」を選択してください。キーボードショートカットは [shift]+[C] です。カーブエディターにはそのクリップに設定されているキーフレームがすべて○で表示され、ドラッグして上下左右に自由に移動させることができます。

補足情報：キーフレームを設定しなければ表示できない？

カーブエディターボタンは、クリップに最初のキーフレームを設定した段階で表示されます。しかし、キーフレームを設定していなくても「クリップ」メニューから「カーブエディターを表示」を選択することで、カーブエディターを表示させることは可能です。

カーブエディターでは、同時に複数の項目のカーブを表示させることはできません。表示させる項目を切り替えるには、カーブエディターの左上にある「カーブメニュー」ボタンをクリックし、表示されたメニューからカーブを表示させる項目を選択してください。

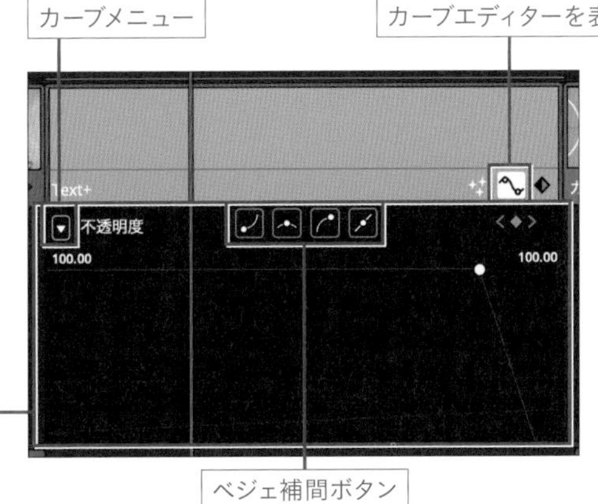

カーブエディターでキーフレームを追加するには、[option（Alt）] キーを押しながら線をクリックしてください。また、[option（Alt）] キーを押しながら○をドラッグすることでキーフレームを複製できます。

キーフレームのイージングを変更したい場合は、キーフレームをクリックして選択した上で、いずれかの「ベジェ補間」ボタンをクリックしてください。もしくは、キーフレームを右クリックして表示されるメニューで変更することも可能です。また、カーブエディターの右上にある <◆> は、インスペクタと同様に機能します。

パワービンで調整済みのクリップを共有する

パワービンは、同じデータベース上のすべてのプロジェクトから利用可能なビンです。素材をそのまま格納できるだけでなく、タイムラインで手を加えたクリップをそのままの状態で保存できますので、音量やフェードイン・フェードアウトを調整済みの効果音やBGM、何重にも縁取りしたテキスト+のテロップといった頻繁に再利用する調整済みのクリップの保存に最適です。

パワービンは初期状態では表示されない設定になっています。パワービンを表示させるには次のように操作してください。

1 「表示」メニューから「パワービンを表示」を選択する

「表示」メニューの「パワービンを表示」を選択してチェックが入った状態にしてください。この操作はどのページでも可能ですが、カットページとデリバーページではパワービンは表示されません。

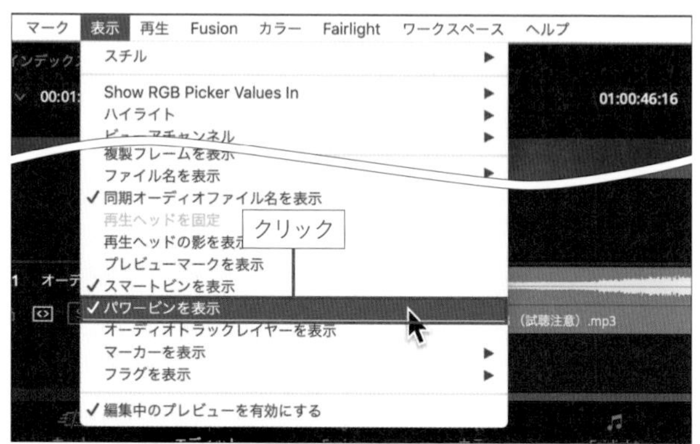

ヒント：カットページでパワービンを使用する方法

他のページでパワービンの内容をメディアプールに表示させた状態でカットページに移動すると、カットページのメディアプールでも同じようにパワービンの内容が表示されます。
また、パワービンが表示できるページでビンリストを右クリックして「新しいウィンドウで開く」を選択すると、ビンがフローティングウィンドウで表示されます。このフローティングウィンドウは、カットページでも使用できます。

ヒント：パワービン内でビンを追加する方法

パワービンの領域内で右クリックして「ビンを追加」を選択してください。

ヒント：パワービンに入れられないもの

タイムライン、複合クリップ、Fusionクリップ、マルチカムはパワービンに入れられません。調整クリップやスチルは入れることができます。

タイムラインの複数のクリップをリンクする

タイムライン上の複数のクリップをリンクしておくと、それらの位置関係を変えずに1つのクリップを選択するだけでまとめて移動などの編集ができるようになります。音声入りの映像のビデオクリップとオーディオクリップが初期状態でリンクされているのと同じ状態です。したがって、タイムラインの上中央付近にある「リンクの選択」ボタンをクリックしてオフにすることで、リンクしていない状態で操作することもできます。また、[option (Alt)] キーを押しながらクリックすることで、1つのクリップだけを選択して編集できます。

重要

この機能はエディットページでのみ利用できます。ただし、リンクしたクリップはカットページのタイムラインでもリンクされた状態になっています。

1 リンクさせる複数のクリップを選択する

エディットページを開き、リンクさせる複数のクリップをタイムライン上で選択してください。ビデオクリップとオーディオクリップだけでなく、テキスト+のクリップや調整クリップもリンクできます。また、隣接していない離れたクリップを選択しても問題ありません。

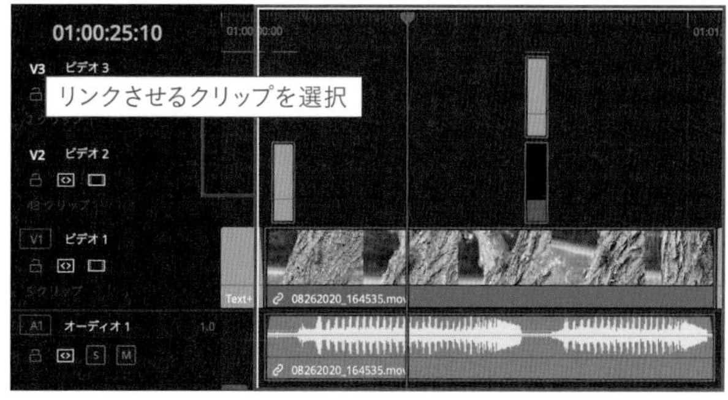

2 「クリップ」メニューから「クリップをリンク」を選択する

「クリップ」メニューの「クリップをリンク」を選択してチェックが入った状態にしてください。ショートカットキーは [option (Alt)] + [command (Ctrl)] + [L] です。

補足情報：リンクしていることを示すアイコン

リンクしたそれぞれのクリップの左下には、リンクしていることを示すクリップ型のアイコンが表示されます。

映像の上下を黒くして横長に表示させる

映像の上と下に黒い帯を表示させて、映像を映画のように横長に表示させる方法はいくつもあります。たとえば、単純に映像の上下をクロップするだけでもそうなりますし、単色の黒のクリップを上下に重ねて配置しても同じようになります。しかし、このようにクリップを使用する方法だとキーフレームで動きを与えるなどの加工がしやすい反面、映像全体に適用するのは少々面倒な場合があります。

ここでは、メニューから縦横比を選択するだけタイムライン全体の上下に黒い帯を表示させることのできる「出力ブランキング」の使い方について説明します。

重要

「出力ブランキング」は、エディットページ・Fusionページ・カラーページでのみ指定可能です。

1 「タイムライン」メニューの「出力ブランキング」から映像の横縦比を選択する

「タイムライン」メニューの「出力ブランキング」のサブメニューから横縦比を選択してください。ここで表示される数字は幅と高さの比率である「○.○○：1」の「：1」が省略されたものです（つまり表示されている数字は「高さを1としたときの幅」です）。映画と同じ縦横比（シネマスコープ）にしたいのであれば「2.35」を選択してください。

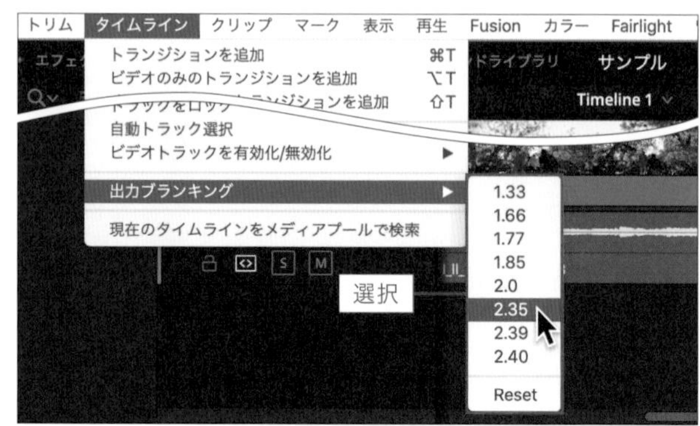

補足情報：元に戻す際は「Reset」を選択

上下の黒い帯を消すには、「出力ブランキング」のサブメニューから「Reset」を選択してください。

2 映像の上下が黒くなった

タイムライン上のすべての映像の上下（メニューで選択した比率によっては左右）に黒い帯が表示されました。

補足情報：クロップで帯を表示させる際の注意点

クロップを適用したクリップに対して「変形」の「ズーム」や「位置」などを指定すると黒い帯も変化します。このような影響をなくすには、「クロップ」のいちばん下の項目である「Retain Image Position」にチェックを入れてください。

補足情報：カラーページだとさらに自由に帯が指定できる

はじめにカラーページを開き、画面中央付近にある「サイズ調整」ボタン をクリックします。「サイズ調整」の画面の右上にある 入力サイズ調整 をクリックしてメニューを表示させ、そこから「出力サイズ調整」を選択すると「ブランキング」という項目がアクティブになります。ここで上下左右の黒い帯を自由に設定できます。

グリーンバック（クロマキー）合成の仕方

エディットページで「3D Keyer」というエフェクトを使用すると、映像のグリーンまたはブルーの部分だけを透明にして、下のトラックの映像と合成することができます。

用語解説：キーヤー（Keyer）

映像から一部分を抜き出すための機器やソフトウェアの機能のことをキーヤーと言います。DaVinci Resolveの「3D Keyer」は、その計算において映像のすべての色を3次元的に扱って透過処理を行うことからその名前が付けられました。

補足情報：実際にはグリーンとブルー以外でも透明にできる

一般に、透明にする部分にはグリーンやブルーが使われていますが、「3D Keyer」を使うとグリーンとブルーに限らずどの色でも透明にすることができます。ただし、グリーンとブルー以外は透明にしたくない部分と色が被ることも多く、難易度は高くなる傾向があります。

補足情報：同様の機能は他のページにもある

Fusionページとカラーページでも同様の処理を行うことが可能ですが、ここではいちばん簡単に作業できるエディットページでの操作方法を解説しています。また、ビューア上で線を引いて透過させる色を指定できない点を除けば、カットページでもクリップに「3D Keyer」を適用したり、インスペクタで調整することなどはできます。

1 透過させるクリップを上のトラックに配置する

エディットページを開き、背景として表示させるクリップをタイムライン上に配置したら、それよりも上のトラックにグリーンまたはブルーの部分を透明にするクリップを配置します。

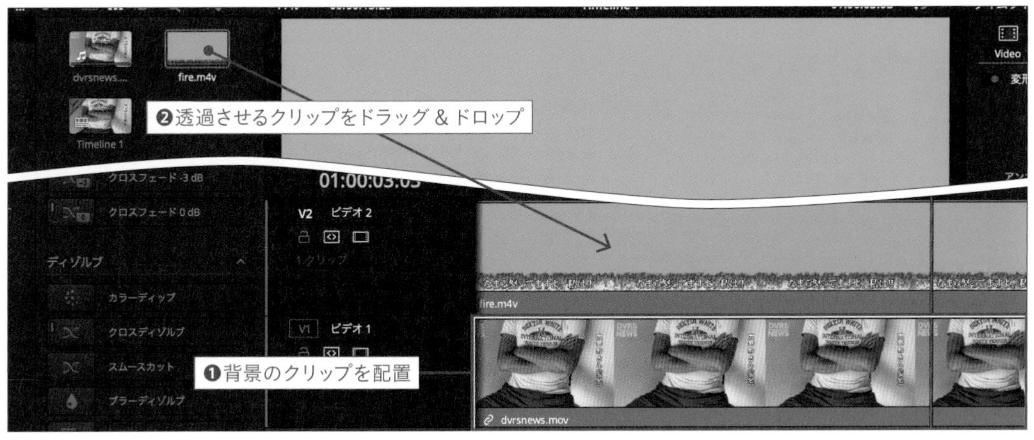

2 透過させるクリップに「3D Keyer」をドラッグする

画面左上の「エフェクトライブラリ」のタブを開いて「Open FX」の一覧を表示させ、「Resolve FX Key」というカテゴリにある「3D Keyer」を探します。見つかったらそのエフェクトを、グリーンまたはブルーの部分を透明にするクリップにドラッグ&ドロップしてください。

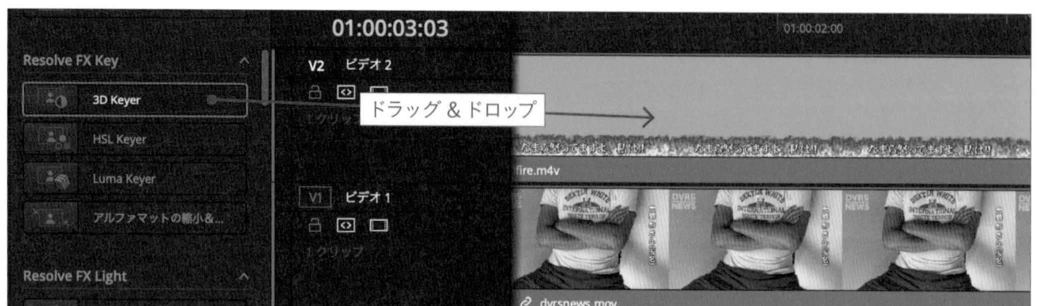

3 インスペクタで「3D Keyer」を開く

透過させるクリップをタイムライン上で選択し、インスペクタの「Effects」→「Open FX」タブで「3D Keyer」を開きます。

4 「コントロール」で「ピック」を選択する

インスペクタの「コントロール」のセクションにある「ピック」ボタンは、初期状態で選択された状態になっています。もし別のボタンが選択されていたら、「ピック」ボタンをクリックして選択してください。

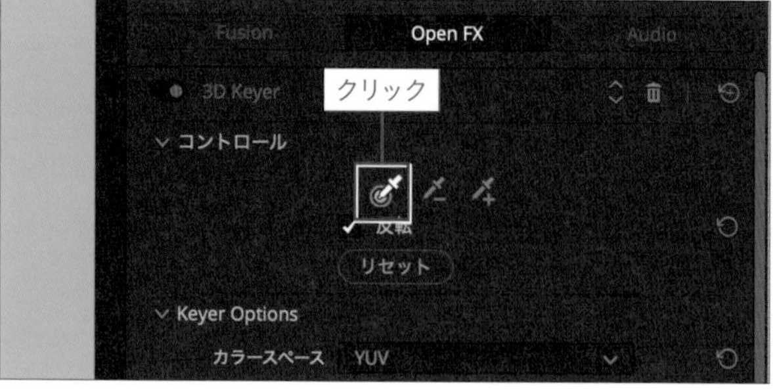

5 ビューアを「Open FX Overlay」モードにする

ビューアの左下にあるメニューから「Open FX Overlay」を選択してください。

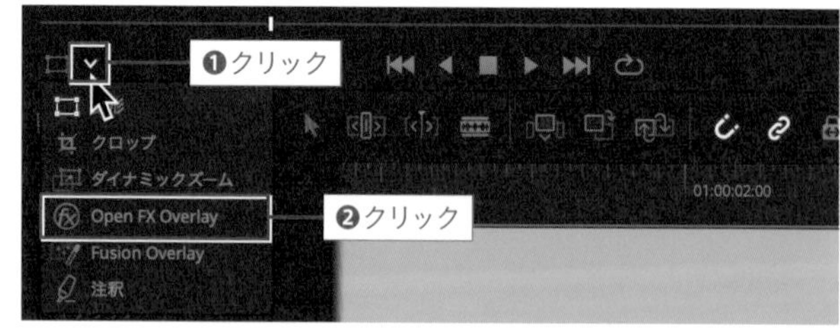

6 グリーンまたはブルーの部分をドラッグして線を引く

ビューアの映像のグリーンまたはブルーの部分（透明にする部分）をドラッグします。するとドラッグした跡が青い線になり、グリーンまたはブルーの領域のほとんどが透明になります。

7 うまく透過できていない部分があれば線を追加する

グリーンまたはブルーの領域が透明にならずに残っている場合は、その部分をドラッグして線を追加してください。ただし、線は合計で2本または3本までにしておいた方が、そのあとの微調整がしやすくなります。

余計な部分まで透明になってしまったときは「減算」ボタンをクリックし、復活させたい部分をドラッグしてください（赤い線が引かれます）。「加算」ボタンをクリックすると、青い線を追加するモードに戻ります。「ピック」ボタンをクリックすると、これまで引いた線をクリアして、再度一本目の線を引くことができます。

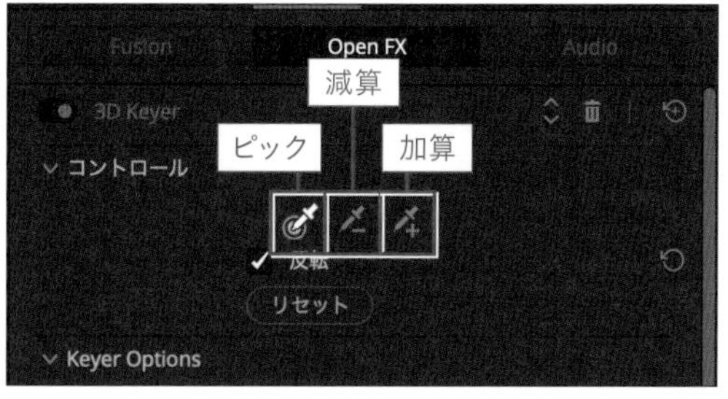

補足情報：「減算」「加算」の切り替え

一本目の線を引くと、自動的に「加算」ボタンをクリックした状態に切り替わります。また、[shift] キーを押している間は一時的に「加算」ボタンを選択した状態になり、[option (Alt)] キーを押している間は一時的に「減算」ボタンを選択した状態になります。

8 まだ色が残っていたら「スピル除去」を適用する

抜き出した映像のまわりにグリーンまたはブルーの色が残っていたり、撮影時に使用したグリーンまたはブルーのスクリーンの色が反射して抜き出した部分が色かぶりしているような場合は、インスペクタの「Keyer options」のセクションにある「スピル除去」にチェックを入れてください。これでグリーンまたはブルーの部分がほぼわからなくなります。

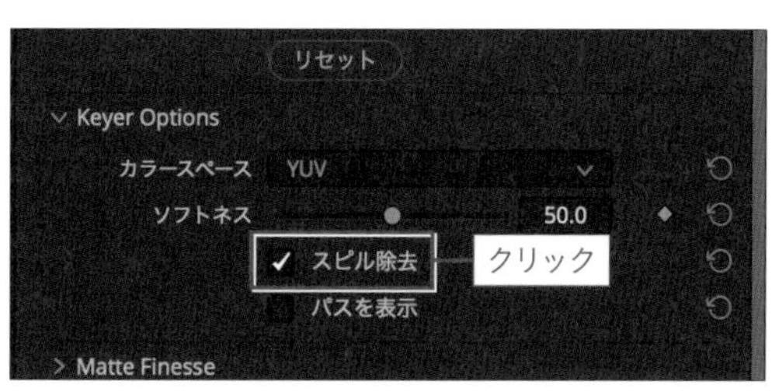

ヒント：青や赤の線を非表示にするには？

「スピル除去」の下にある「パスを表示」のチェックを外すと、ドラッグして描いた青や赤の線が非表示になります。

9 さらに調整が必要なら表示モードを「Alpha Highlight B/W」にする

さらに調整が必要な場合は、ビューアの表示モードを切り替えます。インスペクタの「出力」のセクションにある「出力」メニューで「Alpha Highlight B/W」を選択してください。

初期状態では、表示モードは「最終合成」になっており、グリーンまたはブルーの部分が透明になって、下のトラックの映像が見えます。「Alpha Highlight」を選択すると、透明になっている部分がグレーで表示されます。「Alpha Highlight B/W」を選択すると、透明になっている部分が黒で、透明になっていない部分が白で表示されます。次に説明する「Matte Finesse」を使用するのであれば、「Alpha Highlight B/W」の状態にしておくことで操作の意味が理解しやすくなります。

10 「Matte Finesse」でさらに細かく調整する

インスペクタの「Matte Finesse（マットフィネス）」というセクションを開くと、さらに細かく調整するための項目が多く用意されています。「出力」を「Alpha Highlight B/W」にして白黒表示にしておくと、「Matte Finesse」の各項目の効果とその意味がよくわかります。調整が済んだら「出力」を「最終合成」に戻してください。

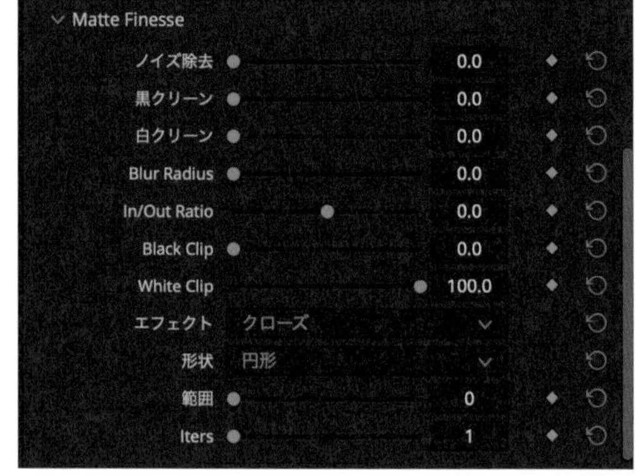

「Matte Finesse」の主な項目とその機能は次のとおりです。

ノイズ除去

細かいノイズのように見える部分を除去します。

黒クリーン

「Alpha Highlight B/W」で白黒表示になっている状態での、黒い領域に含まれる細かい白の部分をなくします（透明の領域内にある細かい「透明になっていない部分」を透明にします）。また、グレーの部分を徐々に黒に近づけ、黒の領域を増やします（半透明の部分を徐々に透明に近づけ、透明の領域を増やします）。

白クリーン

「Alpha Highlight B/W」で白黒表示になっている状態での、白い領域に含まれる細かい黒の部分をなくします（不透明の領域内にある細かい「透明になった部分」を不透明にします）。また、グレーの部分を徐々に白に近づけ、白の領域を増やします（半透明の部分を徐々に不透明に近づけ、不透明の領域を増やします）。

Blur Radius

「Alpha Highlight B/W」で白黒表示になっている状態において、全体をぼかします。これによって透明と不透明の境界をぼかすことができます。

In/Out Ratio

「Blur Radius」によるぼかしを、白（不透明）を拡張する方向にぼかすのか、黒（透明）を拡張する方向にぼかすのかとその度合いを調整できます。この値の初期値は0で、スライダーは中央に位置しています。そこからスライダーを右に動かすと白（不透明）を拡張する方向にぼかし、スライダーを左に動かすと黒（透明）を拡張する方向にぼかします。この機能は「Blur Radius」を適用していなくても利用できます。

他の動画編集ソフトのショートカットに変更する

DaVinci Resolveのキーボードショートカットは、他の動画編集ソフトのショートカットを模したエミュレーションプリセットに変更できます。DaVinci Resolveで用意されているプリセットは次のとおりです。

- DaVinci Resolve
- Adobe Premiere Pro
- Apple Final Cut Pro
- Avid Media Composer
- Pro Tools

初期状態では「DaVinci Resolve」が選択された状態になっていますが、これを別のエミュレーションプリセットに変更するには、次のように操作してください。

1 「DaVinci Resolve」メニューから「キーボードのカスタマイズ...」を選択する

「DaVinci Resolve」メニューの「キーボードのカスタマイズ...」を選択してください。

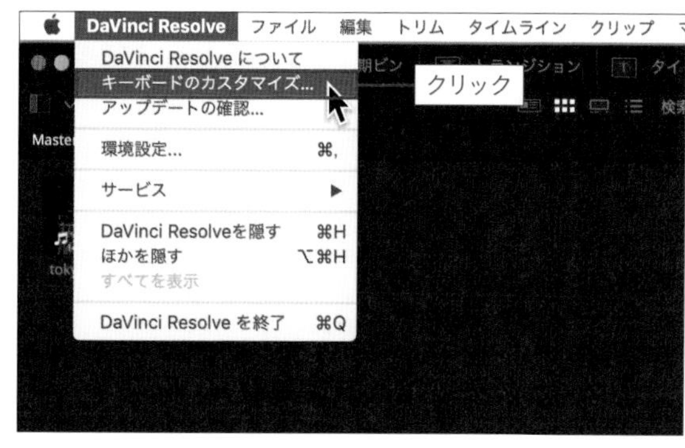

2 キーボードショートカットを変更するダイアログが表示される

キーボードショートカットを変更するためのダイアログボックスが表示されます。

3 右上のメニューからエミュレーションプリセットを選択する

ダイアログ右上の アイコンをクリックしてメニューを開き、その中から使用したいエミュレーションプリセットを選択してください。

4 右下の「保存」ボタンをクリックする

ダイアログ右下にある「保存」ボタンをクリックしてください。

5 右下の「閉じる」ボタンをクリックする

「保存」ボタンの左隣にある「閉じる」ボタンをクリックするとダイアログが閉じ、ショートカットキーが切り替わっています。

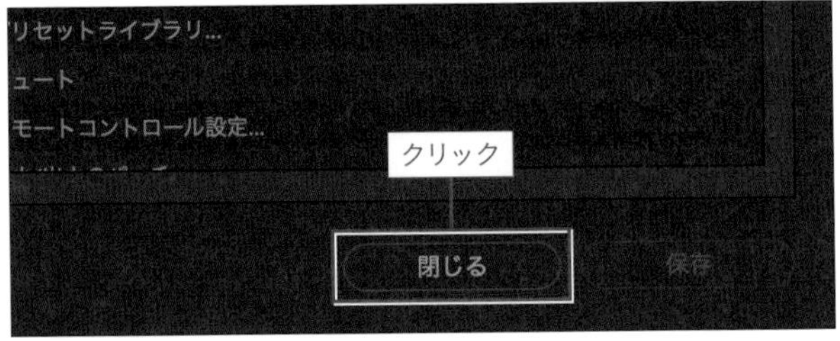

ショートカットキーのカスタマイズ

DaVinci Resolveのキーボードショートカットは自分の使いやすいように変更できるだけでなく、自分の用のプリセットとして保存できます。ショートカットキーを変更してそれを保存するには、次のように操作してください。

1 「DaVinci Resolve」メニューから「キーボードのカスタマイズ...」を選択する

「DaVinci Resolve」メニューの「キーボードのカスタマイズ...」を選択してください。

2 キーボードショートカットを変更するダイアログが表示される

キーボードショートカットを変更するためのダイアログボックスが表示されます。

ヒント：「オプション」メニューについて

ダイアログの右上にある「…」をクリックすると「オプション」メニューが表示されます。ここでは「新規プリセットとして保存...」「プリセットの読み込み...」「プリセットの書き出し」「プリセットを削除」が選択できます。この段階で現在使用中のプリセットを新しい別のプリセットとして保存しておくこともできますが、ショートカットキーを変更したあとでもプリセットは問題なく新規保存できます。

3 変更するショートカットキーが分かっている場合の操作

変更したいショートカットキーが分かっている場合は、ダイアログの上半分に表示されているキーボードのそのキーをクリックして赤くしてください。するとダイアログ左下の「アクティブキー」と書かれたところにそのショートカットが割り当てられているコマンドが太字で表示されますので、変更するコマンドを1つクリックしてください（該当するコマンドは複数ある場合もあります）。この操作を行った場合は、次の4の操作は不要となります。

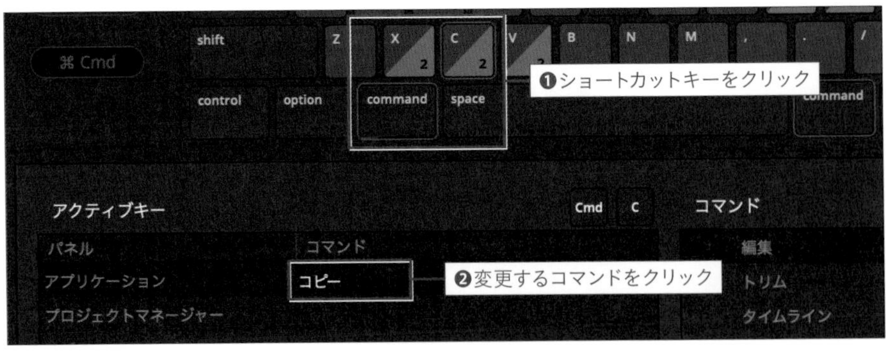

補足情報：同じショートカットのコマンドが複数ある理由

ショートカットキーは、画面上部に常に表示されているメニューだけに設定されているわけではありません。たとえばメディアプールやタイムラインのように、特定の領域で操作しているときにその範囲でのみ有効となるショートカットキーもあります。
このダイアログにおいては、「アプリケーション」と書かれているところに表示されるのは画面上部に表示されているメニューのコマンドです。それ以外は特定の領域を操作しているときに限り有効となるコマンドです。この特定の領域でのみ有効となるショートカットキーの中には、他のショートカットキーと重複しているものがあります。そのため、同じショートカットキーのコマンドが複数存在しているケースがあるわけです。

4 変更するショートカットキーが分かっていない場合の操作

画面下中央には「コマンド」と書かれた一覧があります。この一覧の内容は大きく「アプリケーション」と「パネル」に分かれていますが、「アプリケーション」は画面上部に常に表示されているメニューの項目（「ファイル」「編集」など）です。「パネル」は画面の特定の作業領域でのみ有効となるショートカットキーを選択するための「領域の一覧」です。

まず画面下中央の「コマンド」の一覧で大分類をクリックし、さらにその右の一覧で変更したいコマンドをクリックしてください。

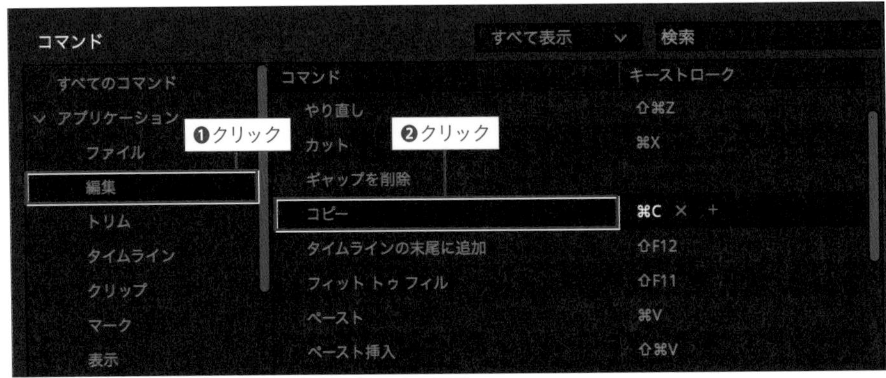

5 新しいショートカットキーを入力する

コマンドの右側には「キーストローク（ショートカットキーの組み合わせ）」が表示されています。その右にある「×」をクリックすると既存のキーストロークが消え、新しいキーストロークが入力できるようになります。ここでは画面上のキーボードではなく、実際のキーボードでそのショートカットキーの組み合わせを同時に押して入力してください。

現在設定されているショートカットキーは有効にしたままで新しいショートカットキーを追加することもできます。その場合は「+」をクリックして新しいショートカットキーを入力してください。

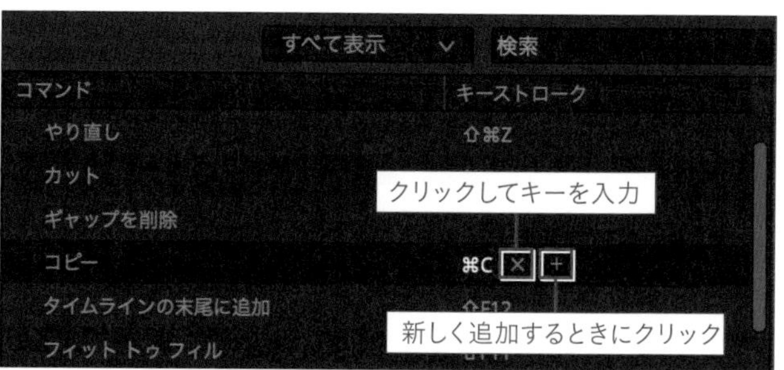

ヒント：ショートカットキーを元に戻すには？

新しいショートカットキーを設定したあとでその項目の上にポインタをのせると、右側にリセットボタンが表示されます。リセットボタンをクリックすると、ショートカットキーは元に戻ります。

ヒント：使われていないショートカットキーの探し方

ダイアログの上半分に表示されているキーボードは、画面上で [shift] [control] [option] [command] キーのいずれかをクリックして赤くすると、キーの色などが全体的に変化します。実はこのキーの色は、キーボードショートカットに未使用のキーと使用済みのキーをあらわしています。濃いグレーは「画面上部に常に表示されているメニューの中で未使用のキー」で、それよりも明るいグレーは「画面上部のメニューで使用済みのキー」です。キーの色が斜めに分割されて右下がさらに明るいグレーになっているキーは「画面の特定の作業領域でのみ有効となるショートカットキーとして使用済み」であることを示しています。キーの右下に表示されている数字は「同じショートカットキーが使われている領域の数」です。
したがって、たとえば画面上部に常に表示されているメニューの中で未使用のキーを探したければ、まずは [shift] [control] [option] [command] の中で同時に使いたいキーをクリックして赤くしてください（複数可）。同時に使いたいキーがなければ、赤くしなくてもかまいません。その状態で、キー（全体もしくは斜めに分割されている状態での左上）が濃いグレーになっているものがメニューの中では未使用のキーです。

6 「保存」ボタンをクリックする

新しいショートカットキーの設定が済んだら、ダイアログ右下にある「保存」ボタンをクリックしてください。

DaVinci Resolveに付属のプリセットを使用している状態でここまでの処理を行った場合は、次の7へ進んでください。カスタマイズ済みの独自のプリセットをすでに使用している場合は、カスタマイズした内容は使用中のプリセットに保存されますので9に進んでください。

7 プリセットの名前を入力する

新しいダイアログが表示されますので、プリセットの名前を入力してください。

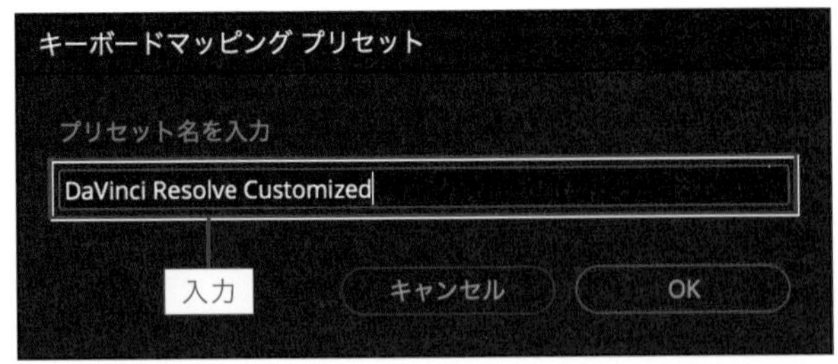

8 「OK」ボタンをクリック

「OK」ボタンをクリックすると、プリセット名を入力するダイアログが閉じます。

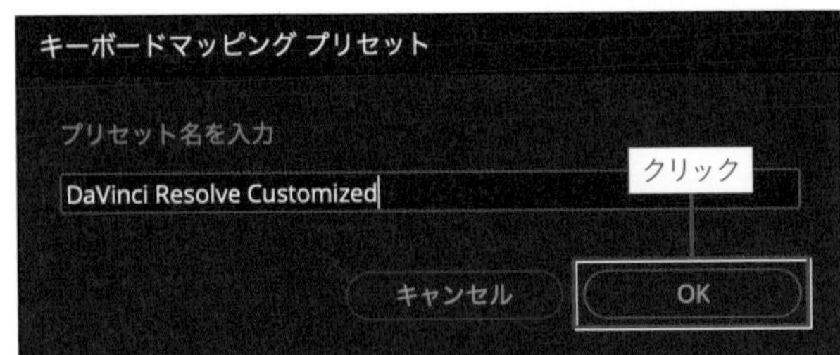

9 右下の「閉じる」ボタンをクリックする

「保存」ボタンの左隣にある「閉じる」ボタンをクリックして作業を完了します。

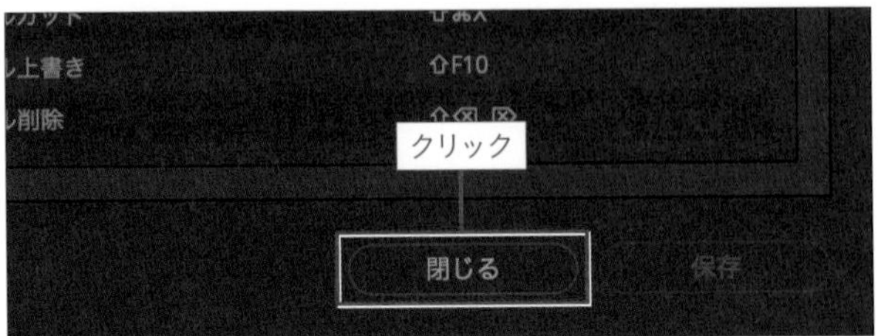

Appendix

こんなときは

DaVinci Resolveを使いはじめたときにありがちな疑問やトラブルとその解消方法をまとめました。本書を隅から隅まで読んでいる時間がないとき、とにかく急いで解決したいときなどにお役立てください。

編集時のトラブルと操作方法

いきなり「Change Project Frame Rate?」と表示された

素材データを読み込ませた直後に「Change Project Frame Rate?※1」というメッセージが表示された場合の対処法については、p.044の『「Change Project Frame Rate?」と表示されたら』を参照してください。

いきなり「Warning: Unknown tool found」と表示された

エフェクトライブラリを開いて操作しているときに、「無償バージョンのDaVinci Resolveには制限があります」というダイアログとともに「Warning: Unknown tool found」という英語のダイアログが表示されることがあります。これらのメッセージは有料版でのみ利用可能な機能を無料版のDaVinci Resolveでプレビューしたときなどに表示されるもので、それぞれ赤い枠で囲われたボタン（「後で」ボタンと「OK」ボタン）を押しておけば問題ありません。

2021年3月現在では、ダイアログの左下にある「Do not show this again（次からはこれを表示しない）」をチェックしても、表示されなくなることはないようです。

動画がカクカクして編集できない

「7-05 スムーズに再生させる5つの方法（p.270）」を参照してください。素材自体が重くてカクカクする場合には「プロキシメディア（p.272）」、エフェクトや色調整などの影響で重くなったときには「レンダーキャッシュ（p.273）」を使用するのが一般的です。

フレームレートが変更できない

「タイムラインフレームレート」は、タイムラインにクリップを配置する前に設定してください。タイムラインのファイルが作成されてしまうと、「タイムラインフレームレート」は変更できなくなります。どうしても変更したい場合は、p.039のヒント「タイムラインフレームレートをあとから変更する方法」を参照してください。フレームレートの設定方法については「解像度とフレームレートの設定（p.038）」で解説しています。

トランジションが適用できない

「トランジションの適用条件（p.114）」を参照してください。

※1　この英語のメッセージは、DaVinci Resolve 16では「クリップのフレームレートと現在のプロジェクト設定のフレームレートが一致していません。」と日本語で表記されていました。

Mac環境だとビューアの色が他のソフトと違う

「DaVinci Resolve」メニューから「環境設定...」を選択し、「システム」タブにある「一般」の画面で「Use Mac display color profiles for viewers※2」という項目にチェックを入れてください。

映像と音声がくっついてバラバラに操作できない

「映像と音声を個別に編集する（p.103）」を参照してください。

プロジェクトを複製したい

DaVinci Resolveでは、プロジェクトを複製することはできません。その代わりにタイムラインはいくつでも複製して切り替えて使用できますし、コピー＆ペーストして他のプロジェクト内で使用することもできます。動画のショートバージョンなどを作成する際に便利な機能です。詳しくは「新規タイムラインの作成方法と切り替え方(p.083)」を参照してください。どうしてもプロジェクトを複製したい場合は、プロジェクトをいったん書き出してからそれを読み込むことで、複製したのと同じ状態にすることはできます。

フェードイン・フェードアウトさせたい

映像のフェードイン・フェードアウトについては第3章の「フェードインとフェードアウトの適用（p.119）」を参照してください。音声のフェードイン・フェードアウトについては第5章の「フェードインとフェードアウト（p.191）」を参照してください。

クリップが赤くなって「メディア オフライン」と表示される

「クリップを再リンクする（p.060）」を参照してください。

タイムラインにクリップを配置できない

「ビデオのみ」のボタンを赤くすると、オーディオクリップは配置できなくなります。また、「オーディオのみ」のボタンを赤くすると、音声の入っていないビデオクリップは配置できなくなります。詳しくは「映像または音声だけを配置する（p.089）」を参照してください。

タイムラインの特定の場所にしか映像が入れられない

カットページの「スマート挿入」は、タイムラインにイン点やアウト点が設定されていると、その範囲にしかクリップを挿入できなくなります。イン点とアウト点を削除すると、再生ヘッドにいちばん近い編集点に挿入できるようになります。

※2　この英語のラベルは、DaVinci Resolve 16 では「Mac ディスプレイカラープロファイルをビューアに使用」と日本語で表記されていました。

イン点とアウト点が削除できない

イン点とアウト点を削除するには、Macなら［option］キー、Windowsなら［Alt］キーを押しながら［X］キーを押してください。

文字に縁取りをつけたい

文字に縁取りをつけるには「テキスト+」を使う必要があります。「テキスト+」については「4-03 テキスト+の使い方（p.157）」で詳しく解説しています。文字に縁取りをつける具体的な方法については「文字に縁取りを付ける（階層2の使い方）（p.164）」および「文字の縁取りを追加する（p.170）」を参照してください。

フルスクリーンで再生させたい

カットページの画面右上にある「Full Screen」タブをクリックするか、［P］キーまたは［command(Ctrl)］＋［F］キーを押してください。［Esc］キーで元に戻ります。

画面のレイアウトを初期状態に戻したい

「ワークスペース」メニューの「UIレイアウトをリセット」を選択してください。これによってすべてのページが初期状態に戻ります。

保存・読み込み・書き出し

データの保存先がどこなのかわからない

p.071のコラム「DaVinci Resolveの編集データはデータベースに保存されている」を参照してください。データベースのデータの保存先を知りたい場合は、「プロジェクトマネージャー」の左上のアイコンをクリックしてデータベースサイドバーを表示させ、「詳細情報の表示」アイコンをクリックすることでデータのパスを確認できます。

素材の動画が読み込めない

p.046のヒント「読み込みができないときは？」を参照してください。DaVinci Resolveが対応している素材かどうかは、メディアページのメディアストレージブラウザーで確認できます。メディアストレージブラウザーで再生できるデータは対応、再生できないデータは非対応です。

画像として書き出したい

「7-02 画像の書き出し」で書き出す方法を2つ解説しています。p.244の「カラーページで画像を書き出す」またはp.246の「デリバーページで画像を書き出す」を参照してください。

音声関連のトラブルと操作方法

音が左側からしか聞こえない

「5-02 音声関連のその他の操作」で両側から音が出るようにする方法を2つ解説しています。p.192の「左からしか聞こえない音を両方から出す（トラック）」またはp.193の「左からしか聞こえない音を両方から出す（クリップ）」を参照してください。

映像を分割するとBGMも分割される

カットページでは、タイムライン上でクリップを選択しているとそのクリップだけが分割され、他のクリップは分割されません。間違ってBGMのクリップを分割してしまうことを防ぐには、p.090の「トラックヘッダーのアイコンの意味と役割」で解説している方法でBGMのトラックをロックしてください。また、間違って分割してしまった場合でも、分割された2つのクリップを選択して「タイムライン」メニューの「クリップを結合」で元に戻せます。

音声のノイズを減らしたい

p.195の「ノイズを減らす（ノイズリダクション）」を参照してください。

声を聞きやすくしたい

p.198の「声を聞きやすくする（ボーカルチャンネル）」を参照してください。

素材が欲しい

本書で使われている素材やデータが欲しい

本書に掲載している素材とプロジェクトの一部はダウンロード可能です。以下のURLよりダウンロードしてください[※3]。

https://book.mynavi.jp/supportsite/detail/9784839974305.html

映像のフリー素材が欲しい

「Pixels（https://www.pexels.com/ja-jp/videos/)」と「Pixabay（https://pixabay.com/ja/videos/)」では高画質な写真や動画が無料でダウンロードできます。利用規約をしっかりと確認してご利用ください。

BGMのフリー素材が欲しい

YouTubeで公開する動画で使用するのであれば、YouTube Studio内にある「オーディオ ライブラリ」を使用するのがもっとも安全です。それ以外では、多くのYouTuberが利用している「DOVA-SYNDROME（https://dova-s.jp/)」がオススメです。どちらを利用する場合でも、利用規約をしっかりと確認してください。また、曲によっては帰属表示などが必要となるものもある点にご注意ください。

効果音のフリー素材が欲しい

多くのYouTuberが利用している「効果音ラボ（https://soundeffect-lab.info/)」「効果音辞典（https://sounddictionary.info/)」「くらげ工匠（http://www.kurage-kosho.info/)」には幅広い素材が揃っています。利用規約をしっかりと確認してご利用ください。

※3　ダウンロードして展開（解凍）したデータのうち、拡張子「.dra」のフォルダ（プロジェクトアーカイブ）を読み込む方法については、p.067の「素材データを含んだアーカイブを読み込む」を参照してください。また、素材に含まれているLog形式の動画はiPhone 11 ProでFiLMiC Proというアプリを使って撮影したものです。

Index

数字

3D Keyer 286

A-G

Change Project Frame Rate? 044, 296
Circle (円モード) 159
DaVinci Resolve 012
DVE 255
Fairlightページ 025, 026
fps 022, 023
Frame (枠モード) 159
Fusionページ 025, 026
guestデフォルト設定 040

H-N

Live save 043
Locate 060
Log撮影 213
LUT 226
Metadata View 050

O-Z

Path (パスモード) 159
Point (点モード) 158
Preferences 022
Render in Place 275
Shadingタブ 162
Speed Change 140
Timeline 1 032
Warning: Unknown tool found 296

あ行

アーカイブ 066
アウト点 051, 086
イージング 280
イーズ (イージング) 129
イコライザー (Equalizer) 200
イメージ (インスペクタ) 135
色かぶり 219
インストール 015, 019
インスペクタ 057, 134, 155
イン点 051, 086
エディットページ 025, 026, 080, 153
エフェクト (インスペクタ) 135
エフェクトの削除 198
エフェクトライブラリ 153
エンハンスビューア 212
オーディオ (インスペクタ) 135
オーディオ (エフェクト) 123, 124, 133, 143
オーディオトラック 084
オーディオトリムビュー 101
オーディオのみ 089
オーディオ波形 188
お気に入り 121, 156
オフセット 215
音量調整 186, 189

か行

カーニング 181
カーブ (カラーページ) 209, 211
カーブエディター 190, 281
解像度 022, 023, 038
回転 053
影 (文字) 166
カット (トランジションの適用) 116
カットページ 024, 081, 152
カメラシェイク 257
画面の構成 021
カラーグレーディング 212
カラーコレクション 212
カラーバランスコントロール 216
カラーブースト 219
カラーページ 025, 026, 208
カラーホイール 209, 211, 215
カラーマネージメント 227
カラーワーパー 224
空のタイムライン 032
環境設定 022, 042
ガンマ 215
キーフレーム 189, 277
キーフレームエディター 280
キーボードショートカット 289
キーヤー (Keyer) 285
逆再生 238
行揃え 160
クイックエクスポート 062
グラデーション (文字) 176
グリーンバック (クロマキー) 285

クリップ 032
クリップエフェクト 122
クリップカラー 055, 103
クリップ属性 054, 058
クリップの分割 097
クリップをリンク 283
クローズアップ 087, 088
クロップ 123, 124, 127, 138
ゲイン 215
合成 123, 124, 130, 140
コントラスト 218

さ行

最上位トラックに配置 087, 088
再生速度を変える 232
再生ヘッド 104
最適化メディア 270
彩度 219
再リンク 060
サポートしているコーデック 046
サムネイル 031
サムネイルビュー 050
ジェネレーター 249
自動カラー 123, 124, 133
自動スピーチモード 196
自動バランス（色補正）.............................. 217
シネマビューア 211
字幕 150
シャープ 221
出力ブランキング 284
初期状態 298
ジョグホイール 106
新規タイムライン 083
新規プロジェクト 034
ズームスライダー 080
スクロール 149
スコープ（カラーページ） 209, 211, 217
スタビライゼーション 123, 124, 131, 141
スチルを保存 244
ストリップビュー 050
スナップ 100
スピードランプ 240
スピル除去 287
スマート挿入 087, 088
スムースカット（トランジションの適用）............ 116
スリップ 095
ソース上書き 087, 089
ソースクリップ（ビューアのモード） 109
ソーステープ（ビューアのモード） 109
相対タイムコード 107
速度 123, 124, 131, 140
素材データ 027

た行

タイトル 152
ダイナミックズーム 123, 124, 128, 139
ダイナミック プロジェクト スイッチング 036
タイムコード 082
タイムライン 031
タイムライン（ビューアのモード） 109
タイムラインプロキシモード 270
縦書き（文字） 179
単色のクリップ 249
調整クリップ 253
データベースサイドバー 024
ディゾルブ（トランジションの適用） 116
テキスト 149
テキスト+ 148, 157
デリバーページ 025, 026, 246
テロップ 148
動作環境 013
トラッキング 265
トラック 084
トラックカラー 093
トラックの高さ 188
トラックを追加 091, 092
トランジション 114
トランジション（インスペクタ） 135
トリミング 094
トリムエディター 096

な行

並べ替え 052
ナレーション 201
日本語化 022
ノード 213
ノード（カラーページ） 209
ノイズリダクション（Noise Reduction） 195

Index

は行

背景（文字） 168, 173
ハイパス 199
バックアップ 072, 077
パワーウィンドウ 260
パワービン 282
被写体を追尾 264
ビデオ（インスペクタ） 135
ビデオトラック 084
ビデオのみ 089
非破壊編集 027
ビューア 048
ビン 045
ビン リスト 047, 048
ファイル（インスペクタ） 135, 144
フェーダーハンドル 191
フェードアウト 119, 191
フェードイン 119, 191
フォーマット 247
復元 068, 070, 074
複合クリップ 250
縁取り（文字） 164, 170
フッテージ 027
ブラー 221
フリーズフレーム 141, 235
フルスクリーン 110
フルページビューア 212
フレームレート 022, 023, 039, 296
プロキシメディア 272
プロジェクト 021
プロジェクト設定 022
プロジェクトの削除 037
プロジェクトマネージャー 022, 030
ページの切り替え 025
変形 123, 125, 137
編集点 088
編集データ 027
ボーカルチャンネル 198
ぼかし 221
ポスターフレーム 059
ホワイトバランス 219

ま行

マーカー 145
巻き戻し 239
マスターホイール 216
末尾に追加 087, 088
ミュート 090, 102
無効化 090, 102
無料版 012
メディア オフライン 60, 297
メディアストレージブラウザー 047
メディアプール 031, 045, 048
メディアページ 024
モザイク 259, 263, 264
文字化け 029
モノラル 192

や行

有料版 012

ら行

リストビュー 050
リタイムカーブ 240
リタイムコントロール 232
リップル 085, 094
リップル上書き 087, 088
リフト 215
リンク選択 103
ループ再生 111
レイアウトモード 158
レンズ補正 123, 124
レンダーキャッシュ 273
レンダーキューに追加 065
レンダー設定 064
録音 204
ロック 090

わ行

ワイプ 255

■著者プロフィール

大藤 幹（おおふじ みき）

1級ウェブデザイン技能士。小樽生まれ。大学卒業後、複数のソフトハウスに勤務し、CADアプリケーション、航空関連システム、医療関連システム、マルチメディアタイトルなどの開発に携わる。1996年よりWebデザインの基本技術に関する書籍の執筆を開始し、2000年に独立。その後、ウェブコンテンツJIS（JIS X 8341-3）ワーキング・グループ主査、情報通信アクセス協議会・ウェブアクセシビリティ作業部会委員、ウェブデザイン技能検定特別委員、技能五輪全国大会ウェブデザイン職種競技委員などを務める。現在の主な業務は、コンピュータ・IT関連書籍の執筆のほか、全国各地での講演・セミナー講師など。著書は『iMovieの限界を超える 思い通りの映像ができる動画クリエイト』『よくわかるHTML5+CSS3の教科書』など60冊を超える。2015年3月より名古屋在住。

■STAFF
ブックデザイン：霜崎 綾子
DTP：AP_Planning
編集：伊佐 知子

自由自在に動画が作れる高機能ソフト DaVinci Resolve入門

2021年 4月26日　初版第 1 刷発行
2023年 6月15日　　　第 3 刷発行

著者　大藤 幹
発行者　角竹 輝紀
発行所　株式会社 マイナビ出版
〒101-0003　東京都千代田区一ツ橋2-6-3　一ツ橋ビル 2F
TEL：0480-38-6872（注文専用ダイヤル）
TEL：03-3556-2731（販売）
TEL：03-3556-2736（編集）
E-Mail：pc-books@mynavi.jp
URL：https://book.mynavi.jp
印刷・製本　シナノ印刷株式会社

ISBN978-4-8399-7430-5